化学工业出版社“十五五”普通高等教育规划教材

氢能源化学工程

Hydrogen Energy Chemical Engineering

姜 伟 关银燕 司 楠 主编

化学工业出版社

·北京·

内容简介

《氢能源化学工程》系统阐述了氢能源化工的基本原理、制备技术与工程应用，全面展现了氢能在现代能源体系中的战略地位与发展趋势。全书共分七章，主要内容包括：氢的理化性质及特性、国内外氢能源发展现状及政策标准；化石原料、化工原料、可再生能源及核能等多途径制氢技术；绿氢的制备及应用；氢气的储存与加注技术；氢燃料电池的结构原理与应用前景。书中在介绍基础理论的同时，注重结合典型工艺流程、工程案例与最新研究成果，突出理论联系实际的教学特点。

《氢能源化学工程》既适用于高等学校新能源及化工类本科生，也可作为氢能源研究方向的研究生、博士生的专业方向课教材。

图书在版编目（CIP）数据

氢能源化学工程 / 姜伟，关银燕，司楠主编.
北京 ：化学工业出版社，2025. 8. --（化学工业出版社“十五五”普通高等教育规划教材）. -- ISBN 978-7-122-48833-6

Ⅰ. TK91

中国国家版本馆 CIP 数据核字第 2025K16B80 号

责任编辑：褚红喜　　文字编辑：杨玉倩
责任校对：边　涛　　装帧设计：刘丽华

出版发行：化学工业出版社
（北京市东城区青年湖南街 13 号　邮政编码 100011）
印　　装：北京云浩印刷有限责任公司
787mm×1092mm　1/16　印张 14½　字数 330 千字
2025 年 12 月北京第 1 版第 1 次印刷

购书咨询：010-64518888　　售后服务：010-64518899
网　　址：http：//www.cip.com.cn
凡购买本书，如有缺损质量问题，本社销售中心负责调换。

定　　价：49.80 元

《氢能源化学工程》编写人员

主　　　编：姜　伟　关银燕　司　楠

副　主　编：张春巍　张　辉

其他编写人员：胡金秋　朱高阳　刘飞扬　蒋驿滨

邓文琪　王雪娇　吴威辰　那晓晨

张益祥　隋金扬　姜　艺　王朝喆

前言

氢能作为21世纪最具发展潜力的清洁能源之一，正逐步成为全球能源转型的重要支撑。面对气候变化、化石能源消耗以及“碳中和”目标的挑战，各国纷纷加快氢能产业布局，推动氢能技术的创新与应用。氢能源化工作为能源与化工交叉融合的学科，不仅涉及氢的制备、存储和运输，还包括燃料电池、氢能应用及相关产业政策。系统掌握氢能源化工的基本理论和技术，对推动氢能产业发展、构建可持续能源体系具有重要意义。

本教材围绕氢能的生产、储运与应用三个核心环节展开，系统介绍了氢的理化性质及特性，以及相关的化工原理与工艺过程。书中重点阐述了不同制氢技术的原理与特点，包括化石燃料制氢、化工原料制氢、可再生能源制氢及其他方法制氢；同时对氢气的储存方式（高压、液化及固态储氢）与加注技术进行了系统分析，并介绍了氢燃料电池的结构原理、工作机制与应用前景。

本教材的编写紧密结合国家“双碳”目标，旨在培养具有扎实专业基础、创新思维和实践能力的高素质人才。书中内容不仅涵盖氢能的核心科学问题和工程技术，还结合最新的氢能政策和产业发展趋势，确保理论与实际相结合。本书既适用于新能源及化工类本科生，也可作为氢能源研究方向研究生、博士生的专业教材，同时为从事氢能源化工研究的学者、工程技术人员提供有价值的参考。

在本教材的编写过程中，我们参考了国内外最新的研究成果，并结合我国氢能产业发展的实际需求，以确保内容的科学性、前沿性和实用性。尽管我们力求严谨，但氢能技术发展日新月异，书中难免存在不足之处，欢迎广大读者批评指正，以期在未来修订时不断完善。

编者

2025年4月

目录

第一章
绪　论

从人类文明出现的第一堆篝火，到工业时代蒸汽机的兴起，碳元素作为能源的组成部分不可或缺。回顾世界能源变革史会发现：能源的更替实际上是一个不断“降碳”和“增氢”的过程。具体地说，从柴薪（C_{10}，H_1）到煤炭（C_2，H_1），再到石油（C_1，H_2）、天然气（CH_4）的主要元素构成比例的变化，可以看出“脱碳加氢”是能源科技进步的趋势。氢能之所以被认为是理想的替代能源，是因为其热值高、储量丰富、来源多样、应用广泛、具有极佳的环境友好度，它代表着人类能源“脱碳加氢”、彻底避免碳排放的发展前景。

第一节　氢与氢能源

氢元素（H）是元素周期表中排列第一的化学元素，是目前已知世界上最古老的元素，也是元素中最轻的元素，其原子量为1.0078，电子排布为$1s^1$。氢元素也是宇宙中最丰富的元素，占构成宇宙物质的元素的90%以上。在宇宙中，质量数大的其他元素是由氢元素核聚变反应生成的。氢元素通常情况下的单质形态为氢气（H_2），属于双原子分子，分子量为2.0159。

一、氢的前世今生

早在16世纪（1520年），瑞士医生帕拉塞尔苏斯（Paracelsus）将金属溶解在硫酸里观察到有气体产生。然而，由于他的病人很多，他并没有时间对此做相关的研究。到17世纪，氢气以气体形式出现被更多人发现。如瑞士医生德梅耶内（Turquet de Mayerne）将铁与稀硫酸作用，获得了一种可燃气体。1670年，爱尔兰化学家罗伯特·波义耳（Robert Boyle）发现铁屑和稀释酸反应会产生一种气体。1700年，法国化学家尼古拉斯·莱默里（Nicolas Lemery）发现硫酸与铁反应生成的气体在空气中具有爆炸性。然而，他们都没有对此气体进行进一步研究。18世纪，英国物理学家、化学家亨利·卡文迪什（Henry Cavendish）发现铁与稀硫酸混合后，硫酸液体中会产生气泡，并发现产生的气体与空气混合遇火爆炸。他用排水法收集了这些气体，并经过多次实验发现了这种气体的爆炸极限。不久，他又测出了该气体的密度，并发现该气体燃烧后的产物是水。因此，他被称为氢元素的发现者。然而，当时的卡文迪什错误地认为氢气来源于金属而与酸没有关系，并受到"燃素说"的影响，坚持认为水是一种元素，而不承认自己无意中发现了一种新元素。1782 年，法国化学家、生物学家安托万-洛朗·拉瓦锡（Antoine-Laurent de Lavoisier）重复了卡文迪什的实验，证明了水是由氢和氧组成的化合物，并于 1787 年正式提出"氢"是一种元素，并用拉丁文把它命名为"hydrogenium"（水的生成者）。

1800 年，英国科学家威廉·尼克尔森（William Nicholson）和安东尼·卡莱尔（Anthony Carlisle）发现：给水加电流会产生氢气和氧气。1838 年，瑞士化学家克里斯蒂安·弗里德里希·舍恩拜因（Christian Friedrich Schöenbein）发现燃料电池效应，即氢气和氧气反应产生电流和水。1845 年，"燃料电池之父"——英国科学家兼评委威廉·罗伯特·格罗夫（William Robert Grove）爵士制造出燃气电池。1874 年，一部小说《神秘岛》中写道，电解可以将水分解成氢气和氧气，并预言氢气可以将煤炭代替而推出市场，指出了氢作为燃料的潜在用途。1899 年，苏格兰物理学家、化学家詹姆斯·杜瓦（James Dewar）首次制备了固体氢。

1913 年，英国物理学家弗雷德里克·索迪（Frederick Soddy）和欧内斯特·卢瑟福（Ernest Rutherford）提出"同位素"一词，所谓同位素就是化学元素存在原子量和放射性不同而其他物理和化学性质相同的变种，这些变种处于元素周期表的同一位置上。氢也存在同位素，同位素"氘"是由美国科学家哈罗德·克莱顿·尤里（Harold Clayton Urey）在 1931 年发现的，他于 1934 年获得了诺贝尔化学奖。1934 年，澳大利亚物理学家马克·奥利芬特（Mark Oliphant）使用粒子加速器对氘核进行了轰击，发现氢的另一个具有放射性的同位素"氚"。

20 世纪 20 年代，卡车、公共汽车和潜艇的内燃机已经开始被改装，它们均使用氢气或氢气混合物作为燃料。1937 年，从德国飞往美国的十次大西洋飞行成功后，充满氢气的"兴登堡"号飞艇在降落时坠毁。直到 1997 年，NASA 对该事故进行了解密研究，坠机的谜团才被解开：与天气有关的静电放电，点燃了飞艇的银色帆布外壳，氢气不是爆炸的原因。此后，氢气经过处理后成了火箭燃料的关键成分。2016 年，英国爱丁堡大学的研究团队利用金刚石对顶砧制造出某种极端高压状态，从而生成"第五状态氢"，即固体金属氢。这种氢一般存在于大型天体（行星或太阳内核）之中，分子形式主要为单原子，其电子与金属电子具有同样的特性。

二、氢的理化性质及特征

（一）氢的物理性质

在通常情况下，氢气是一种无色、无味、无臭、难溶于水且极易燃烧的气体。在 101.3kPa、0℃下，氢气密度为 0.0899g/L，是密度最小的气体。在−252.87℃，氢气会变成无色的液体；在−259.2℃下会变成白色雪花状的固体氢。氢的物理常数见表 1-1。

表 1-1 氢的物理常数

序号	性质	条件或符号	单位	数据
1	原子序数	—	—	1
2	原子量	H	—	1.0078
3	分子量	H_2	—	2.0159
4	原子半径	—	Pm	28
5	离子半径	鲍林(Pauling)离子半径	Pm	203
6	共价半径	—	Pm	37.1
7	范德华半径	—	Pm	120
8	颜色味道	通常情况下	—	无色无味
9	密度	气体	g/L	0.0899
		液体(−252℃)	g/mL	0.0708
		固体(−262℃)	kg/m^3	86
10	摩尔体积	标准状况(0℃,101.3kPa)	L/mol	22.42
11	熔点	—	℃	−259.2
12	沸点	—	℃	−252.77
13	H—H 键能	—	kJ/mol	436
14	H—H 键长	—	μm	0.074
15	折射率	标准状况(0℃,101.3kPa)	—	1.000132
16	磁化率	20℃	cm^3/g	-2.0×10^6
17	介电常数	气氢 20℃,0.101MPa	F/m	1.000265
		气氢 20℃,2.02MPa	F/m	1.005
		液氢−253℃	F/m	1.225
		固氢−259℃	F/m	0.2188
18	电负性	元素(鲍林标准)	—	2.20
19	电离能	氢分子(H_2)	kJ/mol	1489.5
20	临界温度	常态	K	33.19
		平衡态	K	32.98
21	临界压力	常态	MPa	1.315
		平衡态	atm	12.77
22	临界体积	常态	L/mol	0.065
23	临界密度	常态	g/cm^3	0.031
		平衡态	g/cm^3	0.0308

注：1atm＝101325Pa。

（二）氢的化学性质

氢在常温下主要以气态形式存在，几乎不与任何物质发生反应。而在高温、光照、高压等条件下，氢气几乎可以与任何物质发生化学反应。

1. 可燃性

氢气在氧气或者氯气中燃烧的化学式如下：

$$2H_2+O_2 \xlongequal{\text{高温}} 2H_2O \tag{1-1}$$

$$H_2+Cl_2 \xlongequal{\text{光照或点燃}} 2HCl \tag{1-2}$$

2. 还原性

在高温下，氢气与金属氧化物、氯化物等反应的化学式如下：

$$H_2+CuO \xlongequal{\text{高温}} Cu+H_2O \tag{1-3}$$

$$2H_2+TiCl_4 \xlongequal{\text{高温}} Ti+4HCl \tag{1-4}$$

$$2H_2+SiCl_4 \xlongequal{\text{高温}} Si+4HCl \tag{1-5}$$

3. 其他化学反应

除了上述可燃性反应与还原性反应外，氢气还可以与金属和非金属进行各种化学反应。

（1）与金属反应

氢气在加热的情况下，可以与活泼金属发生化学反应，生成氢化物。在反应过程中，氢原子得到1个电子，呈现出负一价，反应化学式如下：

$$H_2+Mg \xlongequal{\text{催化剂},\triangle} MgH_2 \tag{1-6}$$

$$H_2+Ca \xlongequal{\triangle} CaH_2 \tag{1-7}$$

$$H_2+2Na \xlongequal{\text{隔绝空气}} 2NaH \tag{1-8}$$

（2）与非金属反应

与氢气同金属反应相反，氢气与非金属反应会失去1个电子，呈现出正一价，反应化学式如下：

$$3H_2+N_2 \xlongequal{\text{高温高压},\text{催化剂}} 2NH_3 \tag{1-9}$$

$$H_2+Cl_2 \xlongequal{\text{光照或点燃}} 2HCl \tag{1-10}$$

$$H_2+S \xlongequal{\text{高温}} H_2S \tag{1-11}$$

（3）加成反应

除了与金属和非金属进行反应，氢气还可以与具有双键或者三键的不饱和的有机物进行反应，生成饱和或较饱和的产物，反应化学式如下：

$$2H_2+CO \xlongequal{\text{高温},\text{高压},\text{催化剂}} CH_3OH \tag{1-12}$$

（三）氢能源的主要特征

1. 氢的来源广泛

氢占宇宙质量的75%，也是地球的重要组成元素之一。氢气可以通过水电解、化石燃料重整、生物质气化等途径制取，氯碱、焦化、冶金等工业企业也有大量副产氢气。特别是基于可再生能源发电耦合电解水制取氢气，实现了全生命周期的绿色清洁，是可再生能源实现大规模应用的关键路径之一。

2. 氢便于储存

氢是一种实体能源，储存形式多样，运输手段灵活，适应长期储存和长距离运输，其能够以高压气氢、液氢、液态有机化合物、固态金属氢化物的形式进行储存，可以通过交通设施、输氢管道进行运输，还能以一定比例掺入现有天然气管道，通过在管道下游分离出氢气的形式进行输送。

3. 氢应用灵活高效

氢热值高，利用形式多样，可作为替代化石燃料的新型燃料。氢的热值高达 142MJ/kg，是煤炭、汽油等化石燃料的 3～4 倍，既可以通过氢内燃机和氢燃气轮机直接燃烧提供动力和电力，还能够通过氢燃料电池发生电化学反应实现供电供热。氢燃料电池的一次转化效率高达 50%～60%，明显高于传统燃油发动机的 30%～40%。综合考虑热值和转化效率，当作为动力应用时，1kg 氢气相当于 6～7L 汽油或 4～5L 柴油。

4. 氢是清洁能源

氢不论是用于燃烧还是用于燃料电池电化学反应，都不会生成化石能源使用过程中所产生的污染物和碳排放，其反应产物只有纯水，真正实现零碳排放。

三、氢安全

氢的工业应用已有超过百年的历史，长期的实践证明，氢气是一种安全性较高的能源。氢气的风险主要来源于两方面：一是氢气密度小，多采用高压存储，氢和金属材料相互作用会产生氢脆现象，导致氢气较易泄漏；二是氢气燃烧范围大，点火能量小，有遇火易燃易爆的风险。所以，氢气在安全方面存在一定不利因素，需要加强安全管理。然而，相比于汽油、天然气等传统燃料，氢在安全性方面也具备很多优势。

1. 氢气在开放空间安全可控

氢气标准状态下密度仅为 0.0899kg/m^3，是空气的 1/14、甲烷的 1/8，同时氢气的扩散系数较大，是汽油的 12 倍、甲烷的近 4 倍。浮力和高扩散性使氢气在泄漏后会迅速向上扩散并稀释到非可燃范围，因此氢气在开放空间中不易发生燃爆，安全可控。

2. 氢气在密闭空间也易于防控

氢气的燃烧和爆炸下限体积浓度差值达到 14.3%，且氢气的爆炸下限体积浓度为 4%，低于汽油（1.4%～7.6%）和天然气（5%），因此氢气泄漏后需更严格防控。但氢气爆炸上限高（75%），扩散性强，实际风险可通过防控措施降低。此外，氢气本身无毒性，其燃烧也不易产生大量有毒气体；氢气燃烧时单位体积发热量和单位体积爆炸能很低，造成的危害后果远小于汽油。同时，结合氢气泄漏后容易向上逸散的特点，在受限空间上部做好通风和泄漏检测等防护措施是关键。

3. 氢气的使用有完整的法规和标准

氢气作为工业气体已有很长的使用历史，其使用的安全规范比较完整，有标准操作规程。在严格执行法规和标准的前提下，可以保障氢气的安全使用。

第二节　国内外氢能源发展状况

在 2017—2021 年这 5 年中，全球加氢站保有量从 328 座增长到 685 座，增加了 109%。从全球加氢站分布情况来看，亚洲加氢站数量占比达到 53.00%，欧洲与北美地区加氢站数量占比分别为 33.28%、12.55%，其他国家或地区占比为 1.17%。此外，2022 年全球范围内新增 130 座加氢站，这显示出全球氢能产业建设进入了一个快速发展时期。欧洲、亚洲、北美地区仍是加氢站建设的主要地区。2022 年，亚洲新增 89 座加氢站，欧洲新增 25 座，北美地区新增 14 座。

当前，由于氢能基建尚不完善、整车氢的成本较高等，全球氢车销售仍然以政策驱动为主，各国政府对氢能的不同定位和政策支持程度直接影响氢车推广速度。以氢燃料电池乘用车为例，2021 年全球主要国家共销售氢能源汽车 16313 辆，与 2020 年相比，同比增长 68%，其中中国全年氢能源汽车销量为 1586 辆，同比增长 35%。根据中国氢能联盟预测，到 2050 年氢能需求量有望达到 6000 万吨，在终端能源体系中占比为 10%，其中交通运输领域用氢量为 2458 万吨，约占该领域用能的 19%；氢能产业链年产值将达 12 万亿元。

① 地域方面：在政策加持下，以韩国、美国、日本、中国、德国为代表的主要国家的氢能基建不断完善，氢车核心部件持续降本，未来有望迎来氢车推广的大幅加速。

② 应用方面：当前全球销售的氢车类型以乘用车（主要为丰田 Mirai 和现代 Nexo）和公共汽车为主，未来轻型商用车和重卡将有望贡献更多增量，成为氢车的主流应用。

一、国外氢能源发展

（一）美国氢能源发展

美国 2022 年年生产氢气 1000 万吨，从消费结构上看，其主要用于石油炼化、合成氨与化工工业。在储运方面，美国目前拥有大约 1600 英里（1 英里＝1609.34m）的纯氢管道和三个地质洞穴，其中包括世界最大的、可储存 350GW・h 热能的洞穴。此外，氢气也广泛用于其他终端，包括超过 50000 辆燃料电池叉车、近 50 个开放的加氢站、约 70 辆燃料电池公共汽车、超过 13000 辆燃料电池汽车以及超过 500MW 的燃料电池固定电站和备用电源。

在建项目中，美国犹他州的 Intermountain 电力项目将利用天然气和清洁氢混合，以实现数千兆瓦时的发电量。美国路易斯安那州正在开发清洁能源综合体项目，其将使用甲烷重整和碳捕集与封存（CCS），以 95%的捕获率向区域市场提供清洁氢，这也将是世界上最大的碳捕集与封存项目，每年可封存超过 500 万吨的二氧化碳。美国也正在积极开展清洁氢生产项目。截至 2022 年 5 月，全美国共有超过 620MW 的在营或在建电解水制氢项目。

1. 美国加氢站状况

美国是全世界最早进行氢能源创新的国家，其在加氢站建设方面重视与氢能源应用场景结合，形成特有的氢能产业生态圈。美国加氢站主要围绕人口密集的旧金山和洛杉矶两大城市圈布局，氢能源行业发展较为成熟。数据显示，2018—2020年，美国建成加氢站数量呈不断上升趋势，2020年共建成49座加氢站。截至2021年底，北美地区共有86座加氢站投运，其中大多数位于美国的加利福尼亚州，数量达到60个，其中2021年有11座新的加氢站在加利福尼亚州投入运营，这也是近年来加州新增加氢站数量最多的一年。

2. 美国氢燃料电池汽车产业状况

2021年美国氢车销量为3341辆，较上年激增2.5倍。2020年6月，美国加州空气资源委员会（CARB）发布了《先进清洁卡车法规》，这是全球首个强制性的零排放卡车法规，其要求在加利福尼亚州销售的Class 2b-8级柴油卡车从2024年起需满足一定的零排放车辆销售比例，到2045年所有在加利福尼亚州销售的卡车新车应全部实现零排放。随后，约有30家卡车原厂委托制造（OEM）及相关设备公司宣布支持零排放卡车联盟，该联盟呼吁制定为期5年的20亿美元的激励措施，用于采购零排放卡车以及建设充电桩和加氢站等基础设施，这有望加速美国数万辆零排放汽车的生产和部署。2020年7月，有超过15个州签署了谅解备忘录，承诺到2030年有三分之一的新售商用车将为零排放车型，到2050年所有新售商用车型将为零排放车型。同年10月，美国能源部（Energy Department）推出了一项为期5年、耗资1亿美元的绿色氢燃料电池卡车计划，旨在淘汰长途运输市场中的柴油汽车。

（二）欧洲氢能源发展

欧洲的能源供应具有结构性弱点和地缘政治的特点，存在社会和环境方面的缺陷，特别是在供应安全和气候变化方面尤为严重。欧洲能源供应的缺陷对欧盟（European Union，EU）的经济增长以及公民福祉的稳定性具有直接影响。因此，解决能源供应安全问题、减缓气候变化和提高经济竞争力是可持续发展背景下能源研究的主要驱动力，这也是欧盟的高层目标。为实现以上目标，欧洲国家也将目光投向氢能产业，以期实现可持续能源产业化。

当前，欧洲凭借强大的政策支持和环保意识，已逐步完善氢能和燃料电池产业链的发展。同其他国家一样，欧盟国家在推广氢能产业方面出台了大量相关政策进行引导和扶持，还提供资金支持以便更好地进行氢能基础设施和燃料电池技术方面的研究，旨在降低发展成本，更快实现氢能产业的商业化推广。欧盟政策强力推广成果显著，运行加氢站数量较多，推行的“大型氢能公交车项目”是氢能源实际应用的全球典范。欧洲共有228座加氢站投运，其中德国数量最多，但其在2021年仅增加了1座加氢站（2020年为14个，2019年为27个）；法国仍以41座运营站位居欧洲第二，随后是英国（19座）、瑞士（12座）和荷兰（11座）。欧盟提出到2024年电解槽规模达6GW、2030年达40GW的目标，而现有规划已超过100GW，因此若规划中的项目能顺利投产，欧盟将大幅超额实现达标。

1. 德国氢能源产业状况

德国是欧洲发展氢能最具代表性的国家，长期致力于推广可再生能源发电制氢技术（power to gas），其通过氢气连接电网和天然气管网，并利用现有成熟的天然气基础设施作为巨大的储能设备。德国将液体有机氢载体技术（LOHC）成功应用于市场，此技术可以实现氢气在传统燃料基础设施中的运输。德国运营着世界第二大加氢网络，在营加氢站100座，仅次于日本。全球首列氢燃料电池列车已在德国投入商业运营，续航里程接近1000公里（1公里＝1000m）。德国已安装了超过300座通信基站备用电源，家用燃料电池寿命达到8万小时。

2021年1月12日，普拉格能源与雷诺签署谅解备忘录，宣布成立合资公司，共同致力于研发、制造、销售用于轻型商用车的氢燃料电池。合资企业于2021年上半年投入运营，并在欧洲投放试点车队部署。2021年5月20日，戴姆勒卡车控股公司和壳牌新能源（Shell New Energy）公司宣布将联合开发一个氢燃料交通运输走廊，并计划到2030年投放150个加氢站和5000台奔驰 $GenH_2$ 重卡。

2. 法国氢能源产业状况

根据法国2020年9月公布的《国家氢能战略》路线图，法国计划到2030年投资70亿欧元推动氢能源生产与应用，包括大规模建设安装水电解装置、促进交通工具使用氢燃料电池等，旨在到2030年拥有6.5GW的电解槽产能，可生产绿氢60万吨、减排二氧化碳600万吨。截至2020年底，法国54个地方政府、近30个产业集团、80个中小企业已经参与了160个氢能项目，巴黎氢能出租车已超过600辆。

（三）日本

2021年日本全年共售出氢车2464辆，与2020年相比，同比增长67%，这主要受益于2020年底，新一代丰田 Mirai 的上市。截至2020年底，日本在运营的加氢站约142座，燃料电池汽车保有量约4800辆，每座加氢站服务车辆约30辆。为了保证本土氢能供应，日本正在推进日本-文莱天然气制氢、日本-澳大利亚褐煤制氢的海外船舶输氢项目，并于2020年2月完成福岛10MW级制氢装置的试运营，这是目前全球最大的光伏制氢装置。

（四）韩国

截至2020年底，韩国在营加氢站有60座，燃料电池汽车保有量约10700辆。2021年韩国新增加氢站的数量为历年最多，有36座新的加氢站，并且正在不断扩大所有燃料电池电动汽车的基础设施。韩国的氢工业规模预计将翻一番，从2020年的14.1万亿韩元（753亿元人民币）增加到2030年的26.8万亿韩元（1431亿元人民币）。这种增长将受到来自现代汽车公司等大型本土企业投资的影响。现代汽车提出了7.6万亿韩元（406亿元人民币）的“燃料电池愿景2030”。2017年，韩国总统宣布了“新的可再生能源3020”政策，政策有望使韩国新能源和可再生能源的利用占比提高到2030年的20%，当前数字是8.8%。在此基础上，韩国政府宣布2019年氢经济路线图，规划到2040年将部署15GW的公用氢能、2.1GW的商业和住宅燃料电池；在电动汽车方面，目标是到2040年拥有590万辆燃料汽车、60000辆燃料公交车、1200座加氢站。

二、我国氢能源发展

（一）我国加氢站发展状况

近年来，我国加氢站基础设施发展迅猛，已有超过25个省市出台了布局加氢站建设的政策。鉴于加氢站建设成本高、回报预期不明等现实情况，新型混合加油、加氢模式的“氢油合建站”不仅适应了氢能产业发展的需求，也为氢能基础设施建设提供了新思路。截至 2021 年 10 月，我国已建成加氢站 170 座，其中规模在 500kg 以上的占比为 39%，并有 70MPa 氢气加氢站、液氢加氢站等。通过统筹推进加氢网络建设，截至 2022 年 6 月底全国已建成加氢站超 270 座。

中国石油化工集团有限公司（中国石化）是我国拥有加油站数量最多的能源央企，一直积极响应国家号召，投入到布局氢能产业中。广东建成的中国石化佛山樟坑油氢合建站，就是由中国石化建成的我国第一座集油、电、氢能源供给及连锁便利服务于一体的多能源补给供应新型网点。该合建站加注压力为 35MPa，加注能力达 500kg/d，主要服务于周边使用氢燃料的公交线路以及物流运输，氢燃料公交车仅需 4min 便可完成燃料加注，并续航 300km。中国石化可以根据已建立的全国巨大油站网络来发展合建加氢站，这也可以极大地解决发展加氢站的用地规划问题并能降低资金投入。截至 2022 年 8 月，中国石化已发展加氢站或油氢合建站 83 座，成为全球建成和运营加氢站最多的企业；其牵头完成国家标准《汽车加油加气加氢站技术标准》（GB 50156—2021）的修编工作；同时，它还创新加氢站建设模式，积极试点和推广 70MPa、35MPa/70MPa 混合站。

上海驿蓝金山加氢站是由上海驿蓝能源科技有限公司投资建设并运营的特色加氢站。由于该加氢站位于上海化工区，其氢气来源于该工业区的副产氢，这不仅节约能源资源，还建立了产业集群。该站具有 35MPa 和 70MPa 两种加注压力，加注能力高达 1920kg/d，具有给燃料电池汽车、管束车等不同类型车辆加氢，以及给新能源汽车维修保养、充电等功能，是我国首个商业化 70MPa 加氢站以及首个商业化加氢母站，同时也是国内首个通过管道输送供氢的加氢站，具有重要意义。

鸿达兴业股份有限公司（鸿达兴业）在氢能行业主攻制氢、储氢和运氢，为氢燃料汽车等下游应用产业提供氢气。在制氢、储氢方面，该公司投资建设并运营我国首个民用液氢工厂，研发低成本、高性能、高容量的稀土储氢材料，拥有液态和固态储氢两种技术。目前鸿达兴业“年产 5 万吨氢能项目”（3 万吨为液氢、2 万吨为高压气氢）建设进展良好，并成功率先探路长距离运输；同时获批在内蒙古乌海市海勃湾区、海南区、乌达区建设 8 座加氢站；2021 年又建成内蒙古乌海市第一座移动加氢站，并为乌海市 50 辆氢能公交车加注氢气。

（二）我国氢燃料电池发展状况

在 2022 年北京冬奥会中，氢能发挥了“科技名片”的作用，向全世界展示了中国在氢能领域的发展成果。北京冬奥会的奥运火炬燃料全部采用氢能。此外，北京冬奥会示范运营了 1000 多辆氢燃料电池车和 30 多个加氢站。冬奥会和冬残奥会期间，延庆赛区和张家口赛区有 700 余辆氢燃料大巴车投入使用，场馆之间提供接驳服务的车辆全部采用氢燃料电池客车，包含大巴车、中巴车等多个车型，为赛事提供交通保障服务。

在国家“双碳”目标下，氢燃料电池汽车正成为新的发展趋势，已累计建成加氢站超过 250 座，其因动力充足、加注时间短、续航里程长等优势，逐渐延伸至应急救援车、平衡车、观光车等应用场景。中国汽车工业协会数据显示，2022 年 1—6 月份实现燃料电池汽车销量 1390 辆，2021 年全年销量为 1586 辆，仅 2022 年上半年销量已达去年全年销量的87.64%。北京亿华通科技股份有限公司（亿华通）专注于氢燃料电池发动机系统技术研发与产业化，是国际领先的氢燃料电池发动机供应商，具备自主核心知识产权，率先实现了发动机系统及燃料电池电堆的批量国产化。按2020年车用燃料电池系统总销售功率计算，该公司在中国燃料电池系统市场排名第一，占市场份额的34.8%。截至2021年9月30日，该公司的燃料电池系统已安装于工信部新能源汽车目录中的67款燃料电池汽车上，位居行业第一。2021年12月，亿华通向市场发布首个240kW型号（额定功率达到240kW）的车用燃料电池系统。2022年3月，国家发展和改革委员会、国家能源局联合发布《氢能产业发展中长期规划》，首次直接明确了氢能是未来国家能源体系的重要组成部分，氢能战略高度明显提升，可预见氢能行业将掀起新一轮投资热潮。在燃料电池电堆端，国鸿氢能已建成目前全球产能最大的燃料电池电堆生产线，电堆累计出货超过17000台，装机容量为430MW，市场占有率在2017—2020年连续四年位居全国第一。目前国内在线运行的氢燃料电池汽车中有50%搭载国鸿氢能产品，全面带动了国内燃料电池汽车规模化，自主开发电堆性能比引进技术提升80%以上，成功实现生产装备及核心材料的国产化，降本超过60%。2021年，潍柴动力股份有限公司（潍柴动力）牵头承建全国唯一的国家燃料电池技术创新中心，同时承接国家燃料电池技术创新中心承接的国家“氢进万家”科技示范工程。未来，潍柴动力将牵头部署“12345”规划实施，即建设一条氢能高速、两个氢能港口、三个科普基地、四个氢能园区、五个氢能社区。雄韬氢雄燃料电池科技有限公司是国内氢能燃料电池领域的领军企业，为10余家国内知名整车企业累计配套超过60款燃料电池汽车车型，是国内配套开发氢能燃料电池车型最多的企业之一。该公司承担了山西省、湖北省最大规模燃料电池公交车示范运营项目，其燃料电池产品功率覆盖52～130kW，先后实现了在公交车、物流车、环卫车、重卡等多种车型的应用。此外，该公司拥有现阶段国内通过国家检测中心认证的最大功率氢燃料电池发动机。

第三节　氢能政策与标准化

目前，从国际看，全球主要发达国家高度重视氢能产业发展，氢能已成为加快能源转型升级、培育经济新增长点的重要战略选择；全球氢能全产业链的关键核心技术趋于成熟，燃料电池出货量快速增长、成本持续下降，氢能基础设施建设明显提速，区域性氢能供应网络正在形成。国际氢能委员会报告显示，自2022年2月以来，全球范围内启动了131个大型氢能开发项目，并预计到2030年，全球氢能领域投资总额将达到5000亿美元。世界能源理事会预计，到2050年氢能在全球终端能源消费量中的占比可高达25%。

2020—2050年一些国家（或地区）氢气供给路线对比如表1-2所示。

表1-2　2020—2050年一些国家（或地区）氢气供给路线对比

国家（或地区）	政策文件	制氢主要规划
美国	《国家氢能发展战略》	2030—2035年实现电解水制氢与天然气水蒸气重整(SMR)＋碳捕集与封存(CCS)制氢规模相当； 2050年全面实现工业与交通超低碳和零碳制氢、用氢

续表

国家（或地区）	政策文件	制氢主要规划
欧盟	《欧盟氢能源战略》	2024年前安装至少6GW可再生能源电解槽，可再生能源制氢年产量为100万吨； 2024—2030年，安装至少40GW可再生能源电解槽，可再生能源制氢年产量为1000万吨； 2050年可再生能源制氢实现长距离运输，所有脱碳难度系数高的工业领域使用氢气替代
英国	《国家氢能战略》	到2030年，氢将在英国化工、炼油厂、电力和重型运输（如航运、重型货车和火车）等高污染、能源密集型行业脱碳方面发挥重要作用，预计吸引40亿英镑的私人投资，新增9000余个高质量的工作岗位；2050年，英国20%～35%的能源消耗将以氢为基础，最终为英国2035年减少78%排放和2050年净零排放目标做出重要贡献
俄罗斯	《俄罗斯氢能产业发展规划》	建成集生产、出口为一体的氢能项目产业集群，在俄罗斯推广氢能。预计到2024年氢气供应量达20万吨，2035年达200万～1200万吨，2050年氢能供应量达1500万～5000万吨
日本	《氢燃料电池战略线路图》	2030年日本国内使用可再生能源制氢为主，2050年实现零排放制氢，这可通过CCS和可再生能源制氢两条路径实现
韩国	《氢能经济发展路线图》	2022年韩国国内氢气主要通过大型电解槽制氢获得，氢气成本下降至5500韩元/kg，2040年国内氢气全部为绿氢，氢气成本下降至3000韩元/kg
中国	《氢能产业发展中长期规划（2021—2035年）》	2025年初步建立以工业副产氢和可再生能源制氢就近利用为主的氢能供应体系； 2030年形成较为完备的氢能产业技术创新体系、清洁能源制氢及供应体系； 2035年形成氢能产业体系，构建涵盖交通、储能、工业等领域的多元氢能应用生态

数据来源：各国政策文件由高工产研氢电研究所（GGII）整理，2021年4月。

一、国际氢能政策

（一）美国

美国一直重视新能源的开发与利用，首先提出“氢经济”概念。为此，美国政府颁布了众多政策措施。1970年美国开始计划进行有关氢能技术方面的研究，并在进入21世纪时颁布了《氢气研究、开发及示范法案》和《氢能前景法案》等。2002年，美国发布的《国家氢能发展路线图》中明确了今后对发展氢能所设立的目标与规划，并制定了详细的发展路线。2004年，美国发布的《氢立场计划》中提出，要想发展氢能产业就要经历四大过程：①技术研发与示范运行；②市场良好转化；③相关基础设施的建设和市场的大规模推广、扩张；④氢能社会目标实现。同年，美国开始持续开展“氢能与燃料电池项目计划”，该计划资助项目已经累计完成30项技术的商业化应用，申请580项专利。在2014年的《全面能源战略》中，美国意识到了氢能对解决交通清洁能源新出路问题的重要意义与作用，并提出了新的氢能计划。2015年，美国参议院通过了第2171号决议，宣布10月8日为美国氢燃料电池日，众议院也通过了相关决议，对此表示支持。2016年，美国国会为更好地发展氢能产业，为“氢能与燃料电池项目计划”资助了1.49亿美元。第二年，美国能源部也宣布将为氢能和燃料电池项目投入1580万美元，以支持相关技术的研究。截至2018年6月，美国加州拥有36座对外开放的加氢站，达到政府产业发展的目标。2019年3月，美国能源部也宣布将高达3100万美元的资金用于推进“H_2@Scale”

概念，“H_2@Scale”的重点是在美国多个部门实现经济可靠的大规模制氢、运输、储存和利用。2020 年，在《美国氢经济路线图——减排及驱动氢能在全美实现增长》报告中提出，随着氢能在交通运输、工业原料、备用电源及电力系统等领域的规模化应用，全美氢需求量将快速拉升，所有这些应用所需的氢到 2030 年可能达到 1700 万吨，到 2050 年达到 6300 万吨。

2021 年，美国加州燃料电池伙伴关系组织发布了《燃料电池电动卡车：加州及其他地区货运活动的愿景》，该文件设想：到 2035 年建成 200 个加氢站，将有 7 万辆氢能重卡上路。2021 年 6 月，美国能源部宣布“氢能源地球计划”，提出在 10 年内实现绿氢成本降低 80%的目标，由目前每千克 5 美元降至每千克 1 美元；7 月，美国能源部宣布拨款 5250 万美元资助 31 个氢能相关项目；11 月，美国签署《基础设施投资和就业法案》，计划 2022—2026 年间拨款 80 亿美元用于区域氢能中心建设，15 亿美元用于电解槽和氢能全产业链研发和示范。此前，美国能源部还发布了《氢能计划发展规划》，提出建立未来十年及更长时期的氢能研究、开发和示范总体战略框架（表 1-3）。根据该计划，预计到 2030 年，美国氢能项目每年可创造 1400 亿美元的收入和 70 万个工作岗位；到 2050 年，每年可创造 7500 亿美元的收入和 340 万个工作岗位，从而加强美国能源领导地位并推动美国经济发展。

表 1-3　美国能源部发布的《氢能计划发展规划》

技术阶段	技术经济指标
制氢阶段	电解槽成本：300 美元/kW，运行寿命达到 8 万小时，系统转换效率达到 65%
运氢阶段	交通部门氢气输配成本：早期市场 5 美元/kg，最终 2 美元/kg
储氢阶段	车载储氢系统成本：8 美元/kW 便携式燃料电池电源系统成本：0.5 美元/kW 储氢罐用高强度碳纤维成本：13 美元/kg
用氢/氢产品阶段	工业和电力部门用氢价格：1 美元/kg 交通部门用氢价格：2 美元/kg 重型卡车的质子交换膜燃料电池系统成本：80 美元/kW，运行寿命 2.5 万小时 固定式发电固体氧化物燃料电池系统成本：900 美元/kW，运行寿命 4 万小时

2022 年 3 月，美国能源部宣布投入 2800 万美元用于清洁氢能的研发和前端工程设计（FEED）项目，旨在开发创新的下一代制氢技术，利用城市固废、残留煤炭废物、废塑料和生物质原料低成本生产清洁氢，推进实现“氢能攻关计划”。同时，美国国会正在审议的《氢生产税收抵免法案》要求使用《清洁空气法案》的可再生燃料标准来确定氢生产的碳强度，并将减少温室气体排放与税收抵免挂钩。9 月 22 日，美国能源部发布《国家清洁氢战略与路线图（草案）》。该路线图全面概述了美国氢气生产、储运和应用的潜力，阐述了清洁氢将如何助力美国脱碳和实现经济发展目标。美国能源部的目标是使清洁氢的生产到 2030 年增加到 1000 万吨/年，到 2040 年增加到 2000 万吨/年，到 2050 年增加到 3000 万吨/年。这些目标是基于氢气在工业应用、重型运输和长期储能等特定领域，具有成本竞争力的需求情景下设置的，具备较强的可实现性。通过到 2050 年实现氢气生产和利用的 5 倍增长，美国能源部预计，在所有氢气都是清洁生产的情况下，美国的温室气体

排放总量可以比 2005 年减少约 10%。

（二）欧盟

欧盟各成员国能源进口依存度超 50%，为实现低碳经济、降低能源成本、减少进口依存度，欧盟在寻求低碳能源时对于氢能抱有较大期望。自 2003 年开始，欧盟多国对如何发展氢能以及相关产业进行合作研究，并计划首先共同打造发展氢能和燃料电池技术平台，并依托这一平台着重对核心技术进行研究，决心要掌握关键核心技术以更好地全方位发展氢能产业。2007 年，欧盟委员会提出《欧洲战略能源技术计划》，将燃料电池和氢能作为重点支持的关键技术领域。2008 年，欧盟理事会通过决议建立“欧洲燃料电池和氢能联合组织”，创立由欧盟委员会、产业协会、企业等共同组成的产业合作机制，部署技术研发，推动氢能和燃料电池产业发展和应用。2009 年，为了既快速又低成本地构建输氢网络，欧盟开始研究利用天然气管道来进行输氢。欧盟为 2015 年和 2016 年分别启动的 Hydrogen Mobility Europe 的 H_2ME^1 与 H_2ME^2 计划投资 1.7 亿欧元，用于建设加氢站以及氢燃料电池汽车。2019 年，欧盟燃料电池和氢能联合组织发布《欧盟氢能路线图》，其中对于 2030 年以及 2050 年的氢能发展路线图进行了规划与展望。2020 年 7 月，欧盟发布《欧盟氢能战略》，提出了欧洲长期发展氢能的战略蓝图。欧盟委员会认为，氢能是实现《欧洲绿色协议》和欧洲清洁能源转型的关键选项。欧盟氢能战略发展目标如表 1-4 所示。

表 1-4　欧盟氢能战略发展目标

阶段	发展目标
2020—2024 年	安装容量为 600 万千瓦的可再生氢能电解槽，生产 100 万吨可再生氢能
2025—2030 年	氢能成为能源系统的重要组成部分，电解槽容量至少提升到 4000 万千瓦，可再生氢能产量达到 1000 万吨
2031—2050 年	可再生氢能技术成熟，并在所有难以去碳化的领域大规模应用

1. 德国

德国作为欧盟成员国之一，其氢能产业处于世界领先地位，这离不开欧盟对发展氢能的支持以及德国政府对氢能发展的重视。2007 年，德国政府、工业和科学界启动了长达 10 年的重大项目——国家氢和燃料电池技术创新计划（NIP），该计划体现了德国对氢能与燃料电池产业技术、市场和发展全产业链的重视。2006—2016 年间，NIP 为 750 个项目总计投入约 7 亿欧元，共有 240 家企业、50 家科研和教育机构以及公共部门得到了资助。2016 年，德国实施第二阶段即 2016—2026 年的氢和燃料电池技术计划（NIP-2），以确保研究和开发的继续，并预计在接下来十年内可以提供 14 亿欧元左右的扶持资金。2019 年，氢能示范区（HyLand）计划作为 NIP 计划的一部分被提出，先后确定了 3 批次共 25 个氢能示范区试点。2020 年，德国推出的《国家氢能战略》提出，至少投入 90 亿欧元发展氢能，并计划在 2030 年前将电解绿氢产能提高至 5GW，2040 年达到 10GW。该战略还提出，要实现氢能技术的大规模出口，进行全产业链技术研究，突破电解、氢能生物生产方法、燃料电池等技术；2020—2023 年，能源与气候基金将提供 3.1 亿欧元用于绿氢研究。

2. 法国

法国生态转型部在 2018 年关于面向能源变革的氢能发展规划中提出，为了实施氢能计划，法国环境与能源管理署最初将投入 1 亿欧元用于首次在工业、交通和能源领域部署氢能。2020 年，法国发布《国家氢计划》，拟在 10 年内向氢能研发和相关工业投入 72 亿欧元，将法国打造为全球氢能经济的重要参与者。根据法国未来能源计划，到 2030 年，法国通过可再生能源与核能制得“清洁氢气”的产能要达到 60 万吨。

（三）日本

日本的氢能产业起源也很早，其在 1973 年便成立了氢能源协会。1981 年，日本“月光计划”启动，开始着手研发燃料电池。2013 年，日本政府更加重视氢能产业，并把“发展氢能”立为国策，通过在生产、生活各领域大力推广使用氢燃料电池来发展氢能。为更好落实这一国策，日本随后明确实现“氢能社会”的战略方向。2014 年发布并于 2016 年和 2019 年分别进行修订的《氢能与燃料电池战略路线图》中提出，实现“氢能社会”目标分三个阶段的发展路线图，表 1-5 为其主要内容。

表 1-5　日本《氢能与燃料电池战略路线图》中关于“氢能社会”的三个阶段

阶段	目标
第一阶段（加速推广氢能利用市场）	2017 年：固定式燃料电池示范推广至商业和工业应用； 2020 年：氢燃料价格降至混合动力汽车燃料价格水平； 2025 年：燃料汽车价格降至混合动力汽车价格水平
第二阶段（大规模氢能供给）	2020 年：与国外氢气供给商建立战略合作伙伴关系； 建立商业氢燃料分配体系
第三阶段（氢燃料零碳供给）	2040 年：零碳氢气生产，全产业链整体运作

2017 年，日本在《氢能基本战略》中规划了 2050 年“氢能社会”建设的目标，并提出具体发展目标和实施路径。随后一年，日本在《第五次能源基本计划》中提到，要利用发展氢能产业来治理气候变化带来的能源规划压力。2019 年，日本政府在《氢能与燃料电池技术开发战略》中提出，技术开发战略重点锁定在燃料电池、氢制备与储运及氢燃料发电相关产业。2019 年，日本在《氢能与燃料电池战略路线图（2019 年）》中确定了燃料电池、氢能供应链、电解水制氢 3 大技术领域、10 个重点项目研发的优先研发事项。2020 年，日本提出绿色成长战略：到 2030 年将供给成本降至 30 日元/m^3；到 2050 年，实现氢气发电成本低于天然气火电成本（<20 日元/m^3，合人民币 14 元/kg），到 2030 年氢气供给量最大达到 300 万吨，2050 年氢气供给量达 2000 万吨（此前目标为 1000 万吨）。截至 2020 年，日本共建成 142 座加氢站，比 2019 年增加了 28 座。在 2021 年 10 月发布的第六版《能源战略计划》中，日本政府首次引入氨能，提出到 2030 年，利用氢和氨所生产出的电能将占日本能源消耗的 1%；同时氢能在能源结构中的占比要达到 11%，这主要指的是氢能在汽车、家庭、工业、发电等领域的应用。2022 年，日本与澳大利亚、文莱、挪威和沙特这些国家就氢燃料采购问题已达成合作协议；和印尼确定在氢、氨和碳

捕集与封存等脱碳技术方面开展合作。此外，日本作为岛国，搭建全球供应链主要依靠海上运氢。近几年，日本利用液化氢运输和甲基环己烷（MCH）运输，已有多个示范项目成功运行。

（四）韩国

2005年韩国贸易、工业和能源部做出《氢能和新可再生能源经济的总体规划》，即到2020年生产200万辆燃料电池汽车（FCEV）的计划。2012年，韩国实施《可再生能源配额标准（RPS）方案》，要求电力必须有2%～5%来自可再生能源，如果是燃料电池，比例则要翻倍。2015年，韩国发布的新能源汽车规划中计划建设80座加氢站，新能源汽车保有量超过100万辆。2018年8月，韩国政府把氢能产业定为三大战略投资领域之一。2020年2月，韩国颁布《促进氢经济和氢安全管理法》，这是全球首个促进氢经济和氢安全的管理法案，目的在于促进基于安全的氢经济建设。韩国政府称该法案的颁布将系统、有效地促进韩国氢工业的发展，为氢能供应和氢设施的安全管理提供支持，促进国民经济的发展。2021年9月1日，韩国政府最新氢能政策计划投入1.27万亿韩元（约合人民币70亿元）在韩国建立5个氢产业集群，并推出必要的基础设施，为氢能汽车发展提供保障。10月，韩国政府公布“氢能领先国家愿景”，力图到2030年构建产能达100万吨的清洁氢能生产体系，并将清洁氢能比重升至50%。韩国首个《氢经济发展基本规划》提出，到2050年韩国氢能将占最终能源消耗的33%、发电量的23.8%，成为超过石油的最大能源。

二、我国氢能政策

中国将采取有力的政策和措施，提高国家自主贡献力度。为了应对气候变化、全球变暖等日益严重的环境问题，我国提出“碳达峰”“碳中和”目标。“碳达峰”是指在2030年前，二氧化碳的排放量不再增长，达到峰值之后会逐步降低；“碳中和”则指的是在2060年前，实现二氧化碳的“零排放”，即排放总量与吸收总量相互抵消，达到“零排放”。当前，以燃料电池为代表的氢能开发利用技术取得重大突破，为实现零排放的能源利用提供重要解决方案，我国需要牢牢把握全球能源变革发展大势和机遇，加快培育发展氢能产业，加速推进能源清洁低碳转型。

2022年3月23日，国家发展和改革委员会、国家能源局联合印发《氢能产业发展中长期规划（2021—2035年）》（以下简称《规划》）：围绕氢能三大定位，提出三阶段发展目标、四大发展任务。该规划明确了氢的能源属性，即氢是未来国家能源体系的组成部分，提出充分发挥氢能清洁低碳特点，推动交通、工业等用能终端和高耗能、高排放行业绿色低碳转型。同时，该规划明确氢能是战略性新兴产业的重点方向，是构建绿色低碳产业体系、打造产业转型升级的新增长点。这是我国首个氢能产业的中长期规划，确定了可再生能源制氢为主要发展方向。《规划》展望了2030年和2035年发展目标：到2030年，形成较为完备的氢能产业技术创新体系、清洁能源制氢以及供应体系，产业布局合理有序，可再生能源制氢广泛应用，有力支撑碳达峰目标实现；到2035年，形成氢能产业体系，构建涵盖交通、储能、工业等领域的多元氢能应用生态，可再生能源制氢在终端能源消费中的比重明显提升，对能源绿色转型发展起到重要支撑作用。为实现《规划》提到的目标，我国政府已经在资金和政策方面尽可能地提供扶持工作，不仅为建设相关基础设施提供资金支持，还放宽了相关设施建设的审批条件。目前，我国已出台多项有关氢能产业的政策，明确表示大力支持氢能产业的发展。

（一）我国氢能政策发布历程

2006—2014年期间，国家将氢能及燃料电池写入发展规划之中，但氢能产业还只处于推广阶段，并未出台相关补贴和制订计划。2014年《能源发展战略行动计划（2014—2020年）》中正式将氢能与燃料电池作为能源科技创新战略方向。2015年，国家提出燃料电池汽车要实现千辆级市场规模。2016年，我国制定《中国氢能产业基础设施路线图》，提出氢能产业规划目标。同年，国家发展和改革委员会、国家能源局联合印发了《能源技术革命创新行动计划（2016—2030年）》，里面也包括了氢能和燃料电池的技术创新。2019年，国家发布《产业结构调整指导目录（2019年本，征求意见稿）》公告，其中鼓励类新列入了高效制氢、运氢及高密度储氢技术开发应用及设备制造，以及加氢站及车用清洁替代燃料加注站等内容。同年，国家能源局印发2019年第3号公告，鼓励储能、氢能等方面研究。

2020年3月国家发展和改革委员会司法部通过《关于加快建立绿色生产和消费法规政策体系的意见》，在9大方面提出了27项重点任务，其中包括研究制定氢能等新能源发展的标准规范和支持政策（2021年完成）。同年6月，国家能源局就《2020年能源工作指导意见》提出稳妥有序推进能源关键技术装备攻关，制定实施氢能产业发展规划，组织开展关键技术装备攻关，积极推动应用示范。8月，国家发展和改革委员会、国家能源局综合司发布《关于公布2020年风电、光伏发电平价上网项目的通知》，共有3个省份的4个涉氢项目入选，分别是：吉林省大安市舍力镇风光制氢储能《源网荷储综合能源》示范项目、乾安县200MW“光伏＋储能＋制氢”渔光互补扶贫项目；甘肃省二氧化碳加氢合成甲醇中试和示范工程项目；宁夏回族自治区宁夏宝丰能源股份有限公司太阳能电解制氢储能及综合应用试点项目。9月，财政部、工业和信息化部、科技部、国家发展改革委等部门发布的《关于开展燃料电池汽车示范应用的通知》宣布，对燃料电池汽车的购置补贴政策，调整为燃料电池汽车示范应用支持政策，对符合条件的城市群开展燃料电池汽车关键核心技术产业化攻关和示范应用给予奖励；国家发展改革委、科技部、工业和信息化部、财政部等部门就《关于扩大战略性新兴产业投资　培育壮大新增长点增长极的指导意见》提出，加快突破风光水储互补、先进燃料电池、高效储能与海洋发电等新能源电力技术瓶颈，建设智能电网、微电网、分布式能源、新型储能、制氢加氢设施、燃料电池系统等基础设施网络。10月，中国汽车工程师学会在《节能与新能源汽车技术路线图2.0》中提出，到2025年，新能源汽车销量占总销量20%左右，氢燃料电池汽车保有量达到10万辆左右；到2030年，新能源汽车销量占总销量的40%左右；到2035年，新能源汽车成为主流，占总销量50%以上，氢燃料电池汽车保有量达到100万辆左右。该规划还提出，提高2025年加氢站的建设目标至1000座，2030—2035年为5000座。11月，国务院制定《新能源汽车产业发展规划（2021—2035年）》，提出提高氢燃料制储运经济性，即因地制宜开展工业副产氢及可再生能源制氢技术应用，加快推进先进适用储氢材料产业化；推进加氢基础设施建设。12 月，国务院新闻办公室在《新时代的中国能源发展白皮书》中提出，加速发展绿氢制取、储运和应用等氢能产业链技术装备，促进氢能燃料电池技术链、氢燃料电池汽车产业链发展。

2021 年 1 月，国家发展和改革委员会发布《西部地区鼓励类产业目录（2020 年本）》，鼓励贵州省发展氢加工制造、氢能燃料电池制造、输氢管道和加氢站建设，鼓励陕西省发展风电、光伏、氢能、地热等新能源及相关装置制造产业，以及地热、氢能等新能源产业运营服务；鼓励内蒙古自治区发展氢加工制造、氢能燃料电池制造、输氢管道和加氢站建设。2 月，国务院在《加快建立健全绿色低碳循环发展经济体系的指导意见》中提出，提升可再生能源利用比例，大力推动风电、光伏发电发展，因地制宜发展水能、氢能、生物质能、光热发电。同月，科技部发布《关于对“十四五”国家重点研发计划“氢能技术”等 18 个重点专项 2021 年度项目申报指南征求意见的通知》，围绕氢能绿色制取与规模转存体系、氢能安全存储与快速输配体系、氢能便捷改质与高效动力系统及“氢进万家”综合示范 4 个技术方向，启动 19 个指南任务。6 月，国家能源局发布《关于组织开展“十四五”第一批国家能源研发创新平台认定工作的通知》，认定氢能及燃料电池技术为重点领域，研究内容包括高效氢气制备、储运、加注和燃料电池关键技术，以及氢能与可再生能源协同发展关键技术等。10 月，国务院发布《2030 年前碳达峰行动方案》，提出探索开展氢冶金，积极扩大氢能、天然气、先进生物液体燃料等新能源、清洁能源在交通运输领域应用，推广氢燃料动力重型货运车辆，有序推进充电桩、配套电网、加注（气）站、加氢站等基础设施建设，加快氢能技术研发和示范应用，探索在工业、交通运输、建筑等领域规模化应用。11 月，国务院发布《关于深入打好污染防治攻坚战的意见》，其中鼓励推动氢燃料电池汽车示范应用，有序推动清洁能源发展。同月，国务院国有资产监督管理委员会发布的《关于推进中央企业高质量发展做好碳达峰碳中和工作的指导意见》中提出，加快推动非化石能源发展，稳步构建氢能产业体系，完善氢能制、储、输、用一体化布局，结合工业、交通等领域典型用能场景，积极部署产业链示范项目。12 月，工业和信息化部发布《“十四五”工业绿色发展规划》，提出加快氢能技术创新和基础设施建设，推动氢能多元利用，推动重点开发地区提升清洁能源消费比重，鼓励氢能等替代能源在钢铁、水泥、化工等行业的应用。

2022 年 1 月 4 日，国家能源局、工业和信息化部、住房和城乡建设部、交通运输部、农业农村部制定《智能光伏产业创新发展行动计划（2021—2025 年）》，其中提出拓展智能光伏技术耦合，支持智能光伏制氢等试点示范项目建设，加快开展制氢系统与光伏耦合技术研究；支持建设一批光伏储能、光伏制氢等系统验证平台，加强多领域横纵联合。18 日，国家发展和改革委员会等 7 部门联合发布《促进绿色消费实施方案》，提出大力推广新能源汽车，加强加氢等配套基础设施建设，积极推进车船用氢，有序开展燃料电池汽车示范应用。20 日，国家能源局发布《2022 年能源行业标准计划立项指南》，要求紧密围绕落实“四个革命、一个合作”能源安全战略，构建清洁低碳、安全高效能源体系，支撑能源碳达峰、碳中和目标任务，在附件《能源行业标准计划立项重点方向》中，提到了氢能等可再生能源。21 日，交通运输部在《绿色交通“十四五”发展规划》中提出，鼓励开展氢燃料电池汽车试点应用，不断提高城市绿色出行水平，到 2025 年，力争 60%以上的创建城市绿色出行比例达到70%。27日，国务院印发《“十四五”市场监管现代化规划》，提出建立重大活动、重大项目特种设备安全保障工作机制；适应科技创新和能源变革需要，加强和完善对涉氢特种设备的监管。《中国氢能源及燃料电池产业白皮书2020》中提到的中国氢能及燃料电池产业的总体目标如表1-6所示。

表1-6　中国氢能源及燃料电池产业的总体目标

<table>
<tr><th colspan="2">产业目标</th><th>现状(2019年)</th><th>近期目标(2020—2025年)</th><th>中期目标(2026—2035年)</th><th>远期目标(2036—2050年)</th></tr>
<tr><td colspan="2">氢能源比例/%</td><td>2.7</td><td>4</td><td>5.9</td><td>10</td></tr>
<tr><td colspan="2">产业产值/亿元</td><td>3000</td><td>10000</td><td>50000</td><td>120000</td></tr>
<tr><td rowspan="4">装备制造规模</td><td>加氢站/座</td><td>23</td><td>200</td><td>1500</td><td>10000</td></tr>
<tr><td>燃料电池车/万辆</td><td>0.2</td><td>5</td><td>130</td><td>500</td></tr>
<tr><td>固定式电源/(电站/座)</td><td>200</td><td>1000</td><td>5000</td><td>20000</td></tr>
<tr><td>燃料电池系统/万套</td><td>1</td><td>6</td><td>150</td><td>550</td></tr>
</table>

2022年7月，国家发展和改革委员会发布《国家公路网规划》，其中针对氢能方面指出：提升公路服务区服务品质，设置人性化服务设施和充换电、加氢等设施。国家自然科学基金委员会发布《“双碳”基础研究指导纲要》，其中四项涉氢领域被列入重点和优先发展方向：化石能源低碳高效制氢原理；氢能“制储输用”一体化产业体系构建及关键材料研制；高效经济的氢燃料电池的过程机理；高值流程制造业体系构建等。8月1日，工业和信息化部、国家发展和改革委员会、生态环境部印发《工业领域碳达峰实施方案》，其中针对氢能方面指出：推进氢能制储输运销用全链条发展；鼓励有条件的地区利用可再生能源制氢，优化煤化工、合成氨、甲醇等原料结构；支持发展生物质化工，推动石化原料多元化。18日，交通运输部印发《绿色交通标准体系（2022年）》，涉及新能源与清洁能源应用、能耗能效、碳排放控制、节能技术与管理等多项节能降碳标准，其中节能降碳标准200中包括《氢燃料电池公共汽车配置要求》，国家节能降碳相关标准中包括《加氢站技术规范（2021年版）》。25日，工业和信息化部发布《关于推动能源电子产业发展的指导意见（征求意见稿）》，其中提出加快高效制氢技术攻关，推进储氢材料、储氢容器和车载储氢系统等研发；突破电堆、双极板、质子交换膜、催化剂、膜电极材料等燃料电池关键技术；支持制氢、储氢、燃氢等系统集成技术开发及应用。29日，工业和信息化部、财政部等五部门组织编制《加快电力装备绿色低碳创新发展行动计划》，提出着力攻克可再生能源制氢等技术装备；加快制氢、氢燃料电池电堆等技术装备研发应用，加强氢燃料电池关键零部件、长距离管道输氢技术攻关；开展制氢关键装备及技术应用，推进不同场景下的可再生能源-氢能综合能源系统应用，推动长距离管道输氢与终端装备应用。

（二）地方多元化氢能政策

2021年2月，国务院印发了《关于加快建立健全绿色低碳循环发展经济体系的指导意见》，多部委及地方政府也先后出台政策，支持氢能产业发展，河北、陕西、山东、上海、辽宁等10省（市）在“十四五”规划中明确提出大力推动新能源与氢能协同发展。利用氢气的桥接作用，既可为燃料电池提供氢源，也可使丰富的煤炭、生物质等资源绿色转化为液体燃料，从而有可能实现由化石能源顺利过渡到可再生能源的可持续循环，催生可持续发展的“氢经济”。我国地方氢能具体政策如表1-7所示。

表1-7 我国地方氢能政策发布情况汇总

省（市）/自治区	时间	政策
北京	2021—2022年	《北京市氢能产业发展实施方案（2021—2025年）》 《昌平区氢能产业创新发展行动计划（2021—2025年）》 《大兴区促进氢能产业发展暂行办法（2022年修订版）（征求意见稿）》 《北京市深入打好污染防治攻坚战2022年行动计划》 《北京市“十四五”时期重大基础设施发展规划》
山东	2021—2022年	《山东省能源科技创新“十四五”规划》 《海洋强省建设行动计划》 《2022年全省能源工作指导意见》 《泰安市黄河流域生态保护和高质量发展实施规划》 《潍坊市新一轮“四减四增”三年行动方案（2021—2023年）（征求意见稿）》 《2022年全市能源工作要点》（济宁）
内蒙古自治区	2021—2022年	《关于促进氢能产业高质量发展的意见》 《内蒙古自治区“十四五”可再生能源发展规划》 《关于国有资本支持风光氢储产业的指导意见》 《内蒙古自治区“十四五”能源技术创新发展规划》 《内蒙古自治区“十四五”电力发展规划》
四川	2021—2022年	《四川省“十四五”能源发展规划》 《成都市2022年大气污染防治工作行动方案》 《眉山市“十四五”生态环境保护规划》
河北	2021—2022年	《河北省氢能产业发展“十四五”规划》 《保定市氢能产业发展“十四五”规划》 《河北省促进绿色消费实施方案》
宁夏回族自治区	2022年	《自治区清洁能源产业高质量发展科技支撑行动方案》 《宁夏回族自治区应对气候变化“十四五”规划》
辽宁	2022年	《辽宁省氢能产业发展规划（2021—2025年）》
湖南	2022年	《湖南省贯彻落实〈中华人民共和国长江保护法〉实施方案》 《中共湖南省委　湖南省人民政府关于完整准确全面贯彻新发展理念　做好碳达峰碳中和工作的实施意见》
重庆	2022年	《重庆市武隆区工业和信息化“十四五”发展规划》
天津	2021—2022年	《天津市能源发展“十四五”规划》 《天津市加快建立健全绿色低碳循环发展经济体系的实施方案》

续表

省(市)/自治区	时间	政策
河南	2021—2022年	《濮阳市支持氢能与氢燃料电池产业发展若干政策》 《河南省人民政府关于明确政府工作报告提出2022年重点工作责任单位的通知》 《新乡市加快未来产业谋篇布局行动方案》
湖北	2021—2022年	《武汉市国民经济和社会发展第十四个五年规划和2035年远景目标纲要任务分工方案》 《市人民政府关于支持氢能产业发展的意见》 《武汉市加快建立健全绿色低碳循环发展经济体系实施方案》
广东	2021—2022年	《深圳市氢能产业发展规划(2021—2025年)》 《佛山市南海区新能源(氢能)市政、物流车辆推广应用实施方案(2021—2024年)》 《2022年省〈政府工作报告〉重点任务分工方案》
广西壮族自治区	2022年	《广西新能源汽车产业发展"十四五"规划》
浙江	2021—2022年	《浙江省加快培育氢燃料电池汽车产业发展实施方案》 《宁波市氢能示范应用扶持暂行办法》 《关于加快推进氢燃料电池汽车省级示范点的若干政策意见(征求意见稿)》
江苏	2022年	《2022年常熟市氢燃料电池产业发展工作要点》
吉林	2022年	《吉林市能源发展"十四五"规划(征求意见稿)》
安徽	2022年	《安徽省"十四五"汽车产业高质量发展规划解读》
上海	2021—2022年	《上海市综合交通发展"十四五"规划》 《关于支持本市燃料电池汽车产业发展若干政策》 《临港新片区打造高质量氢能示范应用场景实施方案(2021—2025年)》 《嘉定区加快推动氢能与燃料电池汽车产业发展的行动方案(2021—2025)》

(1) 北京市发布《北京市氢能产业发展实施方案(2021—2025年)》

2023年前，力争建成37座加氢站，推广燃料电池汽车3000辆；2025年前，培育10～15家具有国际影响力的产业链龙头企业，京津冀区域累计实现氢能产业链产业规模1000亿元以上，实现燃料电池汽车累计推广量突破1万辆，累计推广分布式发电系统装机规模10MW以上。

(2) 天津市发布《天津市氢能产业发展行动方案(2020—2022年)》

到2022年，氢能行业总产值突破150亿元；力争建成至少10座加氢站、打造3个氢燃料电池车辆推广应用试点示范区，重点在交通领域推广应用，开展至少3条公交或通勤线路示范运营，累计推广使用物流车、叉车、公交车等氢燃料电池车辆1000辆以上；实现其他领域应用突破，建成至少2个氢燃料电池热电联供示范项目。

(3) 河北省印发《河北省氢能产业发展"十四五"规划》

到2022年，氢能产业链年产值150亿元；全省建成25座加氢站，燃料电池公交车、物流车等示范运行规模达到1000辆，重载汽车示范实现百辆级规模。到2025年，培育国内先进的企业10～15家；累计建成100座加氢站，燃料电池汽车规模达到1万辆，实现规模化示范；氢能产业链年产值达到500亿元。

（4）河南省印发《河南省氢能产业发展中长期规划（2022—2035年）》

到2025年，我省氢能产业关键技术和设备制造领域取得突破，产业链相关企业达到100家以上，氢能产业总产值突破1000亿元。推广各类氢燃料电池汽车5000辆，氢气终端售价降至30元/公斤以下，建成3～5个绿氢示范项目。郑汴洛濮氢走廊基本建成，郑州燃料电池汽车城市群示范应用取得明显成效，初步建成氢能国家级先进制造业集群。

（5）山西省发布《山西省氢能产业发展中长期规划（2022—2035年）》

结合山西省资源禀赋和产业基础，明确氢能产业重点发展方向、区域布局和关键技术突破，分层次、分阶段逐步实施，推动产业集群集聚发展。

（6）山东省发布《山东省氢能产业中长期发展规划（2020—2030年）》

2020年到2022年，聚集100家以上的氢能产业相关企业，燃料电池发动机产能达到20000台，燃料电池整车产能达到5000辆，氢能产业总产值规模突破200亿元。累计建成加氢站30座（含与其他能源合建站）；试点示范取得初步成效，燃料电池汽车在公交、物流等商用车领域率先示范推广，省域内累计示范推广燃料电池汽车3000辆左右。

（7）黑龙江省发布《黑龙江省国民经济和社会发展第十四个五年规划和二〇三五年远景目标纲要》

优先发展新能源和可再生能源，到2025年可再生能源装机达到3000万千瓦，占总装机比例50%以上。探索可再生能源制氢，开展绿色氢能利用。

（8）中共吉林省委十一届九次全体会议新闻发布会

积极开展氢能开发利用工程。建设“两基地，一走廊”，即长春氢能产业创新研发、装备制造、商业应用基地，白城国家级“绿氢”规模化供应基地，“长春—白城”氢能走廊。

（9）辽宁省发布《辽宁省氢能产业发展规划（2021—2025年）》

到2025年，全省氢能产业实现产值600亿元，集聚100家以上氢能产业相关企业，培育10家左右具有核心竞争力和影响力的知名企业，具有自主知识产权和核心技术的燃料电池发动机产能达到1万台，燃料电池船舶、轨道交通、无人机、分布式能源产业实现突破，初步形成氢能全产业链发展格局。

（10）内蒙古自治区发布《内蒙古自治区促进氢能产业发展若干政策（试行）》（征求意见稿）

2021—2023年绿氢制取能力达到10万吨/年，工业副产氢有效利用，培育引进5～10家氢能相关核心企业，建成加氢站60座，矿山、物流、公交等领域的燃料电池汽车推广应用形成一定规模，达到3800辆以上，氢能在冶金、化工、交通等领域的应用取得突破。氢制取、氢储运、氢加注、氢应用等产业链基本形成。氢能产业总产值达到400亿元。

2024—2025年氢能产业发展加速推进。绿氢制取能力达到50万吨/年，努力实现工业副产氢应用尽用，培育引进15～20家氢能相关核心企业，建成加氢站100座，累计推广燃料电池汽车10000辆以上，氢能在冶金、化工等领域实现商业化应用。高效氢气制取、燃料电池电堆、储氢原材料技术达到国内领先水平。氢能产业总产值力争达到 1000 亿元。

（11）江苏省发布《江苏省“十四五”可再生能源发展专项规划》

按照“统一规划、统一送出”的思路，探索开展海上风电柔性直流集中送出、海洋牧场、海上综合能源岛、海上风电制氢、海上风电与火电耦合等前沿技术示范。

（12）浙江省发布《浙江省加快培育氢能产业发展的指导意见（征求意见稿）》

到 2022 年，通过试点示范、产业培育和推广应用，力争走在全国氢能产业发展前列。到 2025 年，基本形成完备的氢能装备和核心零部件产业体系；氢燃料电池电堆、关键材料、零部件和动力系统集成核心技术接近国际先进水平；加氢设施网络较为完善，氢能在汽车、船舶、分布式能源等应用领域量化推广，成为国内氢能产业高地。

（13）上海市发布《上海市碳达峰实施方案》

鼓励支持各区、各园区培育壮大新能源汽车、氢能等绿色低碳循环相关制造和服务产业。加快推进加氢站等配套基础设施建设。积极扩大氢能等清洁能源在交通领域的应用。

（14）安徽省发布《安徽省新能源汽车产业发展行动计划（2021—2023 年）》

打造世界级新能源汽车和智能网联汽车产业集群。基本形成“纯电动为主、氢燃料示范、智能网联赋能”的发展格局。鼓励燃料电池核心零部件企业开展燃料电池汽车技术应用和产业化，筑牢配套体系基础。推动新能源汽车零部件产业从提供零件向提供部件及模块化、系列化发展。重点攻关燃料电池电堆、双极板、膜电极、空压机、氢气循环泵、大功率 DC/DC 变换器、供氢系统等关键零部件技术，系统集成及控制技术。

（15）广东发布《广州市氢能产业发展规划（2019—2030 年）》

到 2022 年，完成氢能产业链关键企业布局，落实一批核心技术研发项目，推动氢能基础设施建设及示范应用。环卫领域新增、更换车辆中燃料电池汽车占比不低于 10%；公交、物流、工程服务、仓储、港口等领域燃料电池汽车示范运行不低于 3000 辆；燃料电池乘用车在公务用车、出租车、共享租赁等领域示范应用达到百辆级规模。氢能及燃料电池在电力、热力等领域实现示范应用。建设绿色氢电综合调峰示范应用电站 1 座，建成加氢站不少于 30 座。氢能产业实现产值预计 200 亿元以上。

（16）海南省发布《海南省国民经济和社会发展第十四个五年规划和二〇三五年远景目标纲要》

以炼化和化工企业工业副产氢净化提纯制氢为初期启动资源，一体化发展氢能源“制、储、运、加、用”产业，推动氢燃料电池应用，构建特色鲜明、优势突出、可持续发展的氢能产业体系。

（17）广西壮族自治区发布《广西能源发展“十四五”规划》

探索氢能等新型能源开发利用。统筹推进氢能基础设施建设，积极探索氢能开发利用。在丙烷脱氢、氯碱、焦化等行业聚集地区发展工业副产氢，优化氢气提纯技术，鼓励就近消纳，降低工业副产氢供给成本。在可再生能源资源条件好、发电成本低、氢能储输用条件较好地区，探索开展可再生能源富余电力制氢。积极推动氢能在工业、交通、储能、分布式发电等领域的多元化应用。因地制宜开发利用地热能，开发合浦盆地大山角块段等浅层地热资源，探索干热岩开发利用。探索海洋能等新型能源开发利用和创新应用。

（18）云南省发布《云南省工业绿色发展“十四五”规划》

积极培育氢能和储能产业，发展“风光水储”一体化，巩固和扩大清洁能源优势。促进能源消费绿色转型，大力推进工业厂房屋顶分布式光伏发电和储能系统建设，因地制宜推广太阳能光热、生物质能在工业领域利用，推进产业园智能微电网建设。

（19）甘肃省发布《甘肃省“十四五”能源发展规划》

推动氢能产业发展。培育氢能产业，加快推进电解水制氢试点，打造规模化绿氢生产基地。有序推动制氢产业基础设施建设，谋划制氢、氢存储、氢运输、加氢站、氢燃料电池“五位一体”的氢能产业园。加大钍基熔盐堆核能后续产业扶持力度，推动高温制氢装备、加氢催化制精细化学品相关产业发展。示范推广绿氢冶金、绿氢化工项目，开展能源化工基地绿氢替代，促进减少工业碳排放，有效降低冶金化工领域化石能源消耗，探索碳捕集和封存技术的商业化应用场景。“十四五”期间全省可再生能源制氢能力达到20万吨/年左右。

（20）贵州省发布《贵州省国民经济和社会发展第十四个五年规划和2035年远景目标纲要》

在六盘水、贵阳、毕节、黔西南等地开展氢加工、氢燃料电池等应用试点，推动氢能全产业链示范项目建设。推进贵阳、六盘水、毕节等加油、充电、加气、加氢、加甲醇一站式综合能源服务站等示范项目建设。

（21）青海省发布《青海省“十四五”能源发展规划》

探索示范氢能绿色开发技术利用。以可再生能源制氢技术研发为重点，探索氢能在电力、工业、交通、建筑等领域的应用，打造青海“绿氢”品牌。开展可再生能源制氢储氢用氢技术研究，建立氢气储运网络，推进槽车、管道等运输方式试点，形成规模化绿色氢气供给能力。研发氢能多元利用技术，推进氢能在盐湖化工、能源化工领域替代煤炭等化石能源的试点示范。在西宁、海东、海南等地区开展氢燃料电池公交车、物流配送车、矿山用车等试点，配套建设加氢站和氢气储运等基础设施。

（22）宁夏回族自治区发布《自治区人民政府办公厅关于加快培育氢能产业发展的指导意见》

到2025年，力争建成1～2座日加氢能力500公斤及以上加氢站；积极支持银川市率先开通1～2条示范公交线路运营氢燃料电池公交车，并逐步扩大到银川都市圈城际间氢燃料电池客运车示范运营。

（23）四川省发布《四川省氢能产业发展规划（2021—2025年）》

到2025年，燃料电池汽车（含重卡、中轻型物流、客车）应用规模达6000辆，氢能基础设施配套体系初步建立，建成多种类型加氢站60座；氢能示范领域进一步拓展，实现热电联供（含氢能发电和分布式能源）、轨道交通、无人机等领域示范应用，建设氢能分布式能源站和备用电源项目5座，氢储能电站2座。到2025年，逐渐健全强化氢能产业链，培育国内领先企业25家，覆盖制氢、储运氢、加氢、氢能利用等领域。其中核心原材料企业2家，制氢企业7家，储运和加氢企业6家，燃料电池及整车制造企业10家。

（24）重庆市发展和改革委员会印发《重庆市“十四五”清洁生产推行工作方案》

鼓励氢能、生物燃料、垃圾衍生燃料等替代能源在钢铁、水泥、化工等行业的应用。

加快布局氢能源产业，推广使用氢燃料电池汽车。研制全氢冶炼炉、交通自洽能源装备等清洁生产装备。

（25）湖北省人民政府印发《湖北省能源发展“十四五”规划》

积极探索氢能开发利用。聚焦制氢、储运、加注、燃料电池等氢能产业链核心环节，推动基础前沿和共性关键技术和装备研发。鼓励质子交换膜燃料电池、固体氧化物燃料电池发电及分布式能源系统技术攻关，建设可再生能源绿电制氢、工业尾气制氢、大规模氢气提纯、储供氢关键设备等氢能源供应及配套装备制造项目，加快氢能在交通运输、工业、储能调峰、分布式供能等领域应用，规划加氢站等配套氢能供应基础设施建设。

（26）湖南省发布《湖南省国民经济和社会发展第十四个五年规划和二〇三五年远景目标纲要》

重点依托一体化基地规模化布局风电，坚持集中式和分布式并重发展光伏发电，因地制宜发展生物质发电和地热能，稳步推进氢能等发展。

（27）国家能源局对《关于在新疆支持和促进氢能源产业发展》提案的回复

将鼓励新疆维吾尔自治区政府加快氢能产业发展政策研究，引导自治区能源企业调整和充实氢能产业发展路线；研究规划氢能产业发展，在天山北坡经济带能源产业聚集区等，利用富余电力开展氢能和储能网络示范；推进氢能产业试点项目建设，打造氢能产业聚集示范区，推进风电制氢试点示范工程建设。

（28）福建省人民政府印发《关于完整准确全面贯彻新发展理念做好碳达峰碳中和工作的实施意见》

统筹推进氢能“制储输用”全链条发展。逐步构建以新能源为主体的新型电力系统，提高电网对高比例可再生能源的消纳和调控能力。有序推进充电桩、配套电网、加注（气）站、加氢站、换电站等基础设施建设，提升城市公共交通基础设施水平。

（29）江西省发布《能源发展“十四五”规划》

鼓励氢能、发电侧储能等新型能源利用方式。加强新能源与增量配电网、充电桩、氢能等融合发展，推动支持与储能深入融合的新能源微电网应用示范工程、“风光（水）储一体化”和“源网荷储一体化”示范项目、绿色能源示范县（区）、综合智慧能源示范项目等能源新业态新项目建设。在新增用能区域，因地制宜实施传统能源和风能、太阳能、生物质能等能源的协同开发，优化布局电力、燃气、热力、供冷、储能等基础设施，实现多能互补和协同供应。拓展氢能在储能、发电、工业等领域应用，探索培育“风光发电＋氢储能”一体化应用新模式。

三、氢能技术标准化

技术标准是经济和社会发展必不可少的要素，对社会生产生活的发展起着巨大作用。一方面，技术标准是市场经济体制有机组成的必要元素，是产业结构调整和升级的促进剂；另一方面，技术标准是企业在激烈的市场竞争中长久生存的必要条件。一般而言，技术发展大多会先于标准的制定，但对于发展快、技术含量高且产品生命周期短的新能源和可再生能源，两项工作的开展几乎平行进行，甚至在特殊情况下，标准制定工作超前进行。在各国的重视下，氢能技术标准化工作已取得了良好的工作进展。

目前，全球范围内有数百个国际或区域性标准制定组织，其中影响力较大的包括国际标准化组织（ISO）和国际电工委员会（IEC）。在 ISO 组织中，主要是 ISO/TC 197 氢能技术委员会负责氢能技术领域的标准制定，主要涉及氢气的生产、储存、运输、加注及利用等环节的设备和系统标准，例如电解水制氢、液氢储运等。ISO/TC 22 道路车辆技术委员会和 ISO/TC 58 气瓶技术委员会等也会协助 ISO/TC 197 的标准制定工作。IEC 组织中的 IEC/TC 105 燃料电池技术标准化技术委员会负责制定氢能技术方面的标准，主要涉及用于交通领域的燃料电池技术以及固定式燃料电池发电系统标准等方面。根据公开资料统计，截至 2023 年，ISO 已发布的现行有效的氢能标准共计 48 项，其中 ISO/TC 197 已发布氢能制备、储存、运输、加注的相关国际标准 18 项，ISO/TC 22 已发布氢燃料电池汽车国际标准 6 项，掺氢天然气汽车国际标准 13 项。IEC/TC 105 已发布燃料电池系统及其零部件的技术要求、测试、安全相关国际标准 16 项。

相关国家方面，据不完全统计，截至 2023 年，美国已发布氢能相关标准 115 项，日本已发布氢能相关标准 22 项，欧盟已发布氢能相关标准 29 项，德国已发布氢能相关标准 31 项。总体而言，美国的氢能标准体系较为完整，在氢安全、制氢、氢储运、加氢站、氢能应用领域都制定了配套标准。表 1-8、表 1-9 分别列举了 ISO 和 IEC 已发布的部分氢能技术相关国际标准。

表 1-8　ISO 组织发布的部分氢能技术国际标准

中文名称	英文名称	编号
气态氢陆地车辆加注连接装置	Gaseous hydrogen land vehicle refuelling connection devices	ISO 17268:2020
氢燃料质量　产品规格	Hydrogen fuel quality—Product specification	ISO 14687:2025
氢气　加氢站　第 1 部分：通用要求	Gaseous hydrogen—Fuelling stations—Part 1:General requirements	ISO 19880-1:2020
变压吸附提纯氢气系统安全要求	Safety of pressure swing adsorption systems for hydrogen separation and purification	ISO/TS 19883:2017
氢燃料　产品规范	Hydrogen fuel quality—Product specification	ISO 14687:2019
水电解制氢装置　工业、商业和住宅应用	Hydrogen generators using water electrolysis—Industrial, commercial, and residential applications	ISO 22734:2019
气态氢　压缩氢车辆燃料容器的热激活压力释放装置	Gaseous hydrogen—Thermally activated pressure relief devices for compressed hydrogen vehicle fuel containers	ISO 19882:2025

表 1-9　IEC 组织发布的部分氢能技术国际标准

中文名称	英文名称	编号
国际电工词汇　第 485 部分：燃料电池技术	International Electrotechnical Vocabulary (IEV)-Part 485: Fuel cell technologies	IEC 60050-485:2020
燃料电池技术　第 3-100 部分：固定式燃料电池发电系统安全	Fuel cell technologies-Part 3-100: Stationary fuel cell power systems—Safety	IEC 62282-3-400:2016

续表

中文名称	英文名称	编号
燃料电池技术　第 4-202 部分：用于推进和辅助动力装置的燃料电池动力系统-无人机-性能测试方法	Fuel cell technologies-Part 4-202：Fuel cell power systems for propulsion and auxiliary power units-Unmanned aircrafts—Performance test methods	IEC 62282-4-202：2023
燃料电池技术　第 5-100 部分：便携式燃料电池发电系统安全	Fuel cell technologies-Part 5-100：Portable fuel cell power systems—Safety	IEC 62282-5-100：2018
燃料电池技术　第 6-106 部分：微型燃料电池动力系统-安全-间接 8 类（腐蚀性）化合物	Fuel cell technologies-Part 6-106：Micro fuel cell power systems—Safety-Indirect Class 8（corrosive）compounds	IEC 62282-6-106：2024
燃料电池技术　第 7-2 部分：测试方法　固体氧化物燃料电池（SOFC）的单电池和电堆性能测试	Fuel cell technologies-Part 7-2：Test methods-Single cell and stack performance tests for solid oxide fuel cells（SOFCs）	IEC 62282-7-2：2021
燃料电池技术　第 8-301 部分：逆向模式下使用燃料电池模块的储能系统，包括可逆操作的基于固体氧化物电池的电转甲烷能源系统——性能测试方法	Fuel cell technologies-Part 8-301：Energy storage systems using fuel cell modules in reverse mode-Power-to-methane energy systems based on solid oxide cells including reversible operation—Performance test methods	IEC 62282-8-301：2023

小　结

在“碳中和”愿景下，中国能源消费结构正从低碳（无碳）能源替代高碳能源、可再生能源替代化石能源推进。氢气具有来源广泛、便于储存、灵活高效、清洁低碳、安全可控五大特点，这使得氢能成为时代关注的焦点，应用前景广泛。随着环境与能源压力的持续增加以及氢能应用技术与标准化的日渐成熟，众多国家已将氢能产业作为新一轮科技与产业革命的突破口，争先抢占氢能市场和技术的制高点，密集出台和推行了一系列相关政策与技术标准。

我国氢能产业处于发展初期，相较于国际先进水平，仍存在产业创新能力不强、技术装备水平不高、支撑产业发展的基础性制度滞后、产业发展形态和发展路径尚需进一步探索等问题和挑战。在氢能制备、储存、运输、加注以及终端利用等产业链主要环节，我国与发达国家或地区相比都还有一定的差距，特别是基础材料、核心零部件尚未突破技术壁垒、氢能制备储运成本过高等问题，严重困扰氢能产业发展。因此，提高氢能产业发展质量，绝不能靠盲目上项目，更不能搞低水平重复投资，而要把技术创新放在首位，集中突破核心技术，增强全产业技术装备自主可控能力，制定完善行业基础标准，增强氢能产业供应链的稳定性和竞争性。相关政策的扶持、技术的攻克以及市场的推广是正确引导我国氢能产业规模化发展，以及解决导入期对市场需求判断的关键。

参考文献

[1]　李金晟．基于聚苯并咪唑和聚芳醚酮阴离子交换膜的制备及其性能研究［D］．长春：

长春工业大学，2020.
[2] 黄国勇．氢能与燃料电池［M］．北京：中国石化出版社，2020.
[3] 郑祥林．液氢的生产及应用［J］．今日科苑，2008（6）：1.
[4] 禹天福，许宏．美国凝胶液氢（胶氢）的研究［J］．导弹与航天运载技术，2002（4）：59-65.
[5] 毛宗强．氢能知识系列讲座（11）氢的安全性［J］．太阳能，2007（11）：14-16.
[6] 国家电投集团氢能产业创新中心．氢能百问［M］．北京：中国电力出版社，2022.
[7] 陈赟．我国氢能发展的现状与思考［J］．中国国情国力，2021（12）：8-11.
[8] 张博，万宏，徐可忠，等．世界各国氢能源经济发展举措分析［J］．国际石油经济，2017，25（9）：65-70.
[9] 赵学良．发展谷电制氢提高可再生能源部署能力的探讨［J］．石油炼制与化工，2021，52（6）：117-120.
[10] 吴善略，张丽娟．世界主要国家氢能发展规划综述［J］．科技中国，2019（7）：91-97.
[11] 王思佳．韩国欲主导氢能市场，底气何来？［J］．中国船检，2021（11）：73-76.
[12] 赵旭，杨艳，高慧．世界主要国家和能源企业加快氢能产业布局［J］．中国石化，2019（5）：16-21.
[13] 刘贵洲，窦立荣，黄永章，等．氢能利用的瓶颈分析与前景展望［J］．天然气与石油，2021，39（3）：1-9.
[14] 王彦雨，高璐，刘益东．美国国家氢能计划及其启示［J］．未来与发展，2015（12）：22-29.
[15] 李欢，崔志广．日本绿色增长战略的要点与启示［J］．电器工业，2021（6）：52-55.
[16] 雷超，李韬．碳中和背景下氢能利用关键技术及发展现状［J］．发电技术，2021，42（2）：207-217.
[17] 程一步，王晓明，李杨楠，等．中国氢能产业步入快速发展机遇期石化企业可大有作为［J］．石油石化绿色低碳，2020，5（1）：1-9.
[18] 朱松琳．新能源汽车进入发展新阶段［J］．决策探索（上），2021（1）：14-18.
[19] 财政部，工业和信息化部，科技部，等．关于开展燃料电池汽车示范应用的通知（财建〔2020〕394 号）［EB/OL］．［2020-09-16］．
[20] 发展和改革委员会．关于扩大战略性新兴产业投资培育壮大新增长点增长极的指导意见（发改高技〔2020〕1409 号）［EB/OL］．［2020-09-08］．
[21] 工业和信息化部．工业和信息化部关于印发“十四五”大数据产业发展规划的通知（工信部规〔2021〕179 号）［EB/OL］．［2021-11-15］．
[22] 臧金环，李春玲．《新能源汽车产业发展规划（2021—2035 年）》调整解读［J］．汽车工艺师，2021（Z1）：32-34.
[23] 唐仁敏．推进新时代西部大开发形成新格局——国家发展改革委有关负责人就《西部地区鼓励类产业目录（2020 年本）》答记者问［J］．中国经贸导刊，2021（3）：26-28.
[24] 刘仁越．产业发展仍具韧性 碳中和目标实现之路径［J］．水泥工程，2021（2）：1-7.
[25] 孙一元．上海电气：氢能布局初见规模［J］．上海国资，2021（3）：56-58.
[26] 国务院．国务院关于印发 2030 年前碳达峰行动方案的通知（国发〔2021〕23 号）

[EB/OL]．[2021-10-24]．

[27] 新华社．中共中央　国务院关于深入打好污染防治攻坚战的意见 [EB/OL]．[2021-11-07]．

[28] 傅丛，陈亚飞，李文华．我国氢能技术规范和标准体系初步研究 [J]．中国标准化，2006 (5)：29-32.

[29] 王赓，左阿惠，李爱仙，等．我国氢能标准体系框架构建研究 [J]．中国标准化，2010 (4)：34-37.

[30] 王晓兵，张妍懿，郝冬，等．国外主要氢能与燃料电池汽车相关标准简析 [J]．中国标准化，2021 (6)：128-133.

[31] 刘洪生，段炼，杨燕梅，等．标准化助力氢能产业发展 [J]．中国标准化，2018 (15)：46-52.

[32] 中国国际工程咨询有限公司氢能战略研究课题组，谢明华，陈梅涛，等．全球氢能发展态势及我国的战略选择 [J]．财经智库，2021，6 (4)：124-144.

[33] Rao P C，Yoon M Y，杨润泽．液体有机氢载体 (LOHC) 储氢系统最新研究进展 [J]．石油科技动态，2021 (4)：69-81.

[34] 发展和改革委员会．氢能产业发展中长期规划 (2021—2035 年) [EB/OL]．[2022-03-23]．

[35] 王赓，秦晓璇，崔胜楠，等．天津氢能产业发展路径研究 [J]．天津经济，2021 (3)：16-24.

[36] 孟翔宇，顾阿伦，邬新国，等．2019 年中国氢能政策、产业与科技发展热点回眸 [J]. 科技导报，2020，38 (3)：172-183.

[37] 广东：首座油氢合建站在粤正式建成 [J]．资源节约与环保，2019 (7)：10.

[38] 杜莎．2020 年中国氢燃料电池领域，企业争相发力 [J]．汽车与配件，2021 (1)：35-37.

第二章
化石原料制氢

氢能是 21 世纪最具发展潜力的一种清洁二次能源，具有清洁、高效、安全、可持续等特点，被誉为未来世界能源架构的核心。氢能是氢元素在物理与化学变化过程中释放的能量，可以通过传统的化石能源或新型的制氢方法获取。根据制氢所用原料的不同，制氢方法可分为两类：①以煤、石油和天然气为原料，称为化石原料制氢；②以生物质、甲醇、电解水和核能制氢，称为新型制氢。本章主要介绍化石原料制氢技术。

第一节　煤制氢

煤炭是由古代植物埋藏在地下经历了复杂的生物化学和物理化学变化而逐渐形成的，是由碳、氢、氧、氮、硫等元素组成的固体可燃性矿物。中国是世界上采煤和用煤最早的国家之一，经过探索发现，在公元前人类就有了对煤的认识。2500 年前的《山海经》，最早记载了煤并称之为“石涅”。从辽宁沈阳发掘的新乐遗址内，发现多种煤雕制品，证实了中国先民早在 6000—7000 年前的新石器时代就已认识和利用煤炭；西汉（公元前 206—公元 25 年）时期，人们开始采煤炼铁；唐朝开始用煤炼焦；至宋代，已有“昔汴都数百万家尽仰石炭（煤），无一家燃薪者”的记载；明朝的科技名著《天工开物》中有专门的章节来描述煤的性能、用途和开采方法。可见，人类用煤的历史之悠久。

煤制氢技术发展已有 200 多年的历史，中国的煤制氢技术也有近百年的发展史。目前，煤在我国能源结构中的比例高达 70%，预测 2050 年我国能源结构中煤炭的比例仍可达到 50%。现如今，我国已经是世界上 CO_2 排放第一大国，所以在我国大力推行洁净煤技术是十分必要的。煤制氢（简称为 CTG，即 coal to gas）是实现洁净煤技术的重要途径。下面将逐一介绍煤制氢的方法（煤焦化制氢、煤气化制氢、地下煤气化制氢、电解煤浆制氢和超临界水中煤气化制氢）、煤制氢的优缺点以及煤制氢的发展状况。

一、煤焦化制氢

煤焦化是指以煤为原料，在隔绝空气的条件下，通过高温干馏的方法得到焦炭与荒煤气的过程。煤在炼焦时，约75%变成焦炭，约25%生成多种化学产品及煤气。经高炉冶炼后的焦炭可外售。荒煤气经冷却和用各种吸收剂处理后，可提取出煤焦油、萘、氨、氰化氢、硫化氢及粗苯等化学产品，并得到净焦炉煤气，其组成中含氢气55%～60%、甲烷23%～27%、一氧化碳6%～8%等。净焦炉煤气可通过变压吸附（PSA），将氢气从甲烷中分离出来，其反应过程用下面的方程式表示：

$$煤 \xrightarrow{900\sim1000℃,隔绝空气} H_2 + CH_4 + CO + 其他气体 \tag{2-1}$$

二、煤气化制氢

（一）煤气化制氢化学反应

煤气化是以煤炭或煤焦为原料，以氧气（空气、富氧或纯氧）、水蒸气等作气化剂，在高温800～1500℃条件下通过化学反应将煤或煤焦中的可燃部分转化为气体燃料的过程。在气化过程中主要发生热解、燃烧、水蒸气（蒸汽）转化（蒸汽重整）、一氧化碳变换（水煤气变换）等一系列化学反应。气化涉及的反应如下：

$$煤 \xrightarrow{高温} CH_4 + CO + CO_2 + H_2 + 油/焦油 + C(半焦)(热解反应) \tag{2-2}$$

$$C + O_2 = CO_2(完全燃烧) \tag{2-3}$$

$$C + \frac{1}{2}O_2 = CO(部分燃烧) \tag{2-4}$$

$$C + H_2O = CO + H_2(水蒸气转化) \tag{2-5}$$

$$C + CO_2 = 2CO(Boudouard 反应) \tag{2-6}$$

$$CO + H_2O = CO_2 + H_2(一氧化碳变换反应) \tag{2-7}$$

$$CO + 3H_2 = CH_4 + H_2O(甲烷化反应) \tag{2-8}$$

（二）煤气化制氢工艺流程

典型的煤气化制氢工艺流程如图2-1所示。煤在气化炉中首先发生热解反应脱除挥发分，煤中一些比较弱的化学键发生断裂产生焦油、苯酚和烃类气体。这些气体产物通常进一步发生反应生成H_2、CO_2和CO。脱除挥发分后剩余的固定碳和水蒸气及氧气发生燃烧和气化反应。煤中的矿物质在气化炉底部形成的底灰，可作为化工生产中的产品。以H_2、CO_2和CO为主的粗煤气需经过除尘、脱硫净化、一氧化碳变换、气相产物分离等工艺才能制得氢气。

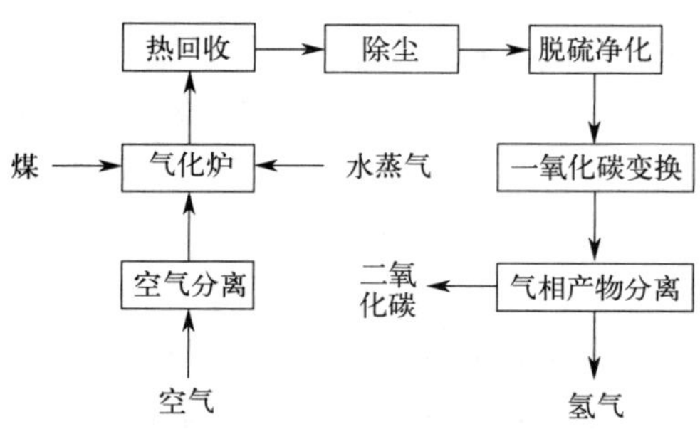

图2-1 煤气化制氢工艺流程

（三）煤气化制氢气化技术

煤气化制氢所用的气化技术按照气化炉内煤料与气化剂的接触方式不同，可分为固定床气化技术、流化床气化技术和气流床气化技术。

1. 固定床气化技术

在气化时，将煤从气化炉顶部加入，将气化剂从气化炉底部加入，气化剂和煤料逆流接触，相对于气体的上升速度，煤料的下降速度缓慢，甚至可以认为是固定不动的，所以此技术被称为固定床气化技术。固定床气化技术的主要特点是操作稳定可靠；设备结构紧凑，占地面积小；利用甲烷反应放热，减少能耗。其不足之处在于水蒸气消耗量较大，且煤气中存在焦油和酚，对环境造成污染。目前，固定床煤气化炉主要有间歇固定床（UGI）气化炉、鲁奇（Lurgi）气化炉、液态排渣鲁奇（BGL）气化炉。三种固定床煤气化炉的技术参数对比可见表 2-1。

表 2-1　固定床煤气化炉的技术参数

气化炉型	操作温度/℃	操作压力/MPa	$CO+H_2$ 含量/%	排渣方式	专利商	适合煤种
Lurgi 气化炉	900～1050	3.0	>65	固体	德国	褐煤、烟煤
BGL 气化炉	1400～1600	2.5～4.0	>88	液体	英国	褐煤、烟煤、部分无烟煤、石油焦
UGI 气化炉	950～1250	常压	68～72	固体	美国	褐煤、长焰煤、次烟煤

从表 2-1 可知，BGL 气化炉适合的煤种较多，且煤气中 $CO+H_2$ 含量较高，但其操作温度和压力较高，能耗较大，且处理液体废渣的成本较高；间歇固定床气化炉操作的温度和压力较低，但对煤种要求高。

2. 流化床气化技术

流化床气化技术中，气化剂的进入使得煤粉在气化炉内悬浮分散在上升的气流中，煤粉在沸腾状态进行气化反应，因此此技术也称为沸腾床气化。在气化过程中，从气化炉底部通入的气化剂，自下而上经过床层，通过控制气化剂的流速和流量使床层内的煤粉处于沸腾状态，同时煤粉和气化剂充分接触进行化学反应和传热，生成的煤气由炉顶离开气化炉，炉渣由炉底排出。流化床气化技术的主要特点是气化效率高，可用于大规模生产建设；床层温度稳定，床层物料混合均匀，容易控制；炉内检修维修工作量少。其不足之处在于飞灰和排渣的含碳量高，碳转化率低，但通过采用煤粉循环技术可以增加碳的转化率。目前，气流床煤气化炉主要有恩德炉、喷流床煤（U-GAS）气化炉、灰熔聚气化炉等。三种流化床煤气化炉的技术参数对比见表 2-2。从表 2-2 可知，三种气化炉所适合煤种高度重合，操作温度和煤气中 $CO+H_2$ 含量差别不大，但恩德炉可在常压下进行操作，能耗相对来说较小。

表 2-2　流化床煤气化炉的技术参数

气化炉型	操作温度/℃	操作压力/MPa	$CO+H_2$ 含量/%	排渣方式	专利商	适合煤种
恩德炉	1000～1050	常压	>68	固体	辽宁恩德工程建设有限公司	褐煤、长焰煤和不黏煤
U-GAS 气化炉	950～1050	0.25～1.0	68～74	固体	美国 SES 公司	褐煤、长焰煤和不黏煤
灰熔聚气化炉	1050～1100	0.3～1.0	>70	固-液体	中国科学院山西煤炭化学研究所	褐煤、长焰煤和不黏煤

3. 气流床气化技术

气流床气化是一种并流气化，通过气化剂将煤粉带入气化炉内或通过泵将水煤浆打入气化炉内，在高于灰熔点的温度下，煤粉与气化剂发生燃烧反应和气化反应生成有效气体，产出的灰渣以液态形式排出气化炉。气流床气化技术的主要特点是操作压力大，对下游操作有利；生产效率高，负荷变化适应性强；煤气中 $CO+H_2$ 含量高，是理想的化工合成原材料。其不足之处在于氧气的消耗量大，且对于液体排渣的黏度有较高要求。目前，气流床煤气化炉主要有 Texaco 气化炉、Shell 气化炉、GSP 气化炉、多喷嘴气化炉、多料浆气化炉、四喷嘴气化炉、HT-L 气化炉和两端气化炉等。这八种气流床煤气化炉的技术参数对比见表 2-3。

表 2-3　气流床气化炉的技术参数

气化炉型	操作温度/℃	操作压力/MPa	$CO+H_2$ 含量/%	排渣方式	专利商	适合煤种
Texaco 气化炉	1250～1600	4.0,6.5,8.7	>80	液态	美国 GE	大部分烟煤
Shell 气化炉	1400～1600	4.0	>90	液态	荷兰 Shell	烟煤、无烟煤和石油焦
GSP 气化炉	1350～1750	4.0	>80	液态	北京杰斯菲克气化技术有限公司	泥炭、烟煤、无烟煤
多喷嘴气化炉	1250～1600	4.0,6.5	83～86	液态	华东理工大学	大部分烟煤
多料浆气化炉	1400	1.3～6.5	80～86	液态	西北化工研究院有限公司	各种煤、石油焦和油料混合物
四喷嘴气化炉	1300～1600	3.0～4.0	98～99	液态	华东理工大学与兖矿集团（现山东能源集团）	各种煤和石油焦
HT-L 气化炉	1400～1600	2.0～4.0	>90	液态	北京航天动力研究所	无烟煤和烟煤等
两端气化炉	1400～1700 1000～1200	3.0～4.0	>90	液态	西安热工研究院有限公司	泥炭、烟煤、无烟煤和石油焦等

由表 2-3 可知，八种气流床煤气化炉适合煤种的范围广泛，操作压力和操作温度较为接近，但 Shell 气化炉、四喷嘴气化炉、HT-L 气化炉和两端气化炉的煤气中 $CO+H_2$ 含量较其他四种气化炉的高，因此具有较高的经济价值。

综上所述，三种气化技术各具特色，在实际应用过程中，要仔细衡量各种因素，选择最合适的制氢工艺。

（四）煤气化制氢净化处理

煤气化制氢过程中，煤气化后得到的气体产物为合成气，不同的煤种和气化炉型对合成气的组成有一定的影响。但为获得纯净的氢气，合成气必须经过除尘、脱硫净化、一氧化碳变换和气相产物分离等工序。

1. 除尘和脱硫净化

从气化炉出来的合成气附带一些微粒，这些微粒需要通过旋风、过滤或水洗等方式脱除。除尘后的合成气要经过脱硫净化过程，主要是由于煤在气化时，煤中所含有的80%的硫会生成 H_2S、COS 和 CS_2 等，这些硫化物的存在不仅腐蚀工艺设备，还会对人类身体健康和环境构成危害。

脱硫工艺可分为湿法脱硫和干法脱硫两种方式。湿法脱硫是指先用液体将硫化物从合成气中分离、富集，然后经氧化过程，使其最后转化成单质硫或者硫酸。在众多的湿法脱硫工艺中，低温甲醇洗方法的吸收性能较好，脱硫的同时也有效脱碳。该方法以甲醇作为吸收溶剂，利用其在高压低温状态下对硫化氢和二氧化碳等溶解度极大，对下游工艺所需的有效组分氢气和一氧化碳的溶解度较低，且溶剂易再生等特点，实现对合成气中酸性气体杂质的分段吸收和脱除。干法脱硫是指利用催化剂和/或吸附剂将硫化物直接脱除或转化后再脱除的过程，因此可分为吸附法和催化法。典型的干法脱硫工艺是催化法，包括 Claus 法、有机硫水解法等，主要特点是催化剂活性高、转化效率高和硫回收率高。气-固非催化吸收法包括氧化锌脱硫、氧化铁脱硫和活性炭脱硫等方法，主要特点是脱硫精度可小于 1×10^{-8}、成本低、基本上没有动力消耗，适用于进口浓度低和气体量少的脱硫要求。

2. 一氧化碳变换

在煤制氢的气化过程中，要尽可能地提高氢气的占比，最优的方式就是提高一氧化碳的转化率，即进行一氧化碳变换反应，使一氧化碳和水蒸气在催化剂的作用下进行反应，生成氢气和二氧化碳。用于一氧化碳变换反应的催化剂主要有：铁-铬系、铜-锌系和钴-钼系催化剂。

采用铁-铬系催化剂时，要将变换炉床层反应温度控制在 320～500℃，属于中温变换工艺流程。该工艺流程中，合成气在高水气比下经一氧化碳变换后，一氧化碳含量仍在3%左右，因该催化剂的抗硫性能较差，整个工艺需要较多蒸汽，对水气比下限有要求。

采用铜-锌系催化剂时，要将变换炉床层反应温度控制在 190～280℃，属于低温变换工艺流程。该工艺要求催化剂温升较小，在流程布置上一般将其串联在中温变换工艺的后面，使变换气中剩余的3%～5%一氧化碳继续发生一氧化碳变换反应，最终使一氧化碳含量小于0.3%。该催化剂的缺点是抗硫性能非常差，要求工艺气中的总硫含量在0.1MG/L以下，所以该工艺要求合成气进行一氧化碳变换反应前必须进行精脱硫操作。

采用钴-钼系催化剂时，要将床层反应温度控制在 240～480℃，属于耐硫宽温变换工艺流程。该工艺中，合成气中的一氧化碳经变换反应后，其含量达到小于1.0%。该催化剂具有非常强的抗硫性能，对粗合成气进入变换炉前的总硫含量及水气比没有要求。目前，工业化催化一氧化碳变换的反应器一般为多段固定床反应器，其内部设计有冷却装置，以对反应器内的温度分布进行调节；同时，其低温段采用铜-锌系或者钴-钼系催化剂，高温段采用铁-铬系催化剂，以得到较高的含量和反应速率。

3. 气相产物分离

为获得纯度高的氢气，必须对反应后含二氧化碳、一氧化碳、甲烷和高碳烃等的气相产物进行分离。分离技术主要分为深冷分离法、气体膜分离法和变压吸附分离法。

深冷分离法是利用被分离气体中各组分的沸点差异而进行分离的技术，其得到的氢气纯度较低，装置操作弹性小，且深冷系统投资规模巨大，运行成本较高，同时由于其制得的氢气温度较低，如果将其用于合成氨、合成甲醇和石油炼制加氢等化工用途，则会造成大量的冷能浪费，因此一般不会在煤制氢中使用此方法。

气体膜分离法是以膜为分离限制媒介，以压力差为推动力，利用不同气体分子的传质速率的差别来达到两组分或者多组分气体体系的分离、提纯或者富集的技术。使用一级膜分离时，得到的产品氢气纯度相对较低，使用多级膜分离提纯时，需逐级对产品气加压，投资和运行成本非常高，且产率会大幅降低，不够经济合理，同时膜分离不能把合成气中的 H_2S、CO 等杂质含量脱除到满足加氢催化剂对微量杂质的要求，因此，膜分离也只在个别适合的工况中使用。

变压吸附（PSA）分离法是利用吸附剂对氢气和杂质气体的吸附容量的差别来实现分离的。PSA 装置不需要复杂的预处理，操作方便，氢气纯度高，可将多种杂质控制在痕量以下，可满足加氢催化剂对微量杂质的要求。

4. 后处理

煤制氢过程中所产生的灰渣可进行填埋处理；产生的废水经过处理后，达到污水处理厂的标准，可进行达标排放；脱除的硫化氢可送达硫黄回收装置制备硫黄；脱除的二氧化碳气体可继续提纯以达到食品级或工业级的标准，满足市场需要，或者进一步处理，以减少排放到大气中的可能。

三、地下煤气化制氢

煤炭地下气化（UCG）就是将煤炭在原位进行有控制的燃烧，通过煤的热解以及煤与氧气、水蒸气发生的一系列化学反应，产生 CH_4、CO 和 H_2 等可燃气体的过程，UCG 也被称作“气化采煤”或“化学采煤”。

（一）地下煤气化制氢机理

单个煤炭地下气化单元主要由一口生产井、一口注入井、地下气化炉、点火系统、监测系统等部分组成，独立单元或多个单元运行过程中，还需配套地面监控室、地面注入设备和产出气处理系统等。

煤炭地下气化是由一系列连续阶段构成的复杂物理化学过程，气化过程主要在气、固两相界面进行，按照化学反应强弱程度，沿气化通道轴向分为氧化区、还原区和干馏干燥区。

1. 氧化区

气化剂中的 O_2 通过注入井注入，在点火处经点火后遇煤燃烧产生 CO_2，并释放大量的反应热，形成面状燃烧空间，即气化面，燃烧区称为氧化区。当注入气化剂中的 O_2 浓度接近于零时，不再发生燃烧反应，氧化区结束。氧化区反应均为放热反应，反应温度为 800～1200℃。

2. 还原区

氧化区产生的反应热使还原区煤层处于炽热状态，氧化区生成的 CO_2 与炽热的炭发生还原反应生成 CO，水蒸气与炽热的炭发生还原反应生成 CO、H_2 等。由于还原反应是吸热反应，随着反应的进行，煤层和气流温度逐渐降低，当温度降低使还原反应程度较弱时，还原区结束。还原区反应温度为 600～900℃。

3. 干馏干燥区

还原区结束后，气流温度仍然很高，其对紧邻的干馏干燥区煤层进行加热，释放出热解可燃气，同时产生甲烷化反应。干馏干燥区反应温度为 200～600℃。

从化学反应角度来讲，三个区域没有严格的界限，氧化区、还原区也有煤的热解反应，三个区域的划分仅指示气化通道中氧化、还原、热解反应的相对强弱。经过这三个反应区以后，生成的可燃组分主要为 CH_4、CO 和 H_2 的合成气。随着气化反应过程的不断进行，气化反应区逐渐向生产井移动。因此，可燃气体主要来源于三种反应：煤的燃烧热解、CO_2 的还原和水蒸气的分解。反应区温度和反应比表面积控制这三个反应的强度，同时也决定了合成气的组分和热值。受不同煤阶及煤岩煤质的影响，一般情况下 1 吨煤经地下气化可生产合成气 1490～2470m^3，热值为 4187～7117J/m^3。

（二）地下煤气化制氢工艺流程

煤炭地下气化制氢流程可大致分为 6 个主要阶段，包含 8 大系列 25 项主要技术。图 2-2 为煤炭地下气化流程及相关技术汇总图。

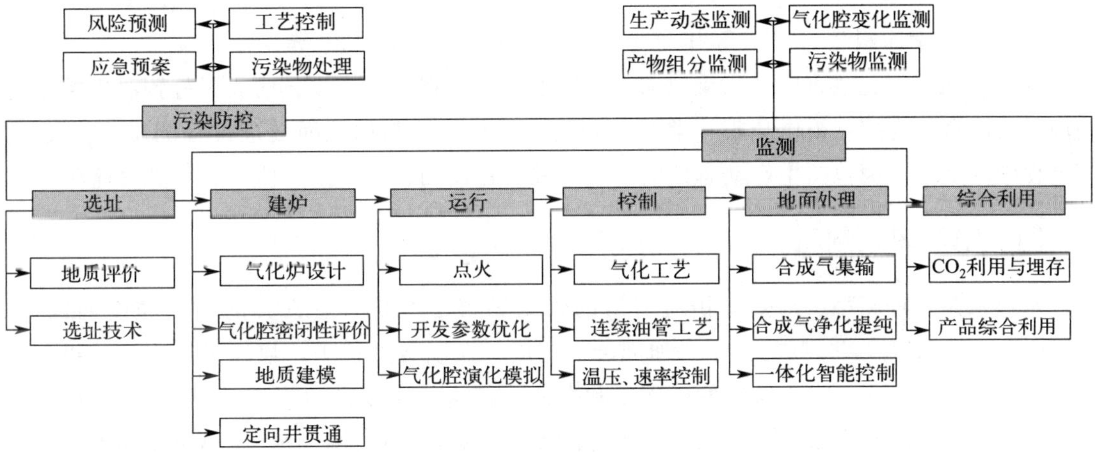

图 2-2 煤炭地下气化流程及相关技术汇总图

1. 选址

UCG 项目的技术和经济可行性与诸多地质和非地质因素有关，科学选址能够最大限度降低风险。地质评价过程要充分考虑煤岩煤质、含水量、渗透性、坍塌规律和顶板强度等诸多影响因素的相互作用及对气化过程的影响，为工程设计与后期平稳运行提供依据和保障。

2. 建炉（在优选的有利区建造气化炉）

建炉一般采用煤层气开发钻井技术，需要重点考虑的问题之一是在注入井和生产井之间建立通道的方法，即定向井贯通技术。现场试验结果表明，在爆炸压裂、电力贯通、逆向燃烧和水力压裂 4 种连通方法中，只有逆向燃烧是可行的。

3. 运行

与稠油热采点火类似，煤炭地下气化的点火流程需要使用点火化合物，然后向井筒内投入热焦炭，注入富氧空气，在压力作用下使煤自燃。煤燃烧后根据需要优化日产量等系列开发参数，确保系统在最理想状态运行。

4. 控制

控制为地下气化核心环节。煤炭地下气化是热化学反应过程，其核心是燃烧的可控制性。控制气化燃烧过程的主要因素除了煤岩煤质和地质条件等内部因素，还有气化剂配比、气化反应温度和压力、压差等外部因素。

5. 地面处理

合成气是一种由 CO_2、CH_4、CO、H_2 等气体组成的混合物，其中常含有颗粒物、焦油和硫化物等杂质。由于杂质会影响后续工艺过程及设备运行，合成气在利用前需进行净化与提纯处理。气体经井下降温后进入地面处理系统，通过除尘、脱焦油、脱硫等步骤去除杂质并调节气体组分，从而获得满足使用要求的清洁合成气。

6. 综合利用

经地面处理的合成气可实现综合利用，包括 CO_2 的利用与埋存、可燃气体的综合利用，如用作化学原料生产甲醇等其他化工产品、用于汽轮机发电等。

在煤炭地下气化过程中，污染物防控贯穿始终，需在不同的工艺阶段做好预测、控制和处理。监测资料为控制提供依据，监测与建炉、运行、控制和地面处理过程同步。UCG 运行过程中的必要监测包括生产动态监测、气化腔变化监测、产物组分监测、污染物监测等。

四、电解煤浆制氢

水煤浆是一种新型、高效、相对清洁的煤基燃料，由 65%～70%的不同粒度的煤粉、29%～34%的水以及约 1%的化学添加剂混合制成。在制备过程中，煤经过破碎、分级、除杂、调浆等多道工序，去除难燃的矿物质和杂质，仅保留主要的可燃组分（碳质部分），从而获得性能稳定的水煤浆。水煤浆具有良好的流动性和可喷射性，其燃烧热值为同等质量燃油的 50%～60%，因此被称为“液体煤”。它可在锅炉、气化装置、燃气轮机等设备中替代部分燃油使用。目前，电解制氢技术主要以电解水为核心，根据电解质与体系不同，分为碱性电解水、聚合物电解质（PEM）电解、水煤浆电解、硫化氢电解以及固体氧化物电解等多种方法。各类体系的理论分解电势分别约为 1.23V（纯水电解）、1.8V（碱性或 PEM 电解）、0.95V（固体氧化物电解）、0.77V（硫化氢电解）、0.2V（水煤浆电解，理论推算）。由于水煤浆电解体系中煤粒参与了阳极或阴极的氧化还原反应，可显著降低整体反应所需电势，因此理论上电解水煤浆制氢的电能消耗最低、能量利用率最高。尽管目前仍处于实验与示范阶段，但该技术被认为是未来高效电解制氢的潜在方向之一。

（一）电解煤浆制氢反应机理

1979 年 Coughlin 等首次在 *Nature* 期刊上提出在酸性电解质中进行电解煤浆制氢，他们提出在常温下及 0.7～1V 的电压范围内进行电解煤浆，阳极反应主要是煤颗粒与阳极电极碰撞氧化，阴极反应主要是 H^+ 在阴极得到电子被还原为氢气。反应机理如下所示：

阳极反应：

$$C+2H_2O \longrightarrow CO_2+4H^++4e^- \tag{2-9}$$

阴极反应：

$$4H^++4e^- \longrightarrow 2H_2 \tag{2-10}$$

总反应：

$$C+2H_2O = CO_2+2H_2 \tag{2-11}$$

按照 Coughlin 等所提出的反应机理，阴、阳极气体量比应为 2∶1，但在实验中发现该比值为（3.5～8）∶1，远大于理论比值，且比值随电解而降低。实验结果表明，阳极电流不仅仅用于释放 CO_2，还有其他反应发生。因此，Coughlin 猜测煤表面经过氧化后，首先形成了—COOH、—CHO、—CH_2OH 等含氧官能团，它们进一步氧化后，才产生 CO_2。这导致了阴、阳极气体量比偏离 2∶1。1981 年，Baldwin 和 Okada 等通过对酸性电解液下煤电化学氧化的伏安特性的研究，得出了在较低的电极电势下，二价铁在阳极的氧化是阳极的主要反应，煤电化学氧化的主要电流是由二价铁氧化成三价铁所提供的。1982 年 Dhooge 等提出电解煤浆制氢的催化机理，他们提出来源于煤中矿物质的二价铁在阳极被氧化成三价铁之后，三价铁在溶液中氧化煤颗粒，最终生成 CO_2。反应机理如下所示：

阳极反应：

$$4Fe^{2+}-4e^- \longrightarrow 4Fe^{3+} \tag{2-12}$$

电解液中的反应：

$$4Fe^{3+}+C+2H_2O = 4Fe^{2+}+CO_2+4H^++\text{其他产他} \tag{2-13}$$

阴极反应：

$$4H^++4e^- \longrightarrow 2H_2 \tag{2-14}$$

（二）电解煤浆制氢影响因素

改善电解煤浆制氢的工艺条件是提高该技术的关键。电解煤浆制氢工艺与电极、电解质、催化剂等众多因素有关。

1. 煤种类、煤颗粒大小与煤浆浓度

煤中的主要成分为 C、H、O、N、S 及其他杂质，其中含有的羧基、氮、硫等分子末端能够提供反应活性位点，进行煤的电氧化反应。Hesenov 对比了 Cayirhan、Tuncbilek、Pittsburg 三种不同煤的电解，证明了不同煤种的成分不同，其电解效果也不同。Tomat 等研究发现，煤颗粒大小决定着煤与电解液和电极表面的接触面积，对制氢的反应速率产生影响。当煤颗粒的粒度减小时，反应速率会增大，但当煤颗粒的粒度减小到一定值时，对反应速率不再产生重要影响。在较小的浓度范围内，煤浆电解制氢的反应速率会随着煤浆浓度的增加而增加，但当煤浆浓度增大到一定值时，对反应速率的影响就

不是特别明显了，如果煤浆浓度过大，还会使反应速率降低。其原因是煤浆浓度过大时会对搅拌系统的搅拌速率产生限制，制约了电化学反应过程中的传质过程。

2. 电极

电极在电解煤浆制氢中发挥着重要的作用，尤其阳极，而阴极主要发生析氢反应，这与传统电解水相同。因此，寻求具有高活性、低成本、长寿命的电催化阳极是这一新型技术实用化的关键之一。目前对电极的研究主要集中于以下几个方面。

（1）纯 Pt 电极

Pt 具有良好的催化性能，但是在电解煤浆的实验中存在着反应面积小、容易被 CO 毒化等问题，所以经常在 Pt 电极表面镀 Pt 黑以增大反应面积或镀其他贵金属以增强其抗 CO 毒化能力。纯 Pt 在电解煤浆制氢的研究中常常被用来作为阴极。

（2）合金电极

Patil 等研究了 Pt 和 Pt-Rh、Pt-Ir、Pt-Ru 及 Ti 片上镀 Pt 等多种二元合金的电解性能，发现在 Pt-Ir 电极表面会形成一层稳定的膜，且该膜具有比纯铂表面所形成的膜更好的导电性，这说明 Pt-Ir 电极具有最好的电解效果；Pt-Rh 电极电流密度最小，即电解催化效果最差，但相比于其他电极，其有着良好的抗 CO 毒化作用；镀铂电极与纯铂电极的电解效果相差不大，但镀铂电极可以有效降低成本。

（3）以碳纤维为基底的贵金属电极

Sathe 等将贵金属附着在碳纤维上，形成一种以碳纤维为基底的金属催化电极，然后将用不同的新型碳纤维贵金属电极（Pt、Rh、Pt-Rh、Pt-Ir 和 Pt-Rh-Ir）在恒电流作用下对煤和石墨的氧化效果进行实验。研究发现，无论是较高还是较低的催化剂载量，Ir 对电解石墨溶液和水煤浆均没有显著的影响；单独使用 Rh 或者联合 Pt 或 Pt-Ir 使用的情况下，并不利于水煤浆的电解反应，只有 Pt 和 Pt-Ir 有较高的催化活性。在相同的载量情况下，Pt-Ir 要更优于其他负载的金属，并且要优于负载 Pt 的电极，这主要是由于 Pt-Ir 具有更加突出的抗腐蚀性，其在经过长时间电解后电极的质量损失仅为 1%。

（4）钛基高活性催化电极

印仁和等研究了 Ti/Pt-Fe、Ti/TiO_2-Pt 和 Ti/TiO_2-Pt-Ru 电极在酸性介质中对水煤浆的电解氧化，实验发现 Ti/Pt-Fe 表现得最为活跃。Pt-Fe 合金附着在钛板表面而制成的金属氧化物改性电极同样有很好的表现，从而进一步研究了 TiO_2/Pt、TiO_2/Pt-Co_3O_4、TiO_2/Pt-NiO、TiO_2/Pt-Co_3O_4-NiO、TiO_2/Pt、TiO_2-Cu/Pt。研究发现，Co_3O_4 或 NiO 改性的 TiO_2/Pt 电极具有最好的催化活性。印仁和等还研究了钛基的还原阴极，利用电化学阳极氧化与电沉积技术制备出层状纳米 TiO_2/Ni-W-B 电极。该电极具有广泛的微观和光谱技术特点，电极的活性组分很容易被吸附在煤的大比表面积的层状多孔网络结构中形成活性中心，从而促进还原反应的进行与生成产物的扩散。

（5）碳纤维双金属电极

因使用的贵金属在生产过程中成本过高，Botte 等研究了在碳纤维上附着双金属 Pt-Fe 的电极，制备的 Pt-Fe 颗粒可以均匀地附着在碳纤维的表面。铁和铂对水煤浆的电解反应都有很好的催化作用，并且铁的引进可以大大减少电极的制造成本，为下一步实际应用的研究提供很好的基础。电化学测试表明，添加铁的催化电极相比于纯铂的催化电极具有更好的催化活性与转换活性，且当 Pt-Fe 以 1∶1 的比例负载在碳纤维上时，此电极的催化活性要比 3∶7 和 7∶3 比例的电极高。

3. 电解液浓度和电压损失

1980 年 Coughlin 等在对不同浓度的电解液对比研究后发现，当 H_2SO_4 浓度为 3.7mol/L 时，电解过程具有最佳的电导效果。2002 年刘欢等在煤电解氧化伏安特性的研究中发现，相较于其他酸性、碱性等溶液，当 H_2SO_4 溶液作为电解液时，电解效果是最好的，最佳浓度为 1mol/L。2011 年 Hesenov 等也研究发现了相似的结论，当适当提高 H_2SO_4 浓度时，可以增大电流密度和 H_2 产量，但过高的 H_2SO_4 浓度（>7mol/L）则效果相反，并得出 H_2SO_4 最优浓度为 5 mol/L 的结论。

通过欧姆定律得到的下列公式可减少电解液的电压损失：

$$V_{液}=IR_{液}=\frac{I\rho L}{A}=\frac{IL}{\chi A} \tag{2-15}$$

式中，I 为电流密度，A；$R_{液}$ 为电解液电阻，Ω；$\chi=1/\rho$，为电导率，$\Omega^{-1}\cdot cm^{-1}$；L 为电极间距离，cm；A 为电解液的有效面积，cm^2。

由此可知，电解液一般选用电导率较高的。因为电解液压力的损失与电解液的电导率成反比，同时高电导率电解液还可降低电解液的电阻。除此之外，电解液的电导率还与煤颗粒浓度、电解液浓度、温度和搅拌速率有关。电解液的电导率随着温度的增加而增加；搅拌可以加快煤颗粒与电极的接触，使反应加快，同时氢气从电解液中分离的速率也加快，从而减少电解液中的气体含量，达到节能的效果。

4. 催化剂

在电解液中加入合适的催化剂，提高制氢效率的同时还能减少一定的能耗。2007 年印仁和等对比几种不同催化剂 Ce^{4+}、$[Fe(CN)_6]^{3-}$、Fe^{3+} 及 Fe^{3+}/Fe^{2+} 发现，Fe^{3+}/Fe^{2+} 催化煤浆电解具有最高的反应速率。除此之外，也有报道以 V_2O_5、KBr、I_2 作为电解煤浆制氢溶液催化剂的研究，这些催化剂均有一定的催化效果。但整体而言，目前最主流的电解煤浆制氢溶液催化剂依然是铁离子催化剂。

5. 电解质膜材料

阳极和阴极之间的电解质膜主要起到传导质子和阻隔气体的作用。在当前实验研究中，多采用美国杜邦公司生产的 Nafion 膜（全氟磺酸结构的聚合物质子交换膜，厚度为 25～70μm），它具有良好的质子传导性且能有效阻隔其他离子的通过。溶液中的金属离子对质子传导的影响很大，但未见对此的研究报道。

6. 温度

升高温度可有效地降低活化能，提高反应速率。而且，温度对 Fe^{2+}/Fe^{3+} 之间的氧化还原反应有着重要的影响，升高温度可以提高 Fe^{2+} 的扩散速率，加快 Fe^{2+} 向 Fe^{3+} 的转化，但这种影响仅限于 100℃以下。

7. 搅拌速率

搅拌速率越大，电流越大，电解效果越好。较大的搅拌速率可促进电解过程中煤与电极表面接触的概率和煤与电解液界面的扩散传质过程，进而使反应速率加快，但是搅拌速率也不宜过快，因为过快会使搅拌磁子工作不稳定，造成电极碰撞，从而导致电极损坏。

五、超临界水中煤气化制氢

（一）超临界水的含义

当水的温度 T 和压力 p 分别高于它的临界点（$T_c=374$℃，$p_c=22.1$MPa）时，达到超临界状态（SCW），如图 2-3 所示。到达此状态时，水变为气、液相界面消失的均匀流体，很难辨别其为气体还是液体。水处于超临界状态时，它的各种物理和化学性质发生了很大的变化，其介电常数、密度、扩散系数、黏度、溶解性能和电导率都不同于通常状态下的水。SCW 对有机物和气体分子的溶解度较好，对无机物的溶解度远低于液态水但大于相同温度下的常压水蒸气，而且还有溶解度高、扩散性好、密度高和黏度低的特性。

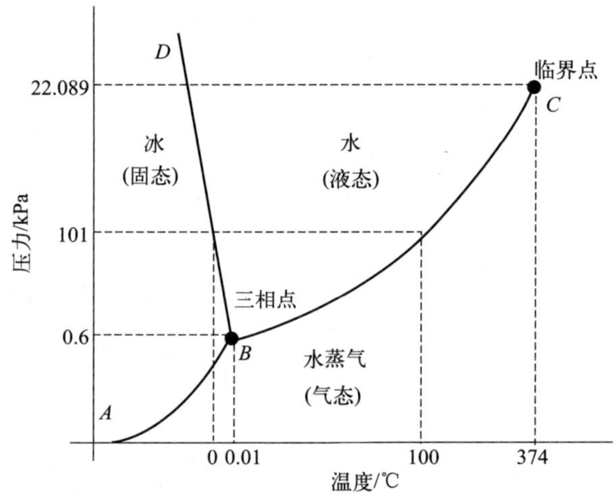

图 2-3　水的相图

（二）超临界水中煤气化制氢过程

超临界水中煤气化制氢过程的流程如图 2-4 所示，超临界水中煤气化制氢的反应温度一般为 500～700℃，压力一般超过 22.1MPa。其反应机理非常复杂，主要发生的反应方程式如式(2-16)～式(2-18) 所示。为降低反应活化能的同时提高反应速率，可在气化过程中加入适合的催化剂，如氢氧化钾、氢氧化钙和氧化钙等。同时，这些材料也可以作为 CO_2 的吸附剂。制氢时，气化煤和超临界水进入气化室，发生气化反应，气化产物由合成气和未参与气化反应的水组成；气化产物在显热回收换热器 2 内释放显热，用于预热超临界水给水和朗肯循环给水，而其自身降温至约 30℃；之后经过减压阀降至常压，合成气从水中分离出来。预热水在超临界锅炉内被燃料煤燃烧产生的烟气加热至超临界状态。

蒸汽重整：

$$C+H_2O = CO+H_2 \tag{2-16}$$

水煤气变换：

$$CO+H_2O = CO_2+H_2 \tag{2-17}$$

甲烷化：

$$CO+3H_2 \xlongequal{} CH_4+H_2O \tag{2-18}$$

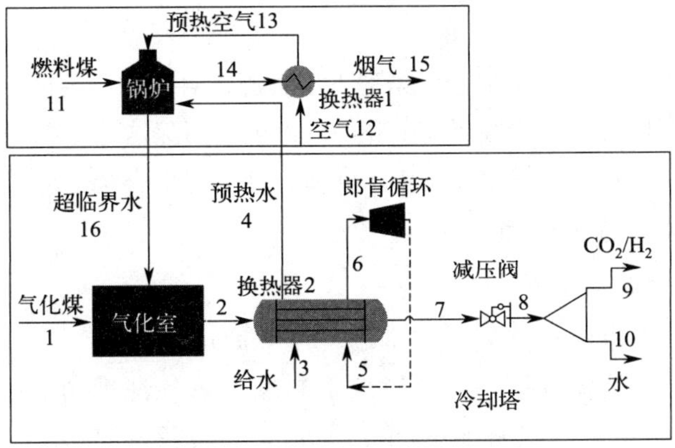

图 2-4　超临界水中煤气化制氢流程图

六、煤制氢优缺点

（一）煤焦化制氢优缺点

1. 煤焦化制氢优点

国内不少焦化企业改变过去只焦不化的既浪费资源又污染空气的做法，充分利用焦炉煤气制氢，已建成制氢、甲醇等装置。目前，焦化技术已经运转成熟，装置建设投资低，自动化程度高，占地面积小，属于废气回收利用的环保项目。

2. 煤焦化制氢缺点

该工艺的生产装置只能依靠焦化企业就近兴建，否则管道输送氢气的成本将非常昂贵，而且会排放温室气体。

（二）煤气化制氢优缺点

1. 煤气化制氢工艺的优点

煤气化制氢工艺的原料成本低、技术成熟和装置规模大。

2. 煤气化制氢工艺的缺点

煤气化制氢工艺的设备结构复杂，配套装置多，运转周期相对较短，投资高。煤制氢装置必须要考虑二氧化碳排放问题，随着我国碳排放政策的日益收紧，对未来属于温室气体的二氧化碳的排放将会征收高额碳税。

（三）地下煤气化制氢优缺点

1. 地下煤气化制氢优点

① 将未开发的资源转变为有商业价值的储量。

② 不需要准备煤和气化的地面厂房，省去勘探费用，进而降低了投资费用。

③ 将地面干扰降至最低。

④ 减少劳动力的需求，同时提高了安全性（无须地下工作人员）。

⑤ 最大限度降低废物处理的需要（残留地下的固体物）。

⑥ 可在海上进入煤层。

2. 地下煤气化制氢缺点

地下煤气化最直接的危险是可能会污染地下水资源。目前进行的试验性燃烧已经产生致癌物苯和酚，在美国落基山的一个试验场需要花 500 万美元清除这些致癌物质。即使这些有毒化学物质不扩散，它们也会毒化煤缝里面的水。同时，地下煤层燃烧会造成地表植物干枯。

（四）电解煤浆制氢优缺点

1. 电解煤浆制氢优点

① 反应条件温和：电解煤浆制氢在常温常压下即可进行。

② 氢气纯度高，工艺流程简单：电解煤浆制氢的氢气纯度达 99%以上，不需要后续复杂的净化工艺流程；电解在电解池中进行即可，工艺流程简单。

③ 保护环境：煤中的氮和硫等元素以及灰分最终会留在电解液中，而不会同传统煤气化一样，产生 H_2S、NO_x、SO_2 等气体污染物以及固体粉尘和烟尘；煤中的 C 有一部分会被氧化成中间有机产物残留在液体中，生成的 CO_2 较少。

④ 用电量少：电解水制氢的理论电位为 1.23V，实际电解过程中需要 1.6～2.2V 的外加电压，电解煤浆制氢的理论电位仅为 0.21V，实际上也仅需要 0.7～1.1V 的电压即可，按消耗的电能计算，生成相同量 H_2 的条件下，电解煤浆制氢仅需要传统电解水 1/3～1/2 的电能，这就大大降低了电解制氢的成本。

2. 电解煤浆制氢缺点

① 电解煤浆制氢的反应机理尚不明确，且没有统一的定论，因此限制了该技术的深入研究。

② 电解煤浆制氢反应速率远低于传统电解制氢反应速率，从而限制了该技术的推广应用。并且，电解煤浆制氢反应速率与煤种类、电极和催化剂等众多因素有关。

（五）超临界水中煤气化制氢优缺点

1. 超临界水中煤气化制氢优点

由于超临界水的物理特性，气化过程产生的氢气等气体可以很好地溶解在超临界水中，而煤中的杂质如氮、硫等不溶于超临界水，而直接形成固体残渣被排出反应器，所以气化过程中不会产生含有氮、硫的气体污染物。此外，此工艺中氢元素的转化率相比传统气化过程更高，煤的利用更加清洁和环保。

2. 超临界水中煤气化制氢缺点

由于目前在超临界水中煤气化的产物处于高温高压状态，超临界水中煤气化制氢工艺分离氢气的难度很高，且对压力的控制系统和设备的强度有较高的要求。

七、煤制氢发展状况

（一）煤焦化制氢发展状况

煤炭焦化作为传统煤化工产业，既是国民经济的重要产业，又是典型的能源转化产业，在我国煤化工行业占有举足轻重的地位。焦炉煤气是焦炭生产过程中的副产品，通常生产 1t 焦炭可副产 420m^3 焦炉煤气。煤炭焦化的主产品焦炭主要用于炼铁，1t 铁约需 0.35t 焦炭，如果把焦炉煤气作为主要目标产品而扩大炼焦能力，会造成焦炭的严重过剩，这是本末倒置的做法。此外，炼焦本身是高能耗、高污染的，更要防止产能过剩。焦炉煤气副产氢工艺在不考虑成本分摊和环境分摊时，兼具经济性优势和环境优势。因此，对当前各地区各项目的焦炉煤气应用进行充分调研，结合氢能产业链下游加氢站应用环节，充分利用广泛的空间布局优势，探索在特定地区、特定项目中采用焦炉煤气副产氢，提高焦炉煤气应用比例，保障项目收益水平。

（二）煤气化制氢发展状况

以煤炭为原料的气化产氢工艺成本低，在高油价的条件下，中国炼厂以石脑油和重油为原料制氢不具有经济性。而以天然气制氢为主的炼厂，天然气价格在 3 元/m^3 之上时，大规模的煤气化制氢更具有经济性。然而，此类制氢工艺会排出大量 CO、CO_2 等温室气体，需要征收一定的碳税，这也为该工艺增加了一定的成本。以煤炭制氢的工艺仍不止气化制氢一种，基于中国丰富的煤炭资源背景，探索煤炭分质利用多联产的发展是重要方向之一。以煤炭为原料，掌握不同煤质和煤类的结构特征，充分利用煤的 C、H 元素特性，以实现煤炭制氢的低碳排放量，亦是降低煤炭制氢成本的有效途径。目前，我国正在抓紧进行煤气化联合循环发电、煤炭直接液化、燃料电池等一系列需用氢能的高新技术的研究开发、工程示范以及推广应用等工作，以期尽快大幅度提高化石能源的利用效率。同时，我国也正在抓紧解决因化石能源的开发与利用所造成的严重环境污染问题，从而为经济、能源、环境乃至人类社会的可持续发展创造尽可能有利的条件。因此，随着我国对氢能需求量的日益提高，煤气化制氢在我国应该具有十分广阔的发展和应用前景。

（三）地下煤气化制氢发展状况

煤炭地下气化是一项复杂的系统性工程，它正面临着煤炭地下气化选区评价体系尚未建立、与地质条件相匹配的气化炉建造技术研究开展较少、不同类型煤炭资源气化剂与气化产物的关系研究尚不明确等问题。为顺利推进先导性试验和工业化试验，在国内外地下气化试验所得经验的基础上，结合煤炭资源赋存的地质条件，建立适用于我国的煤炭地下气化选区评价技术；系统开展不同类型煤炭资源的气化技术适应性研究，针对不同条件和不同深度的煤炭资源，开发适用性的气化炉建造技术，优选合适的气化工艺控制气化产物中经济性物质的比例，降低有害物质比例以及对有害物质进行监测与处理，不断调整优化，形成针对性的气化产物控制技术；在实现煤炭资源安全、高效、清洁开发的同时，保障能源安全，改善能源结构，创造经济效益。

（四）电解煤浆制氢发展状况

中国煤炭存储丰富，能源消费长期以煤炭为主。据统计，煤炭在中国一次能源消耗中占比较大，但存在着利用效率低、浪费严重等问题。因此，基于未来能源安全及环境保护的考虑，研究新型的煤炭利用方式，提高煤炭利用效率，对中国有着积极意义。水煤浆电解是一个非常有应用前景的解决方案。一方面，它提供了煤清洁利用的新途径；另一方面，氢气可用于燃料电池发电，对电力安全有重要意义。虽然在我国中国科学院山西煤炭化学研究所和上海焦化厂（现上海华谊能源化工有限公司）等都进行了大量煤炭高温气化的研究工作，但我国在电解煤水制氢方面的研究起步较晚，直到1982年才开始进行研究。该种技术直到目前为止，其实质性研究在国外也刚刚起步，而在国内尚属一个全新的极具研究价值的课题。

（五）超临界水中煤气化制氢发展状况

煤在超临界水中气化的技术是近些年发展起来的新型制氢工艺。超临界水中煤气化制氢技术目前还处于早期研发阶段，世界上还没有大规模商业应用的实例。超临界水中煤气化制氢的中试研究是该技术由实验室规模向工业化规模转化的必经之路。在国内，西安交通大学动力工程多相流国家重点实验室自1997年开始，研究了煤、生物质及有机废弃物的超临界水气化制氢。近些年，他们提出了煤炭超临界水气化制氢发电多联产技术，将煤炭化学能直接高效转化为氢能，可配套化工产品或发电多联产，从源头根除了硫化物、氮化物等污染物的排放，实现了煤炭高效洁净转化利用。

第二节　石油制氢

“石油”一词最早是在公元977年编著的《太平广记》中所提出的。“石油”的正式命名是根据中国北宋杰出科学家沈括在《梦溪笔谈》中的描述——“生于水际砂石，与泉水相杂，惘惘而出”命名的。在“石油”一词出现之前，国内就称之为“猛火油”“石脂水”和“石漆”等，国外则称之为“发光的水”和“魔鬼的汗珠”等。关于石油炼制，起始的年代要更早一些，由北魏时期著名的地理学家郦道元所著的《水经注》中就介绍了从石油中提炼润滑油的情形。英国科学家约瑟在相关论文中指出，在公元10世纪，中国就已经有石油而且大量使用。由此可见，在“石油”一词出现以前中国人就对石油进行蒸馏加工了。这说明早在公元6世纪我国就萌发了石油炼制工艺。石油制氢通常不是直接利用石油，而是使用石油初步裂解后的产品，如重油、石脑油、炼厂干气和石油焦。

一、重油制氢

（一）重油的含义

自然界中开采出来的没有经过处理的石油俗称为原油，原油有许多分类方法，其中一种是按照原油的不同密度大小进行划分的，主要分为三大类，即密度较小的轻质油（也称为常规石油）、密度适中的中质油和密度比较大的重质油，详细数据可见表2-4。重质油又称为重油，为国际通用叫法。在我国，重油经常被称为稠油。重油的主要组成元素为碳、氢元素，由于生物降解作用，其还包含氧、硫、氮等杂元素。

表2-4　原油的分类

名称	API重度	黏度/(mPa·s)	密度/(g/cm³)
轻质油(light oil)	＞25	＜50	＜0.904
中质油(medium oil)	20～25	50～100	0.904～0.934
重油(heavy oil)	10～20	＞100	0.934～1.000

（二）重油制氢化工过程

重油制氢的主要化工过程有空气分离（空分）、油气化、耐硫变换、低温甲醇洗和变压吸附（PSA），见图 2-5。

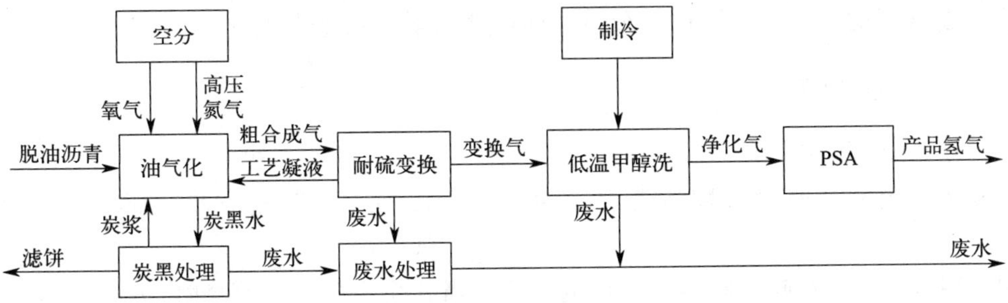

图 2-5　重油制氢的化工过程流程图

1. 空分阶段

空分阶段主要是为渣油、脱油沥青等重质油气化提供高纯度的氧气。氧气纯度与产品氢气纯度有关，一般要求氧气的浓度在 99.5%～99.6%之间，虽然氧纯度提高，氢气的纯度也会提高，但氧纯度过高会导致分馏塔塔盘数增多，经济成本变高。

2. 油气化阶段

油气化阶段，即在一定的压力下，重油与氧气、水蒸气生成氢气和碳氧化物。反应过程中可采用催化剂，也可不采用催化剂，这主要取决于所选的原料及过程。催化部分氧化通常以甲烷或石脑油为主的低碳烃为原料，而非催化部分氧化则以重油为原料，反应过程中的温度为 1150～1315℃。与甲烷相比，重油碳氢比值较高，因此重油部分氧化制得的氢气主要来自水蒸气和一氧化碳，其中水蒸气贡献氢气的 69%。与天然气水蒸气转化制氢相比，重油部分氧化需要空分设备来制备纯氧。油气化阶段发生的化学反应如下所示：

$$C_nH_m+\frac{n}{2}O_2 \longrightarrow nCO+\frac{m}{2}H_2 \tag{2-19}$$

$$C_nH_m+nH_2O \longrightarrow nCO+(n+\frac{m}{2})H_2 \tag{2-20}$$

原料中的硫杂质在装置的还原气氛下会生成硫化氢和碳基硫，可通过氧化锌或活性炭等催化剂进行吸附脱除。当重油与氧混合不均匀或油滴过大时，重油在高温下会发生烃类裂解，这些副反应会生成少量炭黑，它可通过水洗进入水中形成炭黑水而排出系统。

3. 耐硫变换阶段

输入到 CO 变换阶段的合成气中还含有一定量的硫杂质，所以该阶段一般在耐硫变换催化剂（一般为 Co-Mo 型）的作用下进行，主要将合成气中的 CO 和水蒸气进行变换反应转换为二氧化碳和氢气，反应方程式如下所示：

$$CO+H_2O = CO_2+H_2 \tag{2-21}$$

4. 低温甲醇洗阶段

低温甲醇洗是物理吸收法，利用甲醇在低温条件下对酸性气体溶解度差异较大的性质，用冷甲醇作为吸收溶剂，脱除变换气中的 H_2S 和 CO_2 等酸性气体。

5. 变压吸附（PSA）阶段

PSA 阶段主要是进行氢气的提纯。利用吸附剂对输出气体中不同组分的选择性吸收和吸附容量随压力变化而变化的性质，在高压下吸附气体中的 N_2、CH_4、CO、CO_2 等杂质组分，在低压的条件下脱附这些杂质，即可使吸附剂获得再生。

二、石脑油制氢

（一）石脑油的含义

石脑油是由原油经过蒸馏或者由石油经过二次加工切取相应馏分而成的一种轻质油品。

根据用途不同，石脑油有各种不同的馏程，当其作为制氢的原料时，采用馏分为 70～145℃的轻石脑油（C_nH_m，$n=4\sim7$，$m=10\sim16$），其中含有硫、氮、氧等杂质元素。

（二）石脑油制氢的化工过程

石脑油制氢的主要化工过程有石脑油脱硫、蒸汽转化、CO 变换和变压吸附（PSA），见图 2-6。

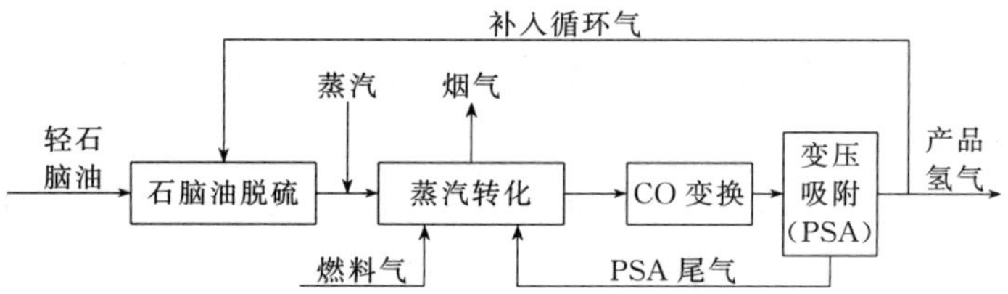

图 2-6　石脑油制氢流程图

1. 石脑油脱硫阶段

石脑油必须经过加氢处理以降低硫含量，这起到保护催化剂、防止设备和管道腐蚀的作用。脱硫工艺的类型取决于原料的类型和原料中硫成分的类型。轻质原料中的 H_2S 和活性硫组分可以通过活性炭或热氧化锌等吸收剂进行吸附脱除。原料中的非反应性硫成分可以通过 Co 或 Ni 催化剂加氢转化为硫化氢，随后生成的 H_2S 可被热氧化锌吸收脱除。

2. 蒸汽转化阶段

蒸汽转化阶段为主要的反应阶段，主要指水蒸气和石脑油在高温和催化剂的作用下发生反应：

$$C_nH_m + nH_2O \longrightarrow nCO + \left(n + \frac{m}{2}\right)H_2 \tag{2-22}$$

3. 其他阶段

CO 变换阶段和变压吸附（PSA）阶段与前文所述的重油制氢过程相似。

三、炼厂干气制氢

（一）炼厂干气的含义

炼厂干气是原油炼制及二次加工过程中产生的尾气，其组成受炼制工艺、装置类型及原料性质的影响而有所差异。一般而言，炼厂干气的主要成分包括氢气、甲烷、乙烷、乙烯和氮气，同时还含有少量氧气、丙烷、丙烯、一氧化碳和水蒸气等杂质。现有的炼厂干气处理方法主要集中于组分分离与有价气体的回收利用，如乙烯、氢气的提纯与再利用。对于氢气体积分数高于40%的富氢干气，可采用变压吸附（PSA）、低温冷凝及膜分离等技术进行提纯回收，以获得高纯氢气。此外，炼厂干气还可作为制氢原料，通过重整或部分氧化等过程制取氢气，实现资源的高效利用与循环利用。

（二）炼厂干气制氢化工过程

利用炼厂干气制氢的技术有两种：蒸汽催化转化法和部分氧化法。根据干气的不同组成，选择不同的工艺路线。烯烃含量较高的干气易导致催化剂中毒，不宜采用蒸汽催化转化法，而以部分氧化法为佳。

1. 蒸汽催化转化法制氢

蒸汽催化转化法制氢的主要化工过程包括：干气加氢除杂、干气蒸汽转化、CO变换和变压吸附（PSA），见图2-7。

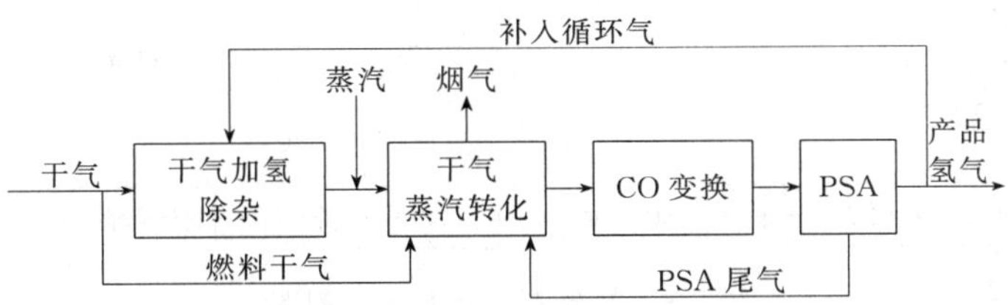

图2-7 蒸汽催化转化法制氢流程图

对干气进行加氢除杂，除去其中对蒸汽转化催化剂有毒性的烯烃和有机硫等杂质，其中烯烃可用汽油进行吸收。净化后的干气进入蒸汽转化阶段，干气中的小分子烃类（C_1～C_5）与水蒸气在催化剂的作用下发生反应产生氢气。CO变换和变压吸附PSA过程与前文重油制氢所述类似。

2. 部分氧化法制氢

炼厂干气组成复杂且随原油加工参数的改变而略有变化。因此，在炼厂干气中可以加入适量的氧气，在高选择性、高活性催化剂的作用下可使其生成一氧化碳和氢气。

由于烯烃的存在，蒸汽催化转化法制氢中的催化剂会发生表面积炭，所以干气的精制工序必须包括加氢精制，使干气中的烯烃饱和。部分氧化法制氢工艺中的催化剂不会因干气中存在烯烃而降低活性，所以干气中的精制除杂阶段不需加氢处理。由于部分氧化催化剂对小分子烃类有较高的转化率，且对H_2和CO有较好的选择性，因此可以减少转化工序。部分氧化法制氢的其他反应工序与蒸汽催化转化法制氢基本一致。

四、石油焦制氢

（一）石油焦的含义

石油焦是通过延迟焦化工艺由渣油、重油得到的副产品，是石油精炼过程中的最终产物。石油焦是一种高度芳构化的碳化物，主要由芳烃、长链脂肪缩聚物及少量无机物组成，碳元素含量为90%～97%，氢元素含量为1.5%～8%，高硫石油焦中还含有3%以上的硫，此外还有少量的氮、氧和金属元素。石油焦的结构紧密，外观呈黑色粒状、针状或柱状固体，具有金属光泽和较高的机械强度。根据形成条件和显微结构特征，其可分为海绵状焦、块状焦和针状焦等类型。石油焦不仅是碳材料的重要原料，也是气化、制氢、冶金及电极制造等过程中的关键能源或碳源物质。

随着我国经济的快速增长和人民生活水平的提高，对石油的需求与日俱增，这使得中国进口国外高硫原油的量不断增加，炼油的最终副产品，即高硫石油焦的产量大幅上升。利用高硫石油焦气化制氢是一种有效的石油焦处理技术，其不仅可以将石油焦中的硫转化为 H_2S，最终得到副产品硫黄，还可以得到产品氢气，既能够解决石油焦的出路问题，也能提高炼油厂的经济效益。

（二）石油焦制氢化工过程

石油焦制氢是在煤制氢的基础上发展起来的，由于原油重、含硫量高，所以高硫石油焦很常见，其制氢流程主要分为空气分离、水煤（焦）浆气化、一氧化碳变换、低温甲醇洗和变压吸附（PSA），见图2-8。

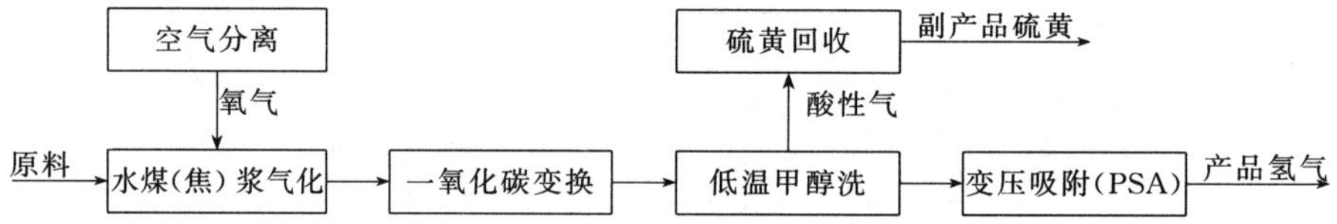

图2-8　高硫石油焦制氢流程图

1. 空气分离阶段

空气分离阶段主要是为石油焦的气化提供高纯度的氧气。用于空气分离的工艺技术主要有：膜分离、变压吸附分离和深冷分离。如要求氧气纯度高、压力高，以及使用大型化的空分装置，应采用深冷分离工艺技术。目前，该工艺技术在国内外均日渐成熟且水平相近。

2. 水煤（焦）浆气化

原料（石油焦和煤）和石灰石（调整灰熔点）经过料浆制备单元制得合格的料浆，然后进入气化炉内与空气分离装置提供的氧气发生部分氧化反应，得到粗合成气。此阶段的主要反应如下：

$$C+H_2O \xlongequal{} H_2+CO \tag{2-23}$$

$$C+2H_2O \xlongequal{} 2H_2+CO_2 \tag{2-24}$$

$$C+CO_2 \xlongequal{} 2CO \tag{2-25}$$

$$C+2H_2 \xlongequal{} CH_4 \tag{2-26}$$

$$CH_4+H_2O \longrightarrow CO+3H_2 \tag{2-27}$$

$$CH_4+2H_2O \longrightarrow CO_2+4H_2 \tag{2-28}$$

粗合成气还得经过水激冷装置（进行煤气的显热回收）、洗涤器和洗涤塔（除尘和洗涤、脱硫）后，才能进入下一阶段。

3. 一氧化碳变换阶段

一氧化碳变换即利用上一阶段产生的CO进行反应，以提高氢气的产量。可根据选择的催化剂是否耐硫，将变换分为耐硫变换和非耐硫变换。一般采用耐硫变换，使用的是Co-Mo系催化剂。

4. 低温甲醇洗和变压吸附阶段

变换气在低温甲醇洗阶段脱除含有的硫（主要以硫化氢的形式存在）和二氧化碳，其中脱除的富含硫化氢的气体，在硫回收阶段可得到产品硫黄。变换气脱除酸性气体后再进入PSA阶段进行精制，可得到合格的产品氢气。

五、石油制氢优缺点

1. 石油制氢的优点

石油制氢的工艺较为成熟，可大规模生产氢气；重油制氢和石油焦制氢能回收炭黑和硫黄副产品，产生一定的经济效益；石油焦制氢还可以降低能源损耗，解决高硫石油焦的利用问题。对于炼厂干气的蒸汽催化转化法制氢，小分子烃类直接与水蒸气之间进行转化反应，而无须进行烃类的裂解反应，相比于其他石油制氢工艺更节约能源，降低了制氢成本；炼厂干气的部分氧化法制氢使用的催化剂少于蒸汽催化转化法使用的催化剂，且活性高，对 H_2 和CO有较好的选择性，有利于提高小分子烃类的转化率和氢气的产量。

2. 石油制氢的缺点

近年来，随着石油资源的消耗，这些制氢原料的价格不断上涨，使得以石脑油等为原料的制氢成本增高。总体来说，石油制氢流程较为繁杂，含有的杂质过多，能耗较大，且产生二氧化碳气体，会导致温室效应加剧。

六、石油制氢发展状况

随着国内化工需求上升，重油和石脑油资源化趋势加强，原有重油和石脑油制氢装置因没有充分利用原料价值，在成本效益上越来越难以体现经济性，炼油厂的经济效益受到影响，因此纷纷停产。目前，炼厂采用的高硫石油焦部分氧化法制氢气化技术能将烃类物质中的低价值物料转化为增值产品——氢气，从而取代大量的轻质烃类原料。气化既是环境控制技术，又是工艺技术，必将具有越来越大的吸引力。未来须在提高水浆稳定性和浓度、改善石油焦气化活性、提升氢气浓度和分离效率上做出努力。对于炼厂干气的两种制氢方法，部分氧化法制氢工艺在工艺复杂性和氢气产率上都体现出较大的整体优越性。目前，仍主要研究如何降低精制成本，例如开发新型反应器，将蒸汽催化转化和部分氧化工艺耦合，节省能量、降低损耗，将炼厂气制氢成本降至最低。在实际生产中，利用干气作为原料的制氢装置还需要综合解决全厂燃料平衡之间的矛盾。

第三节　天然气制氢

天然气是一种天然蕴藏于地层中的气体混合物，其主要成分为甲烷，还伴有少量的乙烷、丙烷和丁烷，此外一般还含有硫化氢、二氧化碳、氮和水汽，以及微量的惰性气体（如氩气和氦气等）。与煤炭和石油等能源相比，天然气在燃烧过程中所产生的二氧化碳及二氧化硫很少，且燃烧后无废渣、废水产生，因而具有使用热值高、安全、洁净等优势。中国是最早开采和使用天然气的国家，早在西周时期（公元前 1066～公元前 771 年）的《周易》中就有“泽中有火”的记载。公元前约 250 年，秦孝文王任命李冰为蜀守，他于广都（今四川成都）一带开采盐时发现了天然气。当时人们将火焰奉为神明，并立祠堂表示虔诚，“火井”一词是古代人给天然气井起的非常形象化的名称。

目前煤炭是我国人工制氢的主要原料，占比高达 62%；其次就是天然气制氢，占比约达 19%。随着氢能的不断发展，继续大规模使用煤制氢将产生大量碳排放，不符合国家节能减排环保发展要求，与发展氢能用于减排提效的初衷相悖；可再生能源制氢虽是今后制氢发展趋势，但目前制备工艺相对不成熟，且成本高。随着天然气产供储销体系建设有序开展，西气东输、海气登陆，以及国家级、省级天然气干线的互联互通，全国天然气供应保障总体平稳。所以在相当长的一段时间内，天然气制氢在氢能产业发展中发挥重要作用。

一、天然气蒸汽转化制氢

天然气蒸汽转化制氢流程如图 2-9 所示，主要包括：天然气预处理（增压、预热、脱硫）、蒸汽转化、CO 变换和变压吸附（PSA）阶段。

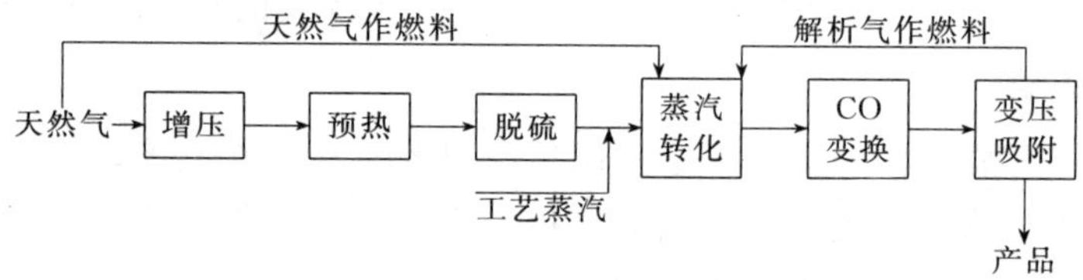

图 2-9　天然气蒸汽转化制氢流程图

1. 天然气预处理阶段

这里处理的原料天然气的流量较大，可采用压力较高的天然气气源或者在选择天然气压缩机的时候考虑较大的余量。原料天然气经天然气压缩机增压至约 2.5MPa，然后进入转化炉预热至 360～380℃，再进入脱硫槽，使天然气中硫的体积分数降至 2×10^{-7} 以下，以满足转化催化剂对硫的要求。

2. 蒸汽转化阶段

去离子水经过转化炉加热成为工艺蒸汽。脱硫后的原料天然气与工艺蒸汽按一定比例混合，进入转化炉，先进入混合气预热盘管，进一步预热到 550～600℃，然后进入转化管，在催化剂层中，甲烷与蒸汽反应生成 H_2、CO 和少量 CO_2（反应温度约 850℃）。转化所需的热量由燃料天然气和经预热后的变压吸附解析气燃烧后提供。蒸汽转化工序的关键设备是主转化炉，转化炉的类型通常以烧嘴的位置进行命名，已经商业化的转化炉主要有顶烧式、梯台式和侧烧式等，最常用的是顶烧式。

3. CO 变换阶段

蒸汽转化反应出来的合成气体经过换热器冷却至 350℃，然后进入变换炉。在高温变换催化剂的作用下，一氧化碳与水蒸气发生反应生成 CO_2。

4. 变压吸附阶段

CO 变换之后出来的气体需进入变压吸附系统进行氢气提纯。

二、天然气催化部分氧化制氢

天然气催化部分氧化制氢反应机理有两种，但尚不能明确。一是直接氧化机理，此机理认为 H_2 和 CO 是 CH_4 和 O_2 直接反应的产物，反应式如下：

$$2CH_4+O_2 \longrightarrow 2CO+4H_2 \tag{2-29}$$

二是燃烧重整机理，此机理认为部分 CH_4 先与 O_2 发生燃烧放热反应，生成 CO_2 和 H_2O，CO_2 和 H_2O 再与未反应的 CH_4 发生吸热重整反应，反应式如下：

$$CH_4+2O_2 \longrightarrow CO_2+2H_2O \tag{2-30}$$

$$CH_4+CO_2 \longrightarrow 2CO+2H_2(\text{干重整}) \tag{2-31}$$

$$CH_4+H_2O \longrightarrow CO+3H_2(\text{蒸汽重整}) \tag{2-32}$$

自 20 世纪 90 年代以来，人们针对天然气催化部分氧化反应已开发出固定床、流化床以及离子交换膜工艺等。

（一）固定床催化反应制氢

1. 固定催化剂床层制氢

固定催化剂床层制氢通常采用图 2-10 所示的反应器，这种反应器通常采用上面进气、下面出气的方式，也有的采用下进气、上出气的方式。该反应器中，催化剂堆积在床层的托盘上，制氢时天然气和氧气以一定比例通入，在一定温度条件下，生成一氧化碳和氢气的混合气体。

2. 整体型催化剂制氢（蜂窝状催化剂载体）

整体型催化剂制氢通常采用图 2-11 所示的反应器，这种反应器有的采用水平进出气方式，有的采用上下进出气方式。在该反应器中，催化剂被附着在陶瓷等纳米材料的表面，被制作成蜂窝状或网格状等整体型。制氢时天然气和氧气以一定比例通入，在一定温度条件下，生成氢气和一氧化碳的混合气。

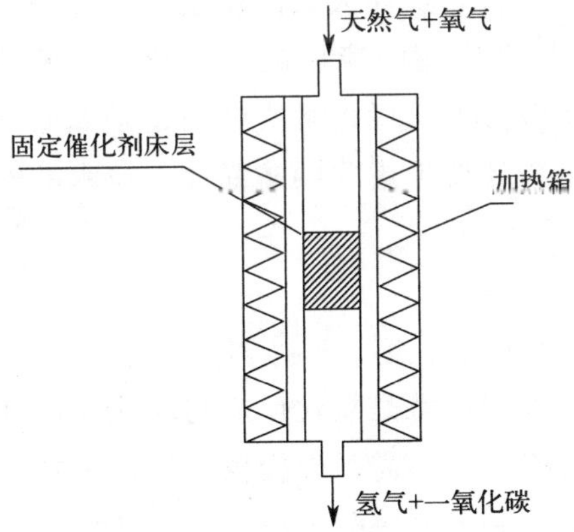

图 2-10　固定催化剂床层制氢反应器

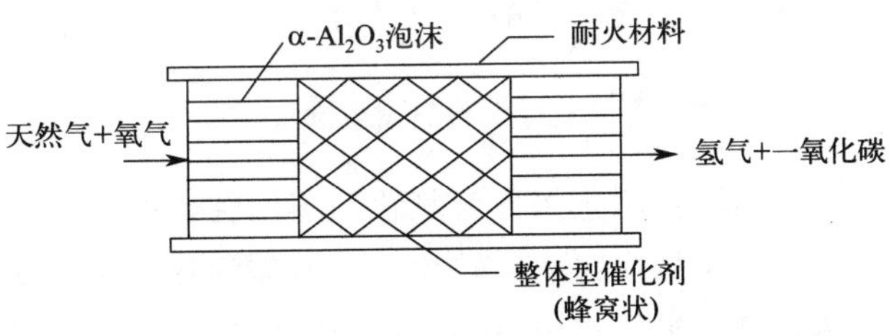

图 2-11　整体型催化剂制氢反应器

总的来说，天然气固定床催化反应制氢是一个中等放热反应，能量消耗低于蒸汽转化制氢的吸热反应；可在较低温度（750～800℃）达到 90％的甲烷转化率，氢气和一氧化碳选择性高于 95%。但此方法也存在许多缺点，例如床层热点温度控制困难的问题、催化剂积炭的问题、高浓度的甲烷和氧气混合气体可能存在爆炸危险的问题、建设费用大和所需设备庞大等问题。

（二）流化床层反应制氢

流化床层反应制氢通常采用图 2-12 的反应器，天然气和空气从下部进入，催化剂依靠气流速度在流化床内悬浮反应。流化床层反应制氢技术的特点是避免甲烷与氧气混合比例达到爆炸极限，近似等温操作，不产生热点区，进料温度高，生产成本低，生产能力大。但该技术对催化剂的耐磨性要求高且需要消耗大量能量；为使反应能够长期稳定进行，对反应过程中的气流速度的控制要求较高。

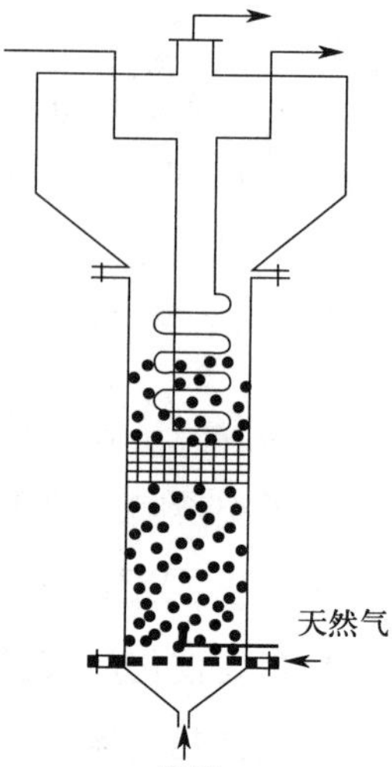

图 2-12 流化床层反应制氢反应器

（三）离子交换膜式制氢

离子交换膜式制氢（ion transport membrane，ITM）技术是一种基于高温陶瓷膜的部分氧化制氢工艺。该技术利用负载催化剂的离子传导膜，将氧气从空气中选择性分离出来，并与甲烷进行部分氧化反应生成合成气。其基本原理为：空气通入反应系统后，膜表面的催化剂首先吸附空气中的氧气分子，并将其转化为氧离子。氧离子在化学势梯度的驱动下，通过具有电子和氧离子混合导电性能的多组分金属氧化物陶瓷膜（通常在 700℃以上的高温条件下运行）向膜的另一侧迁移。在膜内侧，氧离子与预热的甲烷发生部分氧化反应，生成以氢气（H_2）和一氧化碳（CO）为主的混合气（即合成气）。

ITM 技术将空气分离与甲烷部分氧化过程耦合在同一反应体系中，具有流程简化、能效高和设备紧凑等优点，是天然气高效制氢与合成气制备的重要发展方向之一。

该技术使制氧过程与催化氧化过程在同一反应器中进行，从而大大简化了操作过程和操作费用，可使合成气成本降低 30%～50%，因此，具有广阔的应用前景。同时，该技术也使天然气催化部分氧化技术更具吸引力。在膜的研究方面，亟待解决的问题是如何制得高透氧量、高稳定性和高机械强度的透氧膜材料，另外还要考虑膜的防漏性、技术的安全可靠性、金属陶瓷的密封性等。

三、天然气自热转化制氢

自热转化工艺将部分氧化与蒸汽转化相结合，其最大特点就是氧化反应与转化反应在同一个转化炉内完成，转化反应所需的热量由氧化反应提供，不需外界提供热量。天然气自热重整制氢流程中发生的化学反应较复杂，主要包括甲烷部分氧化反应、蒸汽转化反应以及 CO 变换反应：

$$2CH_4+3O_2 \longrightarrow 2CO+4H_2O \tag{2-33}$$

$$CH_4+H_2O \longrightarrow CO+3H_2 \tag{2-34}$$

$$CO+H_2O = CO_2+H_2 \tag{2-35}$$

天然气自热转化制氢的工艺流程如图 2-13 所示，反应器上部的燃烧室用来进行甲烷部分氧化反应，与此同时，反应器的下部进行着甲烷蒸汽转化反应。此反应器的最大特点就是上部燃烧提供热量给下部。燃烧室的工作压力预计高于 1.2MPa（在 2200K）。对于燃烧室，最主要的要求是提高反应气体（包括甲烷、水蒸气和氧气）的混合均匀度、不发生结炭、耐火墙的低温和输出气体有恒定的流量和温度。选择高压和恰当的 H_2O/C 和 H_2/C 比例是抑制结炭的重要环节。高性能的催化剂放置于反应器底部，用于甲烷蒸汽转化反应。反应器的几何形状影响反应气的流动，所以对压力的增加产生较大影响。得到的合成气经过回收热量后，进入一氧化碳变换阶段，使一氧化碳和水蒸气进行反应，生成氢气和二氧化碳。得到的变换气再通过变压吸附工艺进行氢气的提纯。由于自热转化工艺将蒸汽转化反应和部分氧化反应相结合，且蒸汽转化反应是吸热反应，部分氧化反应是放热反应，因此结合后就会有一个新的热力学平衡，从而决定了反应温度。这个热力学平衡又是由原料气中 O_2/CH_4 和 H_2O/CH_4 的比例所决定的，所以需要掌握最佳的 O_2/CH_4 和 H_2O/CH_4 的比例关系，以获得最少的 CO 量，以及最多的 H_2 量和碳沉积量，从而实现体系最大的经济效益。

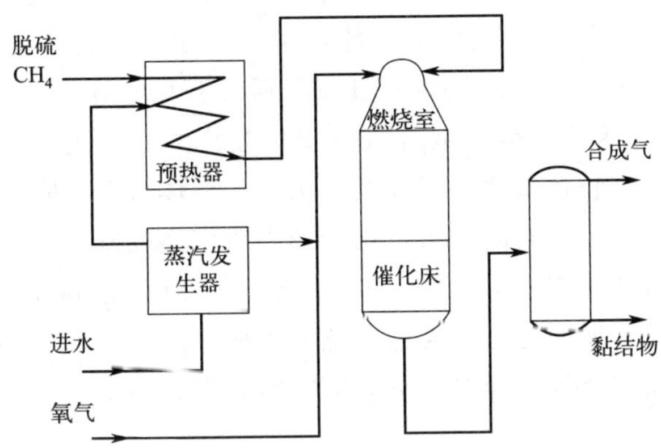

图 2-13　天然气自热转化制氢流程图

四、天然气催化裂解制氢

甲烷催化裂解生成碳和氢气，此分解反应是温和的吸热反应，产物气中不含碳氧化合物，避免了蒸汽转化、催化部分氧化和自热转化法制氢工艺中需要分离提纯氢的工序，降低了整个工艺流程中的成本。国内外学者们对甲烷催化裂解反应已经进行了大量探究，主要是研究甲烷制合成气的机理和碳纳米材料的制备，但很少有人将其用于大规模的制氢过程。

甲烷催化裂解所发生的反应方程式如下所示：

$$CH_4 \longrightarrow C+2H_2 \tag{2-36}$$

甲烷催化裂解反应是一个碳生长过程，2001 年 Tibbetts 等提出的碳生长机理中，甲烷裂解反应分为三步：

① 甲烷在金属颗粒表面上裂解。

② 表面碳原子溶于金属中，并体相扩散到金属的某个晶面。按照1988年Alstrup等提出的物理模型，裂解生成的碳首先与金属形成碳化物，碳化物分解生成的碳留在金属颗粒里面。在金属颗粒表面也可能生成其他类型的碳，其覆盖金属颗粒表面，并使金属颗粒失活。

③ 碳从一定的金属晶面上析出，形成碳丝，碳体相扩散的推动力为温度梯度或浓度梯度。

从中可以发现，此过程较为复杂，同时受到上面两个步骤的影响，若其中一个步骤停止，那么碳生长过程就会停止。

正是由于甲烷裂解反应为吸热反应，所以在固定床反应器中进行时，床层中会产生严重的温度梯度。随着反应的进行，催化剂上的积炭会堵塞固定床床层的气体通道，造成床层压降增大，影响操作的稳定性。由于流化床反应器高的传质与传热速率，床层内反应温度和浓度分布均匀。同时，流化床独有的操作方式，即可以连续地添加新鲜催化剂和移除失活或部分失活的催化剂及生成的碳材料，从而使该过程得以连续进行。另外，流化床中的气、固接触时间可以准确控制，从而使催化剂的活性得以充分发挥。

下面具体举例说明流化床甲烷裂解制氢工艺流程。流化床反应器采用垂直石英反应管，其内径为10mm，高为380mm。反应气体先经预热段预热后，再经流化床底部的石英分布板进入流化段。流化床层通过管壁进行电加热。流化床层上面设有扩充段，而出口处设有石英筛板，以防止催化剂颗粒被气体带出。催化剂的装填量为200mg，反应气体流量为370cm^3/min（STP）。当催化剂装填完毕后，开始程序升温至反应温度为700℃，升温速率为10℃/min，然后切换成50%（体积分数）的氢气还原一定时间，50min后再切换成氮气置换，直至气相色谱检测不到氢气为止，待体系温度降到目标温度时切换成纯甲烷气体开始反应。根据反应时间要求，反应结束后切换成氮气进行置换，置换完成后在反应温度下进行空气再生，空气流量为370cm^3/min（STP）。再生完成后进行氮气置换，并通氢气进行适当还原，还原完成后再进行氮气置换，为下一个制氢再生周期做准备。当完成操作周期后，切换成氮气，降温至室温后卸料，完成整个操作过程。

五、天然气制氢优缺点

（一）天然气蒸汽转化制氢优缺点

1. 天然气蒸汽转化制氢优点

天然气蒸汽转化制氢工艺流程短，自动化程度较高，操作简单，是目前广泛的、较经济的制氢技术之一。

2. 天然气蒸汽转化制氢缺点

此工艺中燃料费用占制氢总费用的60%，氢气价格很大程度上取决于天然气中甲烷的价格，且天然气蒸汽转化制氢过程是强吸热过程，要在高温条件下进行反应，因此能量消耗高、装置规模大、投资成本高。

（二）天然气催化部分氧化制氢优缺点

1. 天然气催化部分氧化制氢优点

天然气催化部分氧化制氢工艺相较于蒸汽转化工艺，可以在更大的控速下进行，同等规模反应器的体积更小。

2. 天然气催化部分氧化制氢缺点

由于纯氧的参与，该工艺需要配套空分装置，这就增加了基建成本。研究发现，一种无机陶瓷膜的出现有望解决这个问题。在高温下，这种陶瓷透氧膜能把氧从空气中分离出来，使制氧过程与催化氧化过程在同一反应器中完成，但此方法仍有高透氧量和高机械强度的膜材料问题亟待解决。

（三）天然气自热转化制氢优缺点

1. 天然气自热转化制氢优点

该工艺同天然气蒸汽转化工艺相比，变外供热为自供热，反应热量利用较为合理，既可限制反应器内的高温，同时又降低了体系的能耗，具有生产成本较低的优点。

2. 天然气自热转化制氢缺点

由于自热转化反应过程中，强放热反应和强吸热反应分步进行，因此反应器仍需用耐高温的不锈钢管作反应器。另外，同单纯的蒸汽转化过程相同，自热转化工艺的控速步骤依然是反应过程中的慢速蒸汽转化反应，且需要为反应提供纯氧的空分装置，因此制氢技术的建设成本较高。综上，自热转化反应过程具有装置投资较高、生产能力较低的缺点。

（四）天然气催化裂解制氢优缺点

1. 天然气催化裂解制氢优点

甲烷通过催化裂解，可以得到 H_2 和高附加值的碳纤维或碳纳米管材料，氢气纯度高，且能耗相较蒸汽转化工艺低。在整个生成的过程中并不会产生二氧化碳，因此不存在大量的二氧化碳对我国的空气环境造成负面影响的问题，其产生的碳也可以在不同的地区发挥出其独有的作用。

2. 天然气催化裂解制氢缺点

裂解反应中生成的碳富集在催化剂表面，易造成催化剂积炭失活。另外，工艺过程中连续操作后需要通过物理或化学方法剥离催化剂上的积炭。物理方法除碳后可有效延长催化剂寿命，但催化剂终会失活，因此需再生或更换催化剂，这不仅增加成本，也不利于长周期运转。使用化学方法除碳，以及通入空气或纯氧烧碳再生催化剂，势必会引入 CO_2。

六、天然气制氢发展状况

与煤制氢装置相比，天然气制氢投资小、耗水量小、CO_2 排放量低、氢气产率高，是化石原料制氢路线中理想的制氢方式。我国化石资源禀赋的特点是“富煤、缺油、少气”，且原油和天然气对外依存度高。例如，2018 年原油对外依存度已经超过 70.5%，天然气对外依存度已经超过 40%。在此能源供给现状的大背景下，基于石油资源的重油制氢已经不具经济性，实际生产中也很少被采用；天然气制氢还存在气源供应无法保障、天然气价格高的现实问题。但从长远来看，我国由于非常规天然气资源（煤层气、页岩气和可燃冰等）十分丰富，随着未来非常规天然气开采技术进步、开采成本降低，必将迎来天然气大发展的时期，届时采用天然气制氢预计要比煤制氢更具优势。

（一）天然气蒸汽转化制氢发展状况

当前，我国在关键设备（大型转化炉及其关键配套设备、大型压缩机、大型 PSA 设备）以及高效耐用催化剂等方面，与国际水平还有很大差距。为了缩小这个差距，我国制氢公司应该在以下几个方面发展：首先，开发相应的配套设施和工艺流程；其次，大力发展科技水平，提高催化剂的利用率；再次，提高其他贵金属的催化剂研究水平；最后，在硬件设施方面加大投入，更好地提供大型化炉和相关设备的攻关。

（二）天然气催化部分氧化制氢发展状况

自 20 世纪 90 年代以来，天然气催化部分氧化制合成气或氢气引起广泛关注，先后有 3 篇文章在 *Nature* 和 *Science* 上发表，这说明此工艺是合成气或氢气制备的重要发展方向。但以下几方面的因素限制了天然气催化部分氧化工艺的发展：廉价氧的来源问题、催化剂床层的热点问题、催化材料的反应稳定性问题、操作体系的安全性问题。逐步解决天然气催化部分氧化工艺的上述问题是未来研究的发展趋势。

（三）天然气自热重整制氢发展状况

近来对天然气自热重整研究的要点也集中在催化剂的应用方面，由于反应温度较高且有碳生成，因此要求催化剂在热稳定性、抗积炭性以及反应活性上有所突破。

（四）天然气催化裂解制氢发展状况

由于不产生 CO_2，天然气催化裂解工艺被认为是连接石化燃料和可再生能源之间的过渡工艺，目前天然气催化裂解制氢反应还处于实验室研究阶段，该反应的大规模工业化应用必须解决以下问题。

① 天然气催化裂解制氢反应中甲烷转化率较低，为提高甲烷转化率，从而提高该反应运行的经济性，需要设计高活性、长寿命的催化剂。

② 天然气催化裂解制氢反应的反应机理目前尚不明确，需对反应机理进行深入研究，从而为催化剂的设计提供理论指导。

③ 催化剂的失活限制了氢气和碳材料的连续生产，因此在反应过程中除去积炭，实现催化剂的再生，使得反应能够连续进行，对工业化应用至关重要。

④ 流化床反应器的选择及优化是实现天然气催化裂解制氢反应工业化生产的重要前提。

小　结

近年来，全球各地极端天气频发，为实现到 21 世纪末将全球升温控制在 2℃范围内的目标，世界各国正在全方位努力推动能源体系向化石能源低碳化和无碳化发展。尤其在当前全球地缘政治复杂和局部地区爆发冲突的背景下，全球传统化石能源与新能源的生产与消费版图将重塑，传统煤炭与油气能源消费占比可能有所回升，新能源时代将快速到来。此外，各国将重新认识能源安全的极端重要性，能源生产与消费将重新布局，其被重视程度将提升到前所未有的高度，同时新能源技术革命与产业化将备受重视并迅速发展。氢能作为一种清洁高效且可再生的二次能源，主要特点是来源广泛、资源丰富、清洁无污染、燃烧热值高、可作为储能介质、利用形式多样、安全性好等，它是实现能源转型与“碳中和”目标的重要能源。当前，随着制氢技术不断成熟，逐渐走向产业化，同时世界面对气候变化和自然灾害加剧的压力持续增大，氢能得到了世界各国的重点关注，已成为许多国家能源转型的战略选择。截至2020年，在制氢产业方面，全球商用氢气有96%来自煤、石油和天然气等化石燃料制取，其他制氢方法如电解水、生物质气化等占比4%左右，占比小的主要原因在于电解水制氢成本很高，是化石燃料的2倍多。就目前来说，化石原料制氢技术路线成熟，成本相对低廉，是氢气最主要的来源方式。但此技术在氢气生产过程中也会产生并排放大量的二氧化碳，因此所制得的氢气产品被称为“灰氢”。所以，清洁能源制氢是未来趋势。电解水制氢技术能够应对风-光-水等可再生能源发电系统不连续、不稳定的供电问题，降低电解水制氢成本，延长使用寿命，促进分布式能源经济发展；风-光-水等可再生能源通过制氢、用氢的过程，将能量进行存储、转换，使能量对用户的供应过程变得更加便捷灵活。因此，利用可再生能源电解水制氢技术的兴起是必然的，同时也是未来的必由之路。

参考文献

［1］ 瞿国华．我国氢能产业发展和氢资源探讨［J］．当代石油石化，2020，28（4）：4-9.

［2］ 王田田．我国氢能开发与利用法律制度研究［D］．济南：山东师范大学，2019.

［3］ 毛宗强，毛志明．氢气生产及热化学利用［M］．北京：化学工业出版社，2015.

［4］ 申珍珍．企业环境治理过程的主体关系研究［D］．苏州：苏州大学，2020.

［5］ 程婉静，李俊杰，刘欢，等．两种技术路线的煤制氢产业链生命周期成本分析［J］．煤炭经济研究，2020，40（3）：4-11.

［6］ 吴素芳．氢能与制氢技术［M］．杭州：浙江大学出版社，2014.

［7］ 左洪芳．连续式超临界水中褐煤/焦化废水共气化制氢研究［D］．太原：太原理工大学，2011.

［8］ 杨小彦，陈刚，殷海龙，等．不同原料制氢工艺技术方案分析及探讨［J］．煤化工，2017，45（6）：40-43.

［9］ 雷秋晓，史义存，苏子义，等．制氢技术的现状及发展前景［J］．山东化工，2020，49（8）：72-75.

［10］ 许世森，李春虎，郜时旺．煤气净化技术［M］．北京：化学工业出版社，2006.

［11］ 郑攀文，彭晓芳．低温甲醇洗工艺及其在煤化工中的应用［J］．煤炭加工与综合利用，2020，4：53-56.

［12］ 卢利飞．一氧化碳变换工艺技术研究［D］．内蒙古：内蒙古科技大学，2020.

［13］ 陶宇鹏．不同氢气净化提纯技术在煤制氢中的经济性分析［J］．四川化工，2021，24（4）：13-16.

［14］ 毛宗强，毛志明，余皓，等．制氢工艺与技术［M］．北京：化学工业出版社，2018.

［15］ 梁杰，王喆，梁鲲，等．煤炭地下气化技术进展与工程科技［J］．煤炭学报，2020，

45 (1)：393-402.

[16] 邹才能，陈艳鹏，孔令峰，等．煤炭地下气化及对中国天然气发展的战略意义［J］．石油勘探与开发，2019，46 (2)：195-204.

[17] 朱凌岳，王宝辉，吴红军．电解水煤浆制氢技术研究进展［J］．化工进展，2016，35 (10)：3129-3135.

[18] Coughlin R W，Farooque M. Hydrogen production from coal，water and electrons［J］. Nature，1979，279 (5711)：301-303.

[19] 白清城，刘建忠，宋子阳，等．废液对电解煤浆制氢的影响［J］．浙江大学学报（工学版），2019，53 (1)：180-185.

[20] 白清城．煤浆与废液协同电解制氢的研究［D］．杭州：浙江大学，2020.

[21] 方鑫．煤电化学气化的机理及动力学研究［D］．太原：太原理工大学，2016.

[22] Baldwin R P，Jones K F，Joseph J T，et al. Voltammetry and electrolysis of coal slurries and H-coal liquids［J］. Fuel，1981，60 (8)：739-743.

[23] Okada G，Guruswamy V，Bockris J O. On the electrolysis of coal slurries［J］. Journal of the Electrochemical Society，1981，128 (10)：2097-2102.

[24] Dhooge P M，Stilwell D E，Park S M. Electrochemical studies of coal slurry oxidation mechanisms［J］. Journal of the Electrochemical Society，1982，129 (8)：1719-1724.

[25] 贾杰．煤浆氧化电解制氢的研究［D］．上海：上海交通大学，2013.

[26] Coughlin R W，Farooque M. Consideration of electrodes and electrolytes for electrochemical gasification of coal by anodic oxidation［J］. Journal of Applied Electrochemistry，1980，10 (6)：729-740.

[27] 刘欢，王志忠．煤电解氧化的伏安特性的研究［J］．燃料化学学报，2002，30 (2)：182-185.

[28] Hesenov A，Meryemoğlu B，Içten O. Electrolysis of coal slurries to produce hydrogen gas：Effects of different factors on hydrogen yield［J］. International Journal of Hydrogen Energy，2011，36 (19)：12249-12258.

[29] 印仁和，张磊，姬学彬，等．电解煤浆制取氢气的工艺研究［J］．现代化工，2007，27 (6)：27-30.

[30] 张倩倩．新型超临界水中煤气化制氢产物的 CO_2 分离研究［D］．西安：西安建筑科技大学，2014.

[31] 陈哲文．超临界水煤气化方法及发电系统集成［D］．北京：中国科学院大学，2018.

[32] 卢添天．基于图像（火用）分析法的煤间接燃烧和直燃的能量释放对比［D］．西安：西安建筑科技大学，2019.

[33] 孙冰洁．生物质和煤在超临界水中的气化制氢特性研究［D］．西安：西安建筑科技大学，2015.

[34] 张佩兰，郑黎．工业制氢技术及经济性分析［J］．山西化工，2014，34 (5)：54-56.

[35] 苗军，郭卫军．氢能的生产工艺及经济性分析［J］．能源化工，2020，41 (6)：6-10.

[36] 马晓飞，王永兵．地下煤气化技术的发展与应用［J］．中国化工装备，2013，15 (2)：27-30.

[37] 毛晨旭．超临界水煤气化工艺动力循环设计与性能分析［D］．大连：大连理工大学，2018.

[38] 程婉静，李俊杰，刘欢，等．两种技术路线的煤制氢产业链生命周期成本分析［J］．煤炭经济研究，2020，40（3）：4-11.
[39] 洪皓．煤炭制氢经济适用性分析［J］．能源与节能，2020（12）：82-85.
[40] 徐振刚，王东飞，宇黎亮．煤气化制氢技术在我国的发展［J］．煤，2001，10（4）：3-6.
[41] 许浩，陈艳鹏，辛福东，等．煤炭地下气化面临的挑战与技术对策［J］．煤炭科学技术，2022，50（1）：265-274.
[42] 贾杰，隋升，朱新坚，等．煤浆电解制氢的动力学研究［J］．燃料化学学报，2013，41（2）：139-143.
[43] 李军．煤炭超临界水气化制氢获突破［J］．中国石油和化工，2017（2）：68.
[44] 邸志强．重油稳定性检测技术研究与远程控制系统开发［D］．杭州：浙江大学，2018.
[45] 刘亚明．重油研究现状及展望［J］．中国石油勘探，2010，15（5）：69.
[46] 马文杰，尹晓晖．炼油厂制氢技术路线选择［J］．洁净煤技术，2016，22（5）：64-69.
[47] 李树钧，吕家欢．重油制氢［J］．石油炼制与化工，1981（10）：32-41.
[48] 王东军，姜伟，赵仲阳，等．国内外工业化制氢技术的研究进展［J］．工业催化，2018，26（5）：26-30.
[49] 黄国勇．氢能与燃料电池［M］．北京：中国石化出版社，2020.
[50] 管晨羽．甲醇洗工艺中杂质硫及氨的影响及消除研究［D］．大连：大连理工大学，2020.
[51] 葛培珠．石脑油加氢的实践探析［J］．中国新技术新产品，2019（20）：39-40.
[52] 汪林燕．石脑油生产氢气和一氧化碳的工艺设计［J］．山东化工，2019，48（10）：160-162.
[53] Balthasar W，Hambleton D J. Industrial scale production of hydrogen from natural gas，naphtha and coal［J］. International Journal of Hydrogen Energy，1980，5（1）：21-33.
[54] 黄威．旋转弧氢等离子体裂解炼厂干气制乙炔研究［D］．杭州：浙江大学，2018.
[55] 李恒泰，陶志林，孙秀芬．炼厂干气的综合利用［J］．当代石油石化，1997（5）：19-23.
[56] 王凤荣，张志翔，张忠涛．炼厂气制氢概述［J］．化工中间体，2007（7）：29-31.
[57] 薛明伟．干气综合利用生产技术进展［J］．石油化工技术与经济，2019，35（1）：56-62.
[58] 聂骏．高硫石油焦气化过程中钒、镍迁移转化特性研究［D］．武汉：华中科技大学，2019.
[59] 瞿国华，王辅臣，代正华，等．石油焦气化制氢技术［M］．北京：中国石化出版社，2014.
[60] 田伟，阎富生，黄永红，等．碱土金属对石油焦直接制氢的模拟分析［J］．现代化工，2018，38（7）：208-213.
[61] 褚洪岭，王桂芝，龚凡，等．制氢工艺技术经济与新技术［J］．化工技术经济，2005，23（9）：36-40.
[62] 刘银东，高飞，张艳梅，等．石油焦的生产及石油焦制氢工艺状况［J］．石化技术

与应用，2012，30（1）：93-98.
[63] 崔君利，王德利．炼厂干气制氢新途径［J］．沈阳化工，1998，27（2）：24-28.
[64] 王铭珍．天然气史话［J］．公用科技，1994（4）：21-22.
[65] 韩炜鸿，焦岳娟．浅谈天然气制氢［J］．中国石油和化工标准与质量，2020，40（16）：39-40.
[66] 陈锦芳，葛文宇，王治道．天然气制氢工艺介绍及成本分析［J］．煤气与热力，2017，37（12）：8-11.
[67] 商欢涛，徐广坡．天然气制氢工艺及成本分析［J］．云南化工，2018，45（8）：22-23.
[68] 丁福臣，易玉峰．制氢储氢技术［M］．北京：化学工业出版社，2006.
[69] 陈英杰．天然气制氢技术进展及发展趋势［J］．煤炭与化工，2020，43（11）：130-133.
[70] 王卫，王凤英，申欣，等．甲烷制备合成气工艺开发进展［J］．精细石油化工进展，2006，7（7）：27-31.
[71] 张翅远，王华，何方，等．甲烷部分氧化制氢机理及方法［J］．能源工程，2005（6）：20-25.
[72] 彭志斌．自热转化制合成气工艺应用［J］．石油与天然气化工，2004，33（4）：250-252.
[73] 李文兵，齐智平．甲烷制氢技术研究进展［J］．天然气工业，2005，25（2）：165-168.
[74] 史云伟，刘瑾．天然气制氢工艺技术研究进展［J］．化工时刊，2009，23（3）：59-61.
[75] 刘少文．流化床中甲烷裂解制氢过程研究［D］．天津：天津大学，2007.
[76] Tibbetts G G，Meisner G P，Olk C H. Hydrogen storage capacity of carbon nanotubes，filaments，and vapor-grown fibers［J］. Carbon，2001，39（15）：2291-2301.
[77] Alstrup I. A new model explaining carbon filament growth on nickel，iron，and Ni-Cu alloy catalysts［J］. Journal of Catalysis，1988，109（2）：241-251.
[78] Li Y D，Chen J L，Chang L. Catalytic growth of carbon fibers from methane on a nickel-alumina composite catalyst prepared from Feitknecht compound precursor［J］. Applied Catalysis A：General，1997，163（1-2）：45-57.
[79] 刘少文，李永丹．流化床与固定床中甲烷裂解制氢过程的比较［J］．化工学报，2007，58（1）：102-107.
[80] 李奕阳．几种制氢方法的生命周期评价研究［D］．西安：西安建筑科技大学，2010.
[81] 姜卫东．天然气或液体燃料制氢新工艺探讨［J］．当代化工研究，2020（18）：154-155.
[82] 朱宇．天然气制氢工艺现状及发展［J］．化学工程与装备，2016（7）：213-214.
[83] 王奕然，曾令志，娄舒洁，等．天然气制氢技术研究进展［J］．石化技术与应用，2019，37（5）：361-366.
[84] 李艳，李帆，管延文．天然气制取燃料电池用氢技术的探讨［J］．煤气与热力，2006，26（1）：29-34.
[85] 王迪，胡燕，高卫民，等．甲烷催化裂解制氢和碳纳米材料研究进展［J］．化工进展，2018，37（S1）：80-93.

第三章
化工原料制氢

第一节　甲醇制氢

甲醇（CH_3OH）又称羟基甲烷，是一种无色透明、易燃、易挥发、易流动的液体。因在干馏木材中首次被发现，甲醇又称“木醇”或“木精”。甲醇作为工业中常用的有机溶剂之一，能与水、乙醚和乙醇等多种有机溶剂互溶。甲醇具有毒性，一般误饮 15mL 可致眼睛失明，其一般致死量为 100～200mL。甲醇制氢具有反应温度低、耗能低的优点，既可以用于大规模氢气生产，也可用于燃料电池应用。

甲醇气相重整法是目前比较成熟的制氢方法，主要包括甲醇水蒸气重整制氢、甲醇裂解制氢、甲醇部分氧化制氢和自热重整制氢。本节将对上述方法分别进行介绍。

一、甲醇水蒸气重整制氢

甲醇水蒸气重整制氢工艺流程如图 3-1 所示。脱盐水及甲醇按一定比例在进料罐中混合，然后经进料泵加压至约 2.0MPa 后，被一起送到换热器处；经与反应产物换热后进入气化器，接着进入反应器，在催化床层进行反应。反应器及气化器所需要的热量由循环的热油提供。从反应器出来的反应产物在换热器中与反应进料换热后，再经冷凝器冷却后进入水洗塔。塔釜收集未转化的甲醇和水供循环使用；塔顶气进入变压吸附装置进行提纯，经分离后得到产品氢气，尾气则放空或回收处理。

甲醇水蒸气重整制氢反应机理主要存在 3 种不同观点：平行反应机理、分解变换机理和分解逆变换机理。

1. 平行反应机理

早期的研究认为甲醇和水经过不同的反应过程生成产物中的 CO_2 和 CO，反应机理如下：

$$CH_3OH + H_2O \longrightarrow 3H_2 + CO_2 \tag{3-1}$$

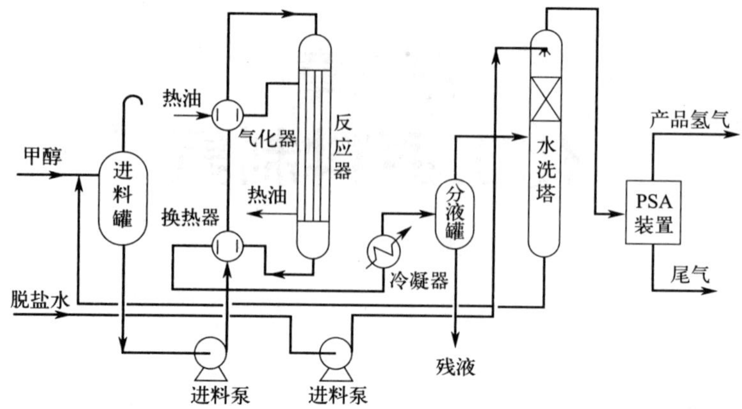

图 3-1　甲醇水蒸气重整制氢工艺流程图

$$CH_3OH \longrightarrow 2H_2 + CO \tag{3-2}$$

$$H_2O + CO = CO_2 + H_2 \tag{3-3}$$

但是随着相关研究的深入，有人提出了以下 2 种不同的理论。

2. 分解变换机理

该机理认为甲醇先是通过甲醇裂解反应生成 CO 和 H_2，进而通过 CO 变换反应生成 CO_2 和 H_2。

$$CH_3OH \longrightarrow CO + 2H_2 \tag{3-4}$$

$$CO + H_2O = CO_2 + H_2 \tag{3-5}$$

但是针对该机理，后续相关学者做了大量实验，得出了与该机理相悖的实验结果，该机理被认为与事实不符，因此还存在巨大争议。

3. 分解逆变换机理

甲醇水蒸气重整制氢的分解逆变换机理是指甲醇在水蒸气的作用下首先分解成甲酸甲酯和 H_2，甲酸甲酯再经过一系列的反应生成 CO_2 和 H_2。CO_2 和 H_2 还会由 CO 变换的逆反应生成少量 CO。

$$2CH_3OH \longrightarrow CH_3OCHO + 2H_2 \tag{3-6}$$

$$CH_3OCHO + H_2O \longrightarrow CH_3OH + HCOOH \tag{3-7}$$

$$HCOOH \longrightarrow CO_2 + H_2 \tag{3-8}$$

到目前为止，还没有公认的关于甲醇水蒸气重整制氢的反应机理，但是分解逆变换机理正在得到更多的实验验证。

二、甲醇裂解制氢

甲醇裂解制氢工艺流程如图 3-2 所示。来自甲醇高位槽的甲醇和来自原料液储罐的脱盐水，经过流量比例调节系统后，分别进入混合罐充分混合，配制成规定比例的醇、水混合液。此混合液由原料液计量泵计量后进入换热器预热，再进入汽化器加热。被导热油加热汽化并过热至规定温度的醇、水混合蒸气进入转化器中，同时完成催化裂解和转化反应[式(3-9)和式(3-10)]。生成的高温转化气在换热器中被原料液冷却，再经冷凝器被循环冷却水冷却冷凝降温后，进入净化塔，接着被脱盐水由下而上地洗涤，以除去未反应的甲醇和水。最后经气液分离器，将分离液滴和缓冲后的转化气送入变压吸附装置。

反应过程中，需要有催化剂参与。在我国，工业上加入的催化剂一般为铜系催化剂，它不仅是使用最广泛的催化剂，也是研究最早的催化剂。铜系催化剂具有活性高、反应性能好的优点，但也有一定的缺点，如其抗毒能力较差，在高温环境下可能会失去活性。

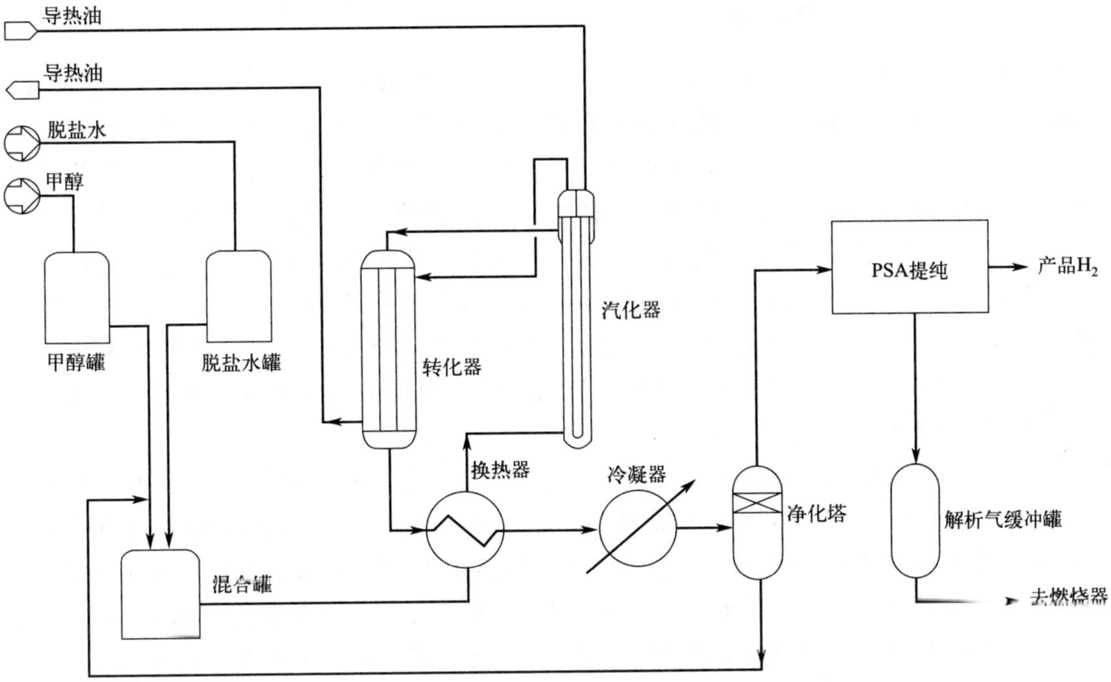

图 3-2　甲醇裂解制氢工艺流程图

$$CH_3OH \longrightarrow CO + 2H_2 \tag{3-9}$$

$$CO + H_2O = CO_2 + H_2 \tag{3-10}$$

三、甲醇部分氧化制氢

甲醇部分氧化制氢的化工过程如图 3-3 所示。此过程由甲醇燃烧供热，由水蒸气重整（包括一部分甲醇的分解）供氢，体系中所有的能量均来自甲醇，所有的物质均来自甲醇、水和空气。制氢时，甲醇、水和空气由室温经蒸发器预热到一定的温度后进入反应器反应，反应之后得到的产品气经分离提纯得到产品氢气。甲醇部分氧化制氢是一个强放热反应，该过程的主要反应式如式(3-11) 所示。

$$CH_3OH + \frac{1}{2}O_2 \longrightarrow CO + H_2 + H_2O \tag{3-11}$$

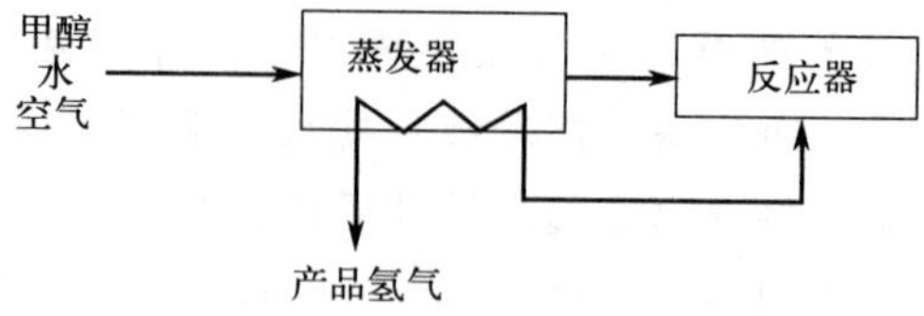

图 3-3　甲醇部分氧化制氢工艺流程图

四、甲醇自热重整制氢

应用甲醇水蒸气重整反应得到的氢气虽然体积分数高，但由于反应是强吸热反应，还存在着反应速率慢和需要外部提供大量的热的问题，该问题对其实际应用有着一定的阻碍。甲醇部分氧化制氢反应是放热反应，反应速率快，但空气中的氮气降低了制得气体中氢的体积分数，而且制得的气体中一氧化碳的含量过高，不利于燃料电池的正常工作。所以，现在采用甲醇水蒸气重整反应耦合甲醇部分氧化反应的方法，即甲醇自热重整制氢。在此制氢过程中，应用甲醇部分氧化反应提供热能，供给甲醇和水蒸气进行重整反应，实现了吸热、放热反应原位耦合。重整过程将甲醇转化为富氢气体后，再通过 CO 尾气变换和 CO 选择性氧化反应过程将重整气中的 CO 含量降低，得到的气体可供燃料电池应用。

在甲醇自热重整制氢过程中，主要发生式(3-12)～式(3-15)的反应。该过程采用 $Cu/ZnO/Al_2O_3$ 催化剂（将 Cu/ZnO 分散到 Al_2O_3 小球上，并选择传热性能好的堇青石蜂窝陶瓷作催化剂支撑体），这类催化剂具有“双功性能”，可使吸热和放热反应在同一催化剂床层进行。这种催化反应的效果，不仅充分利用了反应热，节约了能量，而且直接的热传递会产生快速的启动和出色的动态响应效果，即在重整器中，不需要直接点火。甲醇自热重整制氢具有致密、稳定、易于操作、重量轻和易控制的突出优点。

$$CH_3OH + \frac{1}{2}O_2 \longrightarrow CO_2 + 2H_2 \tag{3-12}$$

$$CH_3OH + H_2O \longrightarrow CO_2 + 3H_2 \tag{3-13}$$

$$CH_3OH \longrightarrow CO + 2H_2 \tag{3-14}$$

$$CO + H_2O = CO_2 + H_2 \tag{3-15}$$

五、甲醇制氢优缺点

（一）甲醇水蒸气重整制氢优缺点

1. 甲醇水蒸气重整制氢优点

甲醇水蒸气重整制氢与大规模的煤制氢、石油制氢和天然气制氢等化石原料制氢相比，能耗和成本低。而且，上述化石燃料制氢工艺须在 800℃以上的高温下进行，应用的转化炉等设备需要特殊材质，此外还需综合考虑能量的平衡及利用，所以不适用于小规模制氢。而甲醇水蒸气重整制氢工艺条件缓和，反应温度低，燃料消耗也低。此外，由于所用的原料甲醇易得，运输、贮存方便；且纯度高，不需要再进行净化处理，因此该工艺流程简单，易于操作。

2. 甲醇水蒸气重整制氢缺点

甲醇水蒸气重整制氢是一个强吸热反应，需要外部环境供给大量的热，因而会消耗大量能源；反应体系受热质传输的限制，该反应的动态响应比较慢，影响实际生产效率；甲醇水蒸气重整制氢目前常使用的催化剂有贵金属催化剂和铜基催化剂，但是它们存在价格高和寿命短的问题。

（二）甲醇裂解制氢优缺点

1. 甲醇裂解制氢优点

该工艺技术的成本低，耗能较少。甲醇裂解制氢所使用的主要原料为甲醇，常压下为稳定的液体，储存和运输都比较方便；甲醇的纯度高，使用前不需要净化处理就可以直接参与反应，因此反应流程较传统制氢工艺简单。

2. 甲醇裂解制氢缺点

在甲醇裂解制氢中，甲醇原料的成本占整个制氢成本的 70%以上，甲醇原料的成本问题是制约甲醇裂解大规模发展的重要问题，同样也是甲醇裂解制氢工艺技术需要进一步优化完善的地方。此外，该工艺的产物中 CO 含量较高，约占三分之一，因此后续分离装置复杂，且投资高。

（三）甲醇部分氧化制氢优缺点

1. 甲醇部分氧化制氢优点

甲醇部分氧化制氢反应本身是放热反应，所释放的热量可对反应过程进行供热，同时也能加快自身反应的启动。

2. 甲醇部分氧化制氢缺点

由于通入空气氧化时，其中氮气的含量降低了混合气中氢气的含量，使其低于 50%，因此产氢效率较低；由于受到甲醇燃烧的影响，在反应器的进口部分处的催化剂易发生高温烧结或积炭，会出现催化剂快速失活的现象；为避免燃烧过多甲醇而降低燃料经济性，甲醇部分氧化的操作温度比传统的重整反应操作温度低，这样就会导致甲醇转化率下降，也会使 CO 变换反应的转化率降低，重整气中一氧化碳的含量增加。

（四）甲醇自热重整制氢优缺点

1. 甲醇自热重整制氢优点

甲醇自热重整制氢过程能够很好地耦合吸、放热过程，可实现系统的自热运行，系统集成度高，设备投资费用低。

2. 甲醇自热重整制氢缺点

耦合反应中的甲醇部分氧化反应为强放热反应，反应器内容易发生局部过热的现象，这种过热现象会对催化剂造成损害。此外，空气中杂质含量过高，因此对制氢过程中的提纯过程造成一定的困难，还有可能影响氢气的纯度。

六、甲醇制氢发展状况

（一）甲醇水蒸气重整制氢发展状况

甲醇水蒸气重整制氢是20世纪80年代在国外兴起的一种制氢技术，英国、加拿大和澳大利亚等国家在这方面进行了大量研究。目前，该制氢技术在工艺上较为成熟，已经成功用于为新型氢能燃料电池客车提供能源，应用前景良好。甲醇水蒸气重整制氢的最新研究大都集中在催化剂的改良上，催化剂的改良是为了在降低催化剂生产成本的同时，使化学反应向着更有利于生产的方向进行，提高甲醇的转化率和氢气的产率，减少 CH_4 和 CO 的产生。

（二）甲醇裂解制氢发展状况

甲醇裂解制氢的自动化程度高，产品纯度高，生产成本大幅降低，具有很好的应用前景。对于较大规模的甲醇裂解制氢装置，还可增加食品级二氧化碳回收装置，这样能更大程度地节约成本，提升经济效益。此外，研制出低温高效且价格低廉的催化剂，对甲醇裂解制氢的大规模应用意义重大。甲醇裂解催化剂体系研究已经取得了一定的突破，例如Cu系催化剂在低温时就具有良好的催化活性和选择性等优越的催化性能，但其热稳定性差，易烧结，所以在助剂的添加方面需进行更多的研究，充分整合各种活性金属的作用。同时，还可以改进催化剂的制备方法（比如溶胶凝胶法），这也许能进一步改进催化剂的性能。相信随着对甲醇裂解原理的深入研究、工艺技术的不断改进及催化剂的进一步研究，甲醇裂解技术会提高到一个崭新的水平。

（三）甲醇部分氧化制氢发展状况

20世纪80年代中期，Huang等发现，向甲醇水蒸气重整制氢体系中引入少量的氧，体系的产氢速率会显著提高。随后，美国、日本和德国等国家也陆续开展了以甲醇部分氧化制氢代替甲醇水蒸气重整制氢的尝试性研究。目前，此工艺的主要研究目标在于研制更加有效的制氢催化剂，同时由于该反应体系较为复杂，对该过程反应动力学的研究也会是一项富有理论和工程价值的工作。

（四）甲醇自热重整制氢发展状况

自热重整法由于能够实现自供热，不需外界提供能量，具有良好的应用前景。目前此工艺研究的重点是研制活性高、选择性好、寿命长的催化剂及设计结构合理高效的反应器。

第二节　化工副产氢

副产氢是在生产主要产品的同时，从同一种原材料中，通过同一生产过程附带生产或利用生产中的废料进一步加工而生产出来的非主要产品。业界强调副产氢的原因在于其经济性和环保性。从经济角度讲，氢气生产流程复杂，且成本较高，如果氢气是其他产品的副产品，可以大大降低其生产成本。从环保角度讲，未来发展方向是清洁低碳的绿氢，即使现在不能达到绿氢标准，也要尽量减少生产过程中额外的能源消耗。与主要产品同一工艺流程产出的副产氢，显然符合这一要求。副产氢不只是强调传统生产流程上的副产意义，而且更强调其经济低廉和清洁低碳的含义。因此，副产氢不能仅仅根据其是否为副产的形式进行判断，而应分辨其在实际生产过程中是否符合经济性与环保性的要求。副产氢主要包括炼焦行业副产氢、氯碱行业副产氢、丙烷脱氢行业副产氢、甲醇行业副产氢和合成氨行业副产氢。

一、炼焦行业副产氢

炼焦是煤炭在炼焦炉中经过高温干馏形成焦炭的工业生产过程，该过程同时会释放一定量的气体，即焦炉煤气。炼焦副产氢指焦炉煤气中混合的氢气，焦炉煤气中的氢气比例因熄焦方法不同而差异巨大。

常见的熄焦方法是湿法熄焦，即通过向高温焦炭喷淋水的方式给焦炭降温，使高温焦炭与水发生水煤气反应，从而释放大量氢气。湿法熄焦的焦炉煤气的主要成分如表 3-1 所示。

表 3-1 湿法熄焦的焦炉煤气的组成

主要成分	H_2	CH_4	CO	N_2	C_2 以上的不饱和烃	CO_2	O_2
组成/%	55～60	23～27	5～8	3～7	2～4	1.5～3	0.3～0.8

另一类熄焦方法是干法熄焦，即通过循环输入氮气给高温焦炭降温。由于没有大量的水与高温焦炭发生水煤气反应，因此干法熄焦方式产生的焦炉煤气中氢气比例较低。干法熄焦的焦炉煤气的主要成分如表 3-2 所示。

表 3-2 干法熄焦的焦炉煤气的组成

主要成分	N_2	CO_2	CO	H_2
组成/%	≥66	8～12	6～8	2～4

焦炉煤气中的氢气是伴随焦炭制备过程产生的，没有焦炭的炼制过程，也不会有氢气的产生。从生产过程看，氢气是煤炭炼焦的副产品。从经济性角度看，氢气的产生不需要额外的生产流程，但净化过程的经济性指标对湿法熄焦和干法熄焦而言则差异较大。干法熄焦的焦炉煤气中氢气含量过低，会导致其净化成本增加，因此其是否具有经济性需要进一步测算。从清洁低碳角度看，通过提取焦炉煤气中附加值较高的氢气，与化石原料制氢相比，更有利于环保，并可以协同减少温室气体排放。因此，湿法熄焦的焦炉煤气产氢可以视为真正的副产氢。

二、氯碱行业副产氢

氯碱行业是以盐和电为原料生产烧碱和氯气的基础原材料工业，其用电解饱和氯化钠溶液来制取氢氧化钠、氯气和氢气。在电解盐水的过程中，盐溶液中的氢离子带正电荷，而且比钠离子更容易获得电子，因此其在电解池的阴极被还原为氢气。氯气在阳极析出，电解液变成氢氧化钠溶液，从而浓缩得到烧碱产品。氯碱工业副产氢气的含氢量超过92%，其中含有少量二氧化碳、一氧化碳、烃类、氯气、氮气、氧气等杂质，各杂质的含量如表 3-3 所示。

表 3-3 氯碱工业副产氢的杂质成分及含量

杂质种类	O_2	N_2	H_2O	Cl_2	CO_2	CO	C_nH_m
含量/%	0.9～3	0.1～1	0.05～1.5	0.01～0.09	0.01～0.05	0.005～0.2	0.005～0.2

注：由于工业副产氢气的组成会随工艺过程及进程发生略微变化，所以表中所列含量为大约值；C_nH_m 表示有机烃类。

氯碱行业的氢气是伴随烧碱生产而析出的阴极气体，没有电解制碱过程，也不会有氢气生成。从生产过程看，氢气是氯碱工业生产的副产品。从经济性角度看，氢气的产生不需要额外的生产流程，而且氢气基本不需要净化提纯便可应用于燃料电池。从清洁低碳角度看，使用氯碱行业生成的氢气不需要直接或额外消耗化石能源，不会额外增加污染物和温室气体排放。因此，氯碱行业副产氢可以被视为真正的副产氢。

三、丙烷脱氢副产氢

丙烷脱氢制丙烯的工业化方法包括催化脱氢法和氧化脱氢法。催化脱氢法指在高温和催化剂的作用下，丙烷的碳氢键会断裂，使氢原子脱离丙烷，从而形成丙烯和氢气。然而，氧化脱氢法由于有氧的存在，脱下来的氢会与氧结合生成水，因此得不到氢气。丙烷通过催化脱氢法制丙烯得到的副产氢含量在 60%～95%，副产氢气中含有少量二氧化碳、一氧化碳、烃类、氧气、氯气、氮气、硫化氢等杂质，各杂质含量如表 3-4 所示。

表 3-4 丙烷脱氢工业副产氢的杂质成分及含量

杂质种类	C_nH_m	CO_2	CO	H_2S	N_2	H_2O	Cl_2	O_2
含量/%	15～20	5～7	3.5～5.5	0.5	2～5	3～5	<1	<1

注：由于工业副产氢气的组成会随工艺过程及进程发生略微变化，所以表中所列含量为大约值；C_nH_m 表示有机烃类。

丙烷脱氢产生的氢气来自烷烃分子上脱离的氢，饱和烷烃在分子链上的氢脱离后形成不饱和的烯烃，从而释放氢气。没有烷烃脱氢形成烯烃的过程，氢气也无从生成，整个过程同步一体进行。从生产过程看，氢气是丙烷脱氢的副产品。从经济性而言，丙烷脱氢不需要额外的设备和生产流程，直接生成的氢气含量高、杂质少，具有一定的经济价值。从清洁低碳角度看，丙烷脱氢不需要额外制备原料气，氢气净化再投入也相对较少，清洁低碳程度较高。因此，丙烷和乙烷通过催化脱氢法制得的氢气是真正的副产氢。

四、甲醇行业副产氢

甲醇行业是传统化工工业，生产甲醇的方法很多，工业生产基本上采用合成法。经过几十年不断的工艺改进，合成法的原料路线已发生较大的改变，即由原来的以煤与焦炭气化生产合成气的路线发展到现今的以天然气为主，煤、石脑油、重油等并存的合成路线。国外主要以天然气为原料生产甲醇，其占比约达 92%。由于国内的煤炭资源丰富，煤制甲醇和以天然气为原料生产的甲醇基本各占一半左右的市场份额。20 世纪 90 年代中后期开始，国内生产甲醇所用的原料才从以联醇法（与合成氨联合生产）合成气为主，向以天然气和煤为主的方向发展。

现在工业上大部分都采用一氧化碳、二氧化碳的加压催化氢化法来合成甲醇。不论是单产甲醇，还是联醇法，甲醇生产的直接原料都是氢气、一氧化碳和二氧化碳。在单产甲醇法中，煤、天然气、石脑油或重油等是初始原料，它们先经过气化或高温水解等方式生产含有氢气和一氧化碳的合成气，合成气再在高温高压反应器中通过催化剂作用生成甲醇。甲醇驰放气是指在甲醇合成工艺生产工段中那些没有参加合成反应，且最终被当作合成工段的废弃物而被排放的气体，如反应不完全的氢气、一氧化碳和二氧化碳等。

不同于炼焦和氯碱行业，甲醇行业的含氢驰放气并不是与甲醇在同一生产过程中产生的，它是未参与反应的原料气，所以不能算作严格的甲醇工业副产氢。从经济性角度看，煤制氢和天然气制氢等技术上可以较易获取这部分氢气，而不需要甲醇合成工段生产。从清洁低碳角度看，这部分氢气属于煤制氢或天然气制氢，是典型的灰氢，无论是否经过合成甲醇工段，其都无法“绿色化”。因此，甲醇行业副产氢不是真正的副产氢。

五、合成氨行业副产氢

20 世纪初期开始，合成氨就使用氢气和氮气直接合成的方式生产，两种气体在催化剂作用下，在低温高压的合成器中反应生成氨。合成氨与甲醇生产都以氢气为直接原料，在驰放气中都含有大量未完全参与反应的氢气放出。为了更好地利用反应余热和余气，将甲醇生产与合成氨生产两个工艺串联在一起组成联醇工艺，此时合成氨生产过程释放的一氧化碳、二氧化碳和氢气，可以用来生产甲醇。联醇工艺既生成合成氨，又生产甲醇，节省了能源和物料。我国有大约 40%的甲醇是通过联醇工艺生产的。

与甲醇驰放氢气类似，合成氨行业驰放气中含有的氢气也不是合成反应过程中产生的，而是反应不完全的原料气，因此也不能算作严格的副产氢。从经济性角度而言，这部分气体可以在联醇工艺中发挥作用，将其净化分离出来作为燃料电池用氢，需要再耗费额外的设备投资和运行费用。因此，合成氨行业副产氢也不是真正的副产氢。

六、副产氢属性汇总

通过上述五类副产氢工艺的讨论，结合经济和环保属性的判断，对我国当前工业领域产气量最大的五类副产氢属性进行了比较与分析，其结果如表 3-5 所示。

表 3-5　副产氢属性汇总表

序号	副产类别	工艺名称	生产方式	生产原理	副产性质
1	炼焦副产	湿法熄焦	通过冷水喷淋对焦炭降温	高温水煤气反应	真
		干法熄焦	循环氮气降温	煤少量裂解生成氢气	真
2	氯碱副产	电解法制碱及氯气	电解饱和氯化钠溶液	正电荷氢离子向阴极移动，氢气从阴极析出	真
3	丙烷脱氢副产	催化脱氢	循环流化床或固定床反应器中脱氢	烷烃在高温催化下脱氢形成烯烃和氢气	真

续表

序号	副产类别	工艺名称	生产方式	生产原理	副产性质
4	甲醇副产	合成法	先制备含氢合成气，再合成甲醇	未反应氢气从尾气释放	伪
5	合成氨副产	联醇法	利用合成氨生产环节剩余氢气合成甲醇	含氢驰放气进入合成甲醇生产环节	伪
		合成法	先制备含氢合成气，再制备合成氨	未反应氢气从尾气释放	伪

从分析结果可知，甲醇与合成氨行业的副产氢实际上都是煤制氢或天然气制氢，本质上属于化石原料制氢的灰氢系列。从这两类生产系统的驰放气中获取高纯度氢气，不仅不能减少污染和温室气体排放，而且会由于需要投入设备进行高难度的提纯，从而增加更多额外的能源资源消耗，这实际会进一步增加其灰氢性质的程度。

五类副产氢的生产总规模每年约达 900 万吨，其中甲醇和合成氨行业的伪副产氢为 100 多万吨，真副产氢每年可达 800 万吨左右。炼焦过程中只有湿法熄焦能产生大量氢气，但这一技术已经被业界确定为是浪费水资源、易产生大量有毒蒸汽，且浪费工业余热的方式。很多先进的钢铁企业都在改造升级为干法熄焦方式，以进行节能减排，但这一方式的副产氢的未来产量较难稳定。此外，炼焦副产氢纯度较低，提纯需要较为复杂的工艺流程，因此能够被氢能产业高效利用的主要是氯碱工业和丙烷脱氢项目的副产氢，这两类副产氢的总产量每年可达 100 多万吨。

七、副产氢发展状况

目前，我国各相关政府部门及企业已经高度重视发展氢能源产业，由国家能源集团牵头，国家电网有限公司、中国航天科技有限公司、中国东方电气集团有限公司、中国船舶重工集团有限公司、中国中车集团有限公司、中国宝武钢铁集团有限公司、中国长江三峡集团有限公司、东风汽车集团有限公司、中国第一汽车集团有限公司、中国钢研科技集团有限公司等多家央企参与的中国氢能源及燃料电池产业创新战略联盟已经正式成立。“十四五”时期，我国氢能源产业的发展重点仍然聚焦在由技术突破和规模化发展带动的成本下降问题上，尽早提高氢燃料电池汽车的低温启动效率，提升电池可靠耐久、使用寿命等性能，并降低整车成本，逐步扩大燃料电池系统产能，完善氢气供应运输及加注基础设施建设，为氢燃料交通及生活领域的产业化打好基础。

由于国家对氢能源产业的发展采用有选择性的局部支持政策，近期氢能产业发展较快的地市应充分借力真正的工业副产氢，在氢能源产业初期发挥低成本的优势，快速培育下游市场规模。到 2030 年前，我国真正的工业副产氢将成为在完成绿氢替代前培育氢能终端市场的重要过渡手段，并通过引入碳捕集、利用与封存等技术，成为真正的“蓝氢”。通过提升真正的工业副产氢在能源领域的应用比例，进而显著提升其经济价值。同时，通过氢能源对化工、钢铁等行业的改造，助力传统行业转型升级，实现一定规模的节能降碳效果。

小　结

与煤、石油和天然气相比，甲醇原料丰富，更易储存和运输，甲醇制氢工艺近年来得到迅速推广。随着甲醇制氢工艺和催化剂的不断优化，甲醇制氢的规模不断扩大，制氢成本也在不断降低，成为中小规模制氢的首选方案。据统计，2020 年甲醇制氢量占甲醇总消费量的 5%左右。甲醇制氢的快速发展得益于部分炼化装置的加氢需求增加以及清洁能源政策的推广。近年来，由于能源价格普遍提高，甲醇作为燃料的经济性凸显，甲醇燃料消费量级大幅增长，在未来仍有较大提升空间。据悉，在 2030 年中国“碳达峰”之后，为满足 2060 年“碳中和”的要求，预计每年需减排约 3 亿吨二氧化碳。因此，除了装置光伏风电、节能改造，以及使用碳捕集、利用与封存等手段之外，在能源领域用低碳能源和无碳的氢气代替传统的化石能源，成为推动“双碳”目标的选项之一。氢能源是涉及化工、机械装备、物流、燃料电池和汽车的新型能源。氢能源市场基数较小且具有良好的政策推广，这给氢能源带来了巨大的成长空间。

化工细分行业将从“制氢—储运—加注/应用”三个环节中受益：

① 制氢方面。当前阶段化工副产氢是最合适的氢气来源；长期来看，低成本和低碳排放是基本的制氢要求，可再生能源电解水是制氢的终极路线，制氢成本的降低有利于促进氢能源产业规模的扩大。

② 氢气储运方面。当前氢气储运以高压储罐和长管汽车运输为主，预计未来将形成高压和低温存储并存、多种运输方式并存的局面。

③ 加注和应用方面。加氢站投资主体众多，产业发展速度较快，“两桶油”（中石油、中石化）正在凭借其制氢-储运体系以及现有的加油站资源布局加氢站。

参考文献

[1] 杨青．甲醇制氢工艺改进与优化［D］．成都：成都理工大学，2015.

[2] 杜彬．甲醇制氢研究进展［J］．辽宁化工，2011，40（12）：1252-1254.

[3] 郝树仁，李言浩，程玉春，等．甲醇蒸汽转化制氢技术［J］．精细化工，1998，15（5）：52-54.

[4] 吴素芳．氢能制氢技术［M］．杭州：浙江大学出版社，2014.

[5] 李建国，刘义，钟玉发，等．甲醇水蒸气重整制氢工艺现状及发展［J］．石油化工技术与经济，2019，35（6）：53-56.

[6] 王锡波，韩晓玲，赵欣，等．甲醇裂解制氢技术应用［J］．山东化工，2013，42（3）：43-45.

[7] 肖丽霞，王力．甲醇裂解制氢工艺技术改进研究［J］．石化技术，2016，23（6）：98.

[8] 王小美，李志扬，朱昱，等．甲醇重整制氢方法的研究［J］．化工新型材料，2014，42（3）：42-44.

[9] 赵萱．甲醇自热重整制氢系统的研究［J］．低温与特气，2012，30（5）：13-16.
[10] 石林，任小荣，张洪波，等．甲醇裂解制氢方法的研究进展［J］．山东化工，2018，47（1）：37-38.
[11] 陈兵．甲醇催化氧化重整反应制氢的研究［D］．广东：华南理工大学，2000.
[12] 王胜．PEMFC 甲醇自热重整制氢体系关键过程优化［D］．大连：中国科学院大连化学物理研究所，2006.
[13] 黄国勇．氢能与燃料电池［M］．北京：中国石化出版社，2020.
[14] 蒋元力，林美淑，金东显．甲醇制氢的燃料电池技术及应用［J］．化工进展，2001，20（7）：34-37.
[15] 徐双庆，顾阿伦，陈熹．正本清源"副产氢"［J］．中国经贸导刊，2020（35）：109-111.
[16] 宋小云，白子为，张高群，等．适于 PEM 燃料电池的工业副产氢气纯化技术及其在电网中的应用前景［J］．全球能源互联网，2021，4（5）：447-453.
[17] 刘思明，石乐．碳中和背景下工业副产氢气能源化利用前景浅析［J］．中国煤炭，2021，47（6）：53-56.
[18] Tomat R，Salmaso R，Zecchin S. Electrochemistry of carbonaceous materials：1. Oxidation of Sardinian coal by Fe（Ⅲ）ions［J］. Fuel，1992，71（4）：459-462.
[19] Tomat R，Salmaso R，Zecchin S. Electrochemistry of carbonaceous materials：2. Anodic electroactivity of coal slurries in 85% phosphoric acid media［J］. Fuel，1992，71（4）：463-466.
[20] Patil P，De Abreu Y，Botte G G. Electrooxidation of coal slurries on different electrode materials［J］. Journal of Power Sources，2006，158（1）：368-377.
[21] Sathe N，Botte G G. Assessment of coal and graphite electrolysis on carbon fiber electrodes［J］. Journal of Power Sources，2006，161（1）：513-523.
[22] Yu P，Botte G G. Bimetallic platinum-iron electrocatalyst supported on carbon fibers for coal electrolysis［J］. Journal of Power Sources，2015，274：165-169.

第四章
可再生能源及其他方法制氢

目前化石原料制氢技术路线成熟，成本相对低廉，是氢气最主要的来源方式，但是化石能源日渐枯竭，同时在氢气生产过程中也会产生并排放大量的二氧化碳，因此，利用可再生清洁能源制氢是未来趋势。

第一节　生物质制氢

生物质是氢和能量的双重载体，是各种可再生能源中唯一可再生的碳源，主要由纤维素、半纤维素和木质素组成，还包括少量的树脂、脂肪酸、鞣酸和无机盐等。生物质能源作为一种新型可再生能源可用于制氢，是绿氢的重要来源。常见生物质分类如表 4-1 所示。

表 4-1　常见生物质分类

生物质分类	生物质种类
农林生物质资源	农作物秸秆、稻壳，森林生长和林业生产过程中的生物质(秸秆、锯末面等)
牲畜粪便资源	牲畜排泄物的总称(粪便、尿和草垫的混合物)
水生生物质资源	水生藻类、浮萍等各种水生植物
城乡工业和生活有机废弃资源	生活以及工业化生产产生的富含有机物的污水及固体废弃物等(含酸及酚类等的有机废水、污泥、废弃轮胎、废弃塑料等)

生物质主要包含碳、氮、氧、氢、硫、磷等化学元素，其中氢平均占比约为 6%（质量分数），这相当于每千克生物质可生产 0.673m^3 的氢气，占生物质能 40%以上，因此生物质可视为一种氢的载体，发展生物质制氢技术具有现实意义。一般用于制氢的生物质原料包括农林生物质资源、水生生物质资源和部分城乡工业和生活有机废弃资源。

一、生物质热解制氢

生物质是多种高分子有机化合物的复合体，主要成分是木质纤维素。木质纤维素主要由纤维素、半纤维素和木质素组成，其中，纤维素占比最多，大概占木质纤维素的

35%～50%；木质素具有三维网状芳环结构，可作为支撑骨架包围并加固纤维素和半纤维素；半纤维素呈晶状分枝结构，聚合度低，可作为分子黏合剂，起到纤维素和木质素之间的连接作用。这种结构连接异常牢靠，常规方法几乎不可能破坏其结构，因此，经常用热解的办法来降低聚合度。

（一）生物质热解制氢原理

生物质热解是指生物质在隔绝或者通入少量氧气的条件下，利用高温环境的热能切断生物质中碳氢化合物的化学键，使之转化成 CO、CH_4、H_2 等可燃气体，生物油和固体生物质炭的过程。生物质热解的温度在 300～1300℃之间。随着温度、升温速率和气相停留时间等热解条件的不同，气体、液体、固体三态产物的比例会发生相应变化。生物质热解反应分为一级反应和二级反应。一级反应主要包括生成焦炭的反应（成焦反应）、解聚反应和裂解反应过程。生成焦炭的反应是指生物质中的大分子物质内部发生重排反应，增加了热解之后残留物的网状结构，在形成以芳环结构为主的焦炭的同时释放不凝性气体和水的过程。解聚反应指聚合物单体之间的键断裂，在大幅度降低木质纤维素聚合度的同时产生挥发性气体，挥发性气体冷凝之后形成液体残留物焦油。裂解反应不仅仅是聚合物单体之间的键断裂，同时也是聚合物单体内部的键断裂，从而形成不凝性气体和小分子的有机化合物。二级反应是指生成的小分子有机化合物再次发生裂解和重整反应，形成其他小分子化合物。在温度较低时，热解以成焦反应为主，随着温度升高和升温速率加快，热解以解聚和裂解反应为主。生物质热解反应过程如下：

① 成焦反应：

$$\text{生物质} \longrightarrow \text{炭} + \text{液体(含焦油)} + \text{气体}$$

② 焦油的二次裂解反应：

$$\text{重烃} \longrightarrow \text{炭} + \text{轻烃焦油} + H_2 + CH_4 + CO + H_2O + CO_2 \tag{4-1}$$

$$\text{焦油} + H_2O \longrightarrow H_2 + CH_4 + CO + \cdots \tag{4-2}$$

$$\text{焦油} + CO_2 \longrightarrow H_2 + CH_4 + CO + \cdots \tag{4-3}$$

③ 轻烃的裂解反应：

$$C_2H_6 \longrightarrow C_2H_4 + H_2 \tag{4-4}$$

$$C_2H_4 \longrightarrow CH_4 + C \tag{4-5}$$

④ 水蒸气与气体的反应：

$$CH_4 + 2H_2O \longrightarrow CO_2 + 4H_2 \tag{4-6}$$

$$CO + H_2O = CO_2 + H_2 \tag{4-7}$$

⑤ 炭与气体的反应：

$$C + CO_2 = 2CO \tag{4-8}$$

$$C + 2H_2 = CH_4 \tag{4-9}$$

$$C + H_2O = CO + H_2 \tag{4-10}$$

（二）生物质热解制氢化工过程

生物质热解制氢的化工过程根据生物质的不同可分为慢速裂解、快速裂解、闪速裂解和催化裂解，如表 4-2 所示。

表 4-2 生物质热裂解技术分类

类型	能量效率	产物价值	技术成熟度	适用规模
慢速裂解	中	低	成熟	小型分布式
快速裂解	高	中高	商业化示范	中型集中式
闪速裂解	中	高	实验室阶段	试点装置
催化裂解	低	极高	中试阶段	耦合炼油厂

（三）生物质热解制氢影响因素

1. 生物质组分

生物质来源广泛，其组成不同导致热解制氢中产生产物的比例也有所不同。研究发现，纤维素和半纤维素受热后更容易产生富氢气体，木质素的高芳环含量使其易于成焦。生物质原料中的矿物质灰分 Si、Ca、Mg、K、Al、Fe 会催化生物质降解反应，降低液体产率，增加焦炭产率，提高总气体产率。

2. 颗粒大小及分布

生物质原料颗粒大小及分布会影响其热解产物的分布。对于大颗粒，由于初次裂解产物蒸气的脱离受限，二次裂解反应发生的概率增高，这会使得气体产率提高，同时焦炭的产率也提高。而对于细颗粒，由于其停留时间短，可凝性气体产物发生二次裂解反应少，通常可以得到更多的液体产物。颗粒尺寸还导致颗粒内外表面的温差和加热速率的差异，粗颗粒生物质的热导率较低，导致内部升温慢，更有利于二次裂解反应的发生，而外部升温快，更有利于液体产物生成。

3. 含水量

合适的含水量可以提高挥发性气体的产率，增加氢气和甲烷的产量。但是，由于水蒸发的能量消耗，过高的水含量将降低热解系统的效率。

4. 加热速率和温度

各种情况下生物质热解反应速率和温度比较如表 4-3 所示。

表 4-3 生物质热解反应速率和温度

产品	加热速率	温度	气体停留时间
产焦炭	慢	低温	长
产生物油	快	中温	短
产气	较慢	高温	长

5. 热解温度

高温对氢气的产生是有利的。热解产生的气体中大部分为轻烃，这些轻烃可以经过二次反应进一步得到氢气。

6. 载气流量

生物质热解过程一般采用惰性的氮气等作为载气，提高载气的流速有利于使挥发分迅速脱离生物质和催化剂表面，避免进一步的凝聚和缩合等反应，降低焦炭的生成，提高气体产率。但过高的载气流速带来的短停留时间又不利于气体的生成。

7. 催化剂

选取合适的催化剂可以促进热解，调控热解产物，降低焦含量，提高氢气的产量和浓度。目前用于生物质热解制氢的催化剂主要有 Ni 基催化剂、Y 形分子筛、氯化物、碳酸盐（如 K_2CO_3、Na_2CO_3、$CaCO_3$ 等）和一些金属氧化物（Al_2O_3、SiO_2、ZrO_2、Cr_2O_3 等）。

（四）生物质热解制氢反应器及技术

热解木质纤维素类生物质的主要产物为液体（生物油），可以达到总量的 70%～75%，也有 15%左右的焦炭形成，同时还有少量的气体产物。其中，焦油作为固体生物质热裂解形成的挥发分中的一种产物，对催化剂的催化性能会产生很大的影响，所以快速有效地分离焦油对生物质的热解十分重要。目前工业上一般采用多级旋风分离器并联来进行焦油的分离。鼓泡流化床热解反应器（图 4-1）的供热主要来自外部直接供热，而焦炭的原位燃烧可补充部分反应热。

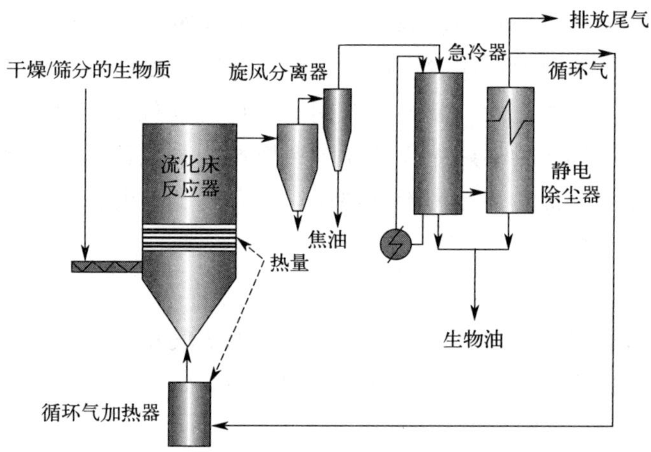

图 4-1　鼓泡流化床热解反应器（带静电除尘器）

循环流化床反应器如图 4-2 所示，其在热解生物质方面与鼓泡流化床反应器有很多相似之处，但其焦炭的停留时间与气体接近。循环流化床反应器的气体停留时间相对较短，导致挥发分中焦油的含量相对较高，收集到的液体产物生物油中有较高的焦油含量，对进一步提升生物油品质有较大影响。

二、生物质气化制氢

气化是一项古老的技术，早在工业革命时期，英法等国就用煤气化技术生产民用煤气，用于照明和烹饪。随着石油、天然气的广泛应用，气化技术逐渐退出，但近年来在环境和资源的压力下，生物质气化技术由于其可持续性，再次得到了广泛关注。气化制氢是指在气化剂（如空气、氧气、水蒸气等）中，将预处理过的生物质原料加热到 700℃ 以上，使生物质转化为含氢可燃气体的过程。气化与热解的区别在于是否加入气化剂。生物质气化制氢主要分为生物质催化气化制氢和生物质超临界水气化制氢。

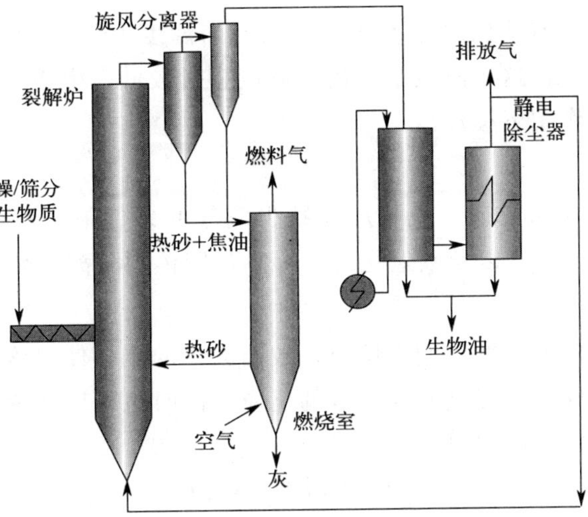

图 4-2 循环流化床反应器

（一）生物质催化气化制氢

1. 生物质催化气化制氢工艺流程

生物质催化气化制氢可以分为一步法制氢和两步法制氢。

一步法制氢是指生物质在反应器中被气化剂直接气化后，获得富氢气体的过程。一步法采用的反应器结构较为简单，操作比较便利，但是一步法往往无法将生物质原料充分反应，造成了资源的浪费。

两步法制氢是指生物质在第一级反应器内被直接气化后，再进入第二级反应器发生裂解、水汽变换及重整反应制取氢气的过程。两步法制氢可以充分利用气化过程中产生的焦油等长链烷烃物质，从而增加氢气的含量，所以两步法制氢技术运用较多。但无论是一步法还是两步法气化制氢，其工艺流程都包括生物质的预处理、生物质气化及催化变换、气体净化等，主要的流程如图 4-3 所示。

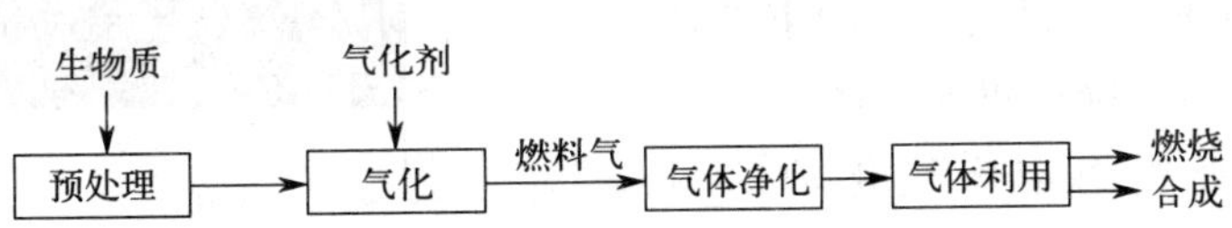

图 4-3 生物质催化气化制氢工艺流程图

2. 生物质催化气化制氢原理

生物质催化气化制氢过程主要分为四个反应阶段：干燥、热解、氧化和还原。这四个阶段在气化炉内形成对应的四个区域，但每个区域之间并没有严格的界限。以下吸式固定床气化炉为例进行介绍。

（1）干燥阶段

木质纤维素类生物质从顶部进入气化炉内，当温度上升到 200～300℃时，生物质中的水分会转化为蒸汽。在这个阶段中，由于温度相对较低，生物质不会发生化学反应。干燥之后的物料在重力作用下移动。

（2）热解阶段

当温度达到 500～600℃时，生物质在缺少氧气的条件下裂解，大部分挥发分（如焦油、CO_2、CO、CH_4、H_2 以及碳氢化合物等）从固体中分离，剩下残余的木炭。

（3）氧化阶段

气化剂与生物质残留物发生剧烈反应，放出大量的热，使得该区域的实际炉温可达到 1000～1200℃，这不仅可以促进其他区域的反应，同时也可以使挥发性组分发生燃烧或者进一步降解。氧化区发生的主要反应如下：

$$2C+O_2 = 2CO \quad (4\text{-}11)$$

$$C+O_2 = CO_2 \quad (4\text{-}12)$$

$$2CO+O_2 = 2CO_2 \quad (4\text{-}13)$$

$$2H_2+O_2 = 2H_2O \quad (4\text{-}14)$$

$$CH_4+2O_2 \longrightarrow CO_2+2H_2O \quad (4\text{-}15)$$

（4）还原阶段

由氧化阶段产生的气体产物还原木炭，生成 H_2 和 CO 等气体产物，但还原反应伴随着吸热，会使得该区域的温度降低至 700～900℃。还原区主要涉及下列反应：

$$C+CO_2 = 2CO \quad (4\text{-}16)$$

$$C+H_2O = CO+H_2 \quad (4\text{-}17)$$

$$C+2H_2O = CO_2+2H_2 \quad (4\text{-}18)$$

$$CO+H_2O = CO_2+H_2 \quad (4\text{-}19)$$

$$CO+3H_2 = CH_4+H_2O \quad (4\text{-}20)$$

生物质催化气化的产品气体组成包括 H_2、CO、CO_2 以及 CH_4 等，也会产生焦油、焦炭等。生物质气化制氢工艺的重点是提高产气中的氢含量、降低焦油含量。

图 4-4 为下吸式固定床气化炉的示意图。

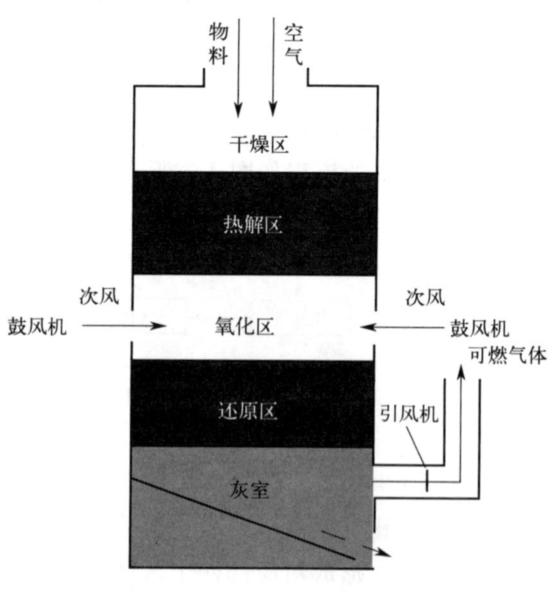

图 4-4　下吸式固定床气化炉

3. 生物质催化气化制氢气化剂

气化剂在整个气化过程中影响生物质制氢的结果，常见的气化剂有氧气、空气和水蒸气。其中，以水蒸气作为气化剂时，适用于生物质含水量低于 35%的情况。水蒸气不仅能够提供气化反应所需的氧化组分，还可在高温条件下促进生物质组分的催化重整反应。生物质与水汽发生作用，使得碳氢化合物和焦油进一步转化为氢气和一氧化碳，提高产品气中氢气的含量。虽然水蒸气作为气化剂时有利于产氢，但是蒸汽重整反应过程是吸热反应，如果通入过多的水蒸气，反而会降低反应的温度，使整个系统能量效率下降。以氧气作为气化剂时，气化温度较高，一般为 1000～1400℃。在氧气条件下进行气化，有利于除去焦油，提高气体产率，但需要向体系提供纯氧或是增设空分装置，生产成本较高。以空气为气化剂时，温度一般为 900～1100℃，其成本较低，但空气中的氮气会混入产品气中，稀释产品气的浓度。总体而言，以空气或者氧气作为气化剂，产品气中的氢气纯度相对较低，给后续的气体分离步骤带来了较大的困难。

4. 生物质催化气化制氢优缺点

生物质催化气化技术的关键之一是消除不利于气化炉长时间运行和下游应用（如燃料电池等）的焦油。在气化炉中增设催化过滤器可以有效去除焦油和颗粒物，得到干净的产品气。大分子量的烃类化合物蒸汽重整的反应在动力学上较慢，因此需要引入催化剂在较低的温度下去除气化产生的焦油。催化焦油裂解的催化剂主要有：镍基催化剂、铁基催化剂、天然矿石（石灰石、白云石、橄榄石等）和贵金属等。除焦油外，生物质气化过程中还产生 H_2S、HCl、碱金属、重金属等对产品气品质不利的微量杂质，这些杂质也需要加以处理。通常在气化炉中加入吸附剂，以降低这些杂质在产品气中的含量，常用钙基吸附剂处理 H_2S，铝硅酸盐可用于吸附 KCl。

（二）生物质超临界水气化制氢

水在 22.1MPa 和 374℃以上进入超临界状态，此时的水称为超临界水，其可作为氧化剂与生物质反应生成氢气。超临界水气化技术可以直接采用含水量很高的生物质（水葫芦等）为原料，不需要经过预处理等操作。催化剂在超临界水气化制氢反应过程中具有显著作用，能降低反应条件，显著提高氢气产量及气化率。常见的催化剂有：碳材料，如云杉木炭、澳大利亚坚果壳木炭、煤基活性炭或椰子壳活性炭等；金属催化剂，如 Ru、Rh、Ni 等；碱催化剂，如 KOH、NaOH、K_2CO_3、Na_2CO_3、$Ca(OH)_2$、$KHCO_3$ 等。

1. 生物质超临界水气化制氢原理

生物质超临界水气化制氢是以超临界水为反应介质，利用超临界水强大的溶解能力，将煤炭或者生物质中的各种有机物溶解，并使其在高温、高压反应条件下快速气化的过程。在超临界水中，煤炭或生物质中的各种有机物先被降解成糖类和酚类，然后被进一步降解成较小的醇类，最后经蒸汽重整生成富含氢气的混合气体。在此过程中，煤和生物质所含的氮、硫、金属元素及各种无机矿物质均不发生反应，它们在反应器内得到净化并沉积于底部，以灰渣形式排出反应器，从而实现煤和生物质的高效、洁净转化利用。生物质在超临界水中发生的反应主要有蒸汽重整反应、CO 变换反应以及甲烷化反应。反应式如下：

蒸汽重整反应：

$$CH_nO_m+(1-m)H_2O \longrightarrow \left(\frac{n}{2}+1-m\right)H_2+CO \tag{4-21}$$

CO 变换反应：

$$CO+H_2O = CO_2+H_2 \tag{4-22}$$

甲烷化反应：

$$CO+3H_2 = CH_4+H_2O \tag{4-23}$$

$$CO_2+4H_2 = CH_4+2H_2O \tag{4-24}$$

2. 生物质超临界水气化制氢影响因素

反应物浓度、反应时间、压力、温度等对生物质超临界水气化制氢有重要影响。一方面，反应浓度提高会影响生物质与超临界水的接触面，使得超临界水与生物质之间的传质作用减弱，从而阻碍蒸汽重整反应；另一方面，反应浓度过高容易产生中间产物，中间产物聚集产生焦油、焦炭，不利于反应进行。反应时间需要适当，尽管时间长有利于反应完全，但是时间过长不仅不会明显提升超临界水气化效果，还会造成能耗增加。压力通过影响超临界水的介电常数，进而影响气化过程，一般压力取值范围在 22～30MPa 之间。另外，升温能明显提高气化效率。

3. 生物质超临界水气化制氢应用场景

超临界水气化制氢技术可应用于化工新材料及精细化学品领域，如图 4-5 所示。该工艺可以同时生成二氧化碳和氢气，进而直接生产甲醇、合成氨和尿素等产品，并延伸下游产业链，从而形成多联产路线。该工艺适用于生物质资源丰富、装置规模大型化的建设场景。

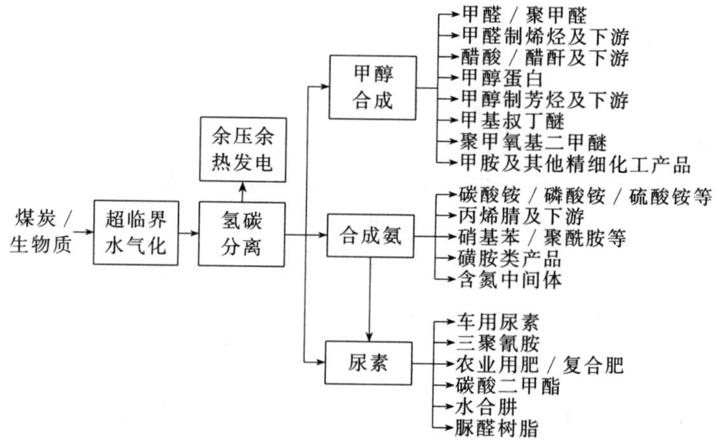

图 4-5　生物质超临界水气化制氢技术在应用场景下的多联产路线图

超临界水气化制氢技术也可应用于环保领域，其多联产线路图如图 4-6 所示。该技术可以将生物质、含有机质的废弃物等高效转化并副产氢气，以实现废弃资源的治理和利用。该场景适用于城市有机垃圾、工业有机废弃物、农业有机废弃物等的资源化综合利用，对绿色农村、绿色城市、绿色工业体系建设有较大的支撑作用。

三、生物油蒸汽重整制氢

生物油是暗红褐色到棕褐色的有色液体，具有刺鼻性的气味，是生物质热解得到的液态产物，主要包括酸、糖、酯、醛、醇、酮、苯酚、邻甲基苯酚、呋喃、丁香醇、木质素衍生取代酚等，也包含大量的水和少量的固体颗粒。

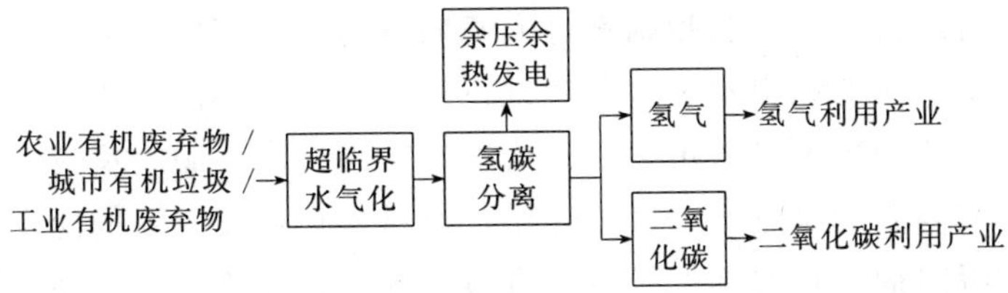

图 4-6　超临界水气化制氢技术在环保应用领域的多联产路线图

（一）生物油蒸汽重整制氢原理

生物油蒸汽重整制氢包括生物油热解、重整、水汽变换（CO 变换）三个过程。生物油蒸汽重整制氢时，以水蒸气作为气化剂，使生物油在一定温度和重整催化剂的作用下发生重整反应，生成的 CO 再与水蒸气发生水汽变换反应。生物油蒸汽重整过程中大量发生分解反应、缩聚反应和积炭反应，反应器内的催化剂上会积炭，造成催化剂钝化失活，即出现炭沉积现象。具体反应如下：

总反应：

$$C_nH_mO_k+(2n-k)H_2O \longrightarrow nCO_2+\left(2n+\frac{1}{2}m-k\right)H_2 \tag{4-25}$$

重整反应：

$$C_nH_mO_k+(n-k)H_2O \longrightarrow nCO+\left(n+\frac{1}{2}m-k\right)H_2 \tag{4-26}$$

水汽变换反应：

$$CO+H_2O = CO_2+H_2 \tag{4-27}$$

此工艺中的副反应有热裂解反应、甲烷化反应等：

$$C_nH_mO_k \longrightarrow C_aH_bO_c+\text{气体}(H_2, H_2O, CO, CH_4, \cdots)+\text{焦炭} \tag{4-28}$$

$$CO+3H_2 = CH_4+H_2O \tag{4-29}$$

$$CO_2+4H_2 = CH_4+2H_2O \tag{4-30}$$

（二）生物油蒸汽重整制氢影响因素

1. 反应器

目前生物油重整反应大部分采用的是固定床反应器和流化床反应器，相比于流化床反应器，固定床反应器的氢气产率和生物油转化率更高。

2. CO_2 含量

合成气中除了富含氢气，还含有一定量的 CO_2、CO 等气体，由于较高浓度的 CO_2 会降低合成气的燃烧效率，因此选用 CaO 基吸附剂，如煅烧后的白云石、橄榄石等，对 CO_2 进行吸附。

3. 催化剂

选取合适的催化剂可以促进重整反应的进行，也可以抑制炭沉积现象的发生。目前，镍基催化剂广泛用于生物油蒸汽重整制氢。

（三）生物油蒸汽重整制氢新工艺系统结构

生物油蒸汽重整制氢时，生物油与吸附剂在水蒸气携带下进入重整反应器，使重整反应与吸附反应同时进行。产气与吸附剂进入气固分离器，其中分离出来的高温富氢产气进入换热器，对重整反应的原料水和水蒸气进行加热，实现热能回收；而分离出来的吸附剂在空气和部分燃气的携带下进入再生反应器进行脱附反应。脱附反应产物再进入气固分离器，其中分离出的高温烟气进入空气预热器，对进入再生反应器的冷空气进行预热；而分离出的脱附后的吸附剂再在水蒸气携带下重新进入重整反应器，实现吸附剂循环，以连续强化生物油蒸汽重整制氢。图 4-7 为连续吸附生物油蒸汽重整制氢新工艺系统结构简图。

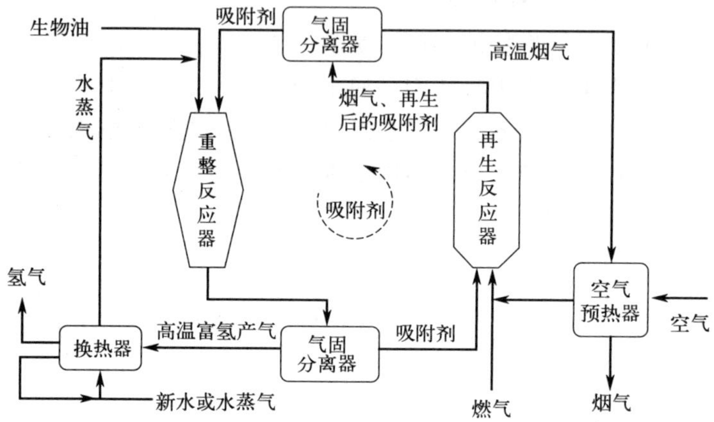

图 4-7　连续吸附生物油蒸汽重整制氢新工艺系统结构简图

四、生物质生物法制氢

生物质生物法制氢是利用微生物的代谢活动，将生物有机废水或废弃物经生物降解转化为氢气的一种清洁制氢方法。生物法制氢有四种不同的方式，分别是光解水、光发酵、暗发酵和光-暗发酵耦合。所有这些产氢过程都依赖于产氢酶，特别是固氮酶和氢酶。

固氮酶通常由钼铁蛋白（MoFe protein）和铁蛋白（Fe protein）组成，能够利用能量和电子供体将质子还原为氢气，反应过程如下：

$$2H^{+}+2e^{-}+4ATP \longrightarrow H_2+4ADP+4Pi \tag{4-31}$$

式中，ATP、ADP、Pi 分别指代三磷酸腺苷、二磷酸腺苷和磷酸。

固氮酶对氧气极度敏感，在痕量氧气环境下几乎不能产氢。而氢酶在大多数光合微生物中以可逆氢酶的形式存在，其主要组分为 NiFe 蛋白和 NiFeS 蛋白，反应过程如下：

$$2H^{+}+2e^{-}\longrightarrow H_2$$

氢酶既能生成分子氢，也能消耗分子氢，其产生氢气与否取决于所处环境。

生物质生物法制氢原理如下所示：

1. 光解水制氢（光发酵生物膜反应器强化产氢运行调控与机制）

光解水制氢是指以水为原料，以太阳光为能量，通过光合微生物分解水产生氢气和氧气的过程，如图 4-8 所示。光解水制氢的特殊微生物有莱茵衣藻和鱼腥藻以及蓝藻或者蓝细菌等。光解水制氢过程中，产氢微生物通过光系统Ⅱ（PSⅡ）将太阳能光子捕获并分

解水为 H^+ 和氧气以及电子，电子接下来依次流经光系统Ⅰ（PSⅠ）、铁氧化还原蛋白（铁氧还蛋白，Fd）、氢酶，并与 H^+ 结合产生氢气。该过程由于也产生氧气，而氢酶对氧气极度敏感，即使在低氧分压（<2%）条件下氢酶也会失活，所以产氢效率低。

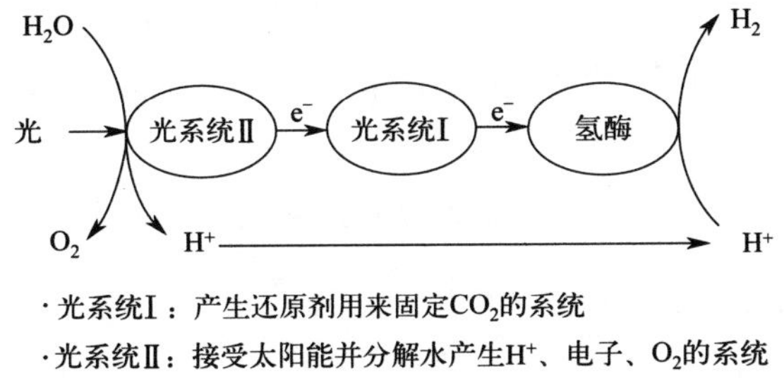

图 4-8　光解水制氢

2. 暗发酵制氢

暗发酵制氢是指在无光照条件下，厌氧细菌在固氮酶或氢化酶的代谢作用下，将有机物进行分解，从而产生氢气的过程。暗发酵制氢的细菌包括兼性厌氧菌和专性厌氧菌，如褐球固氮菌、白色瘤胃球菌、大肠杆菌和根瘤菌等。葡萄糖在通过糖酵解途径转化为丙酮酸时，产生三磷酸腺苷（ATP）和还原态烟酰胺腺嘌呤二核苷酸（NADH）。丙酮酸进一步可通过两条途径转化为乙酰辅酶 A：一种途径是通过严格厌氧菌代谢，同时产生还原态的铁氧还蛋白（Fd）；另一种途径是通过兼性厌氧菌（克雷伯菌属）代谢，同时产生甲酸。乙酰辅酶 A 在不同的微生物和环境条件下最终被转化为乙酸、丙酸、乳酸、丁酸等挥发性脂肪酸（VFAs）和乙醇、丁醇等醇类。

3. 光发酵制氢

光发酵制氢是指在厌氧和光照条件下，光发酵细菌利用从小分子有机物中提取的还原态物质，在光提供的能量驱动下，将 H^+ 还原成 H_2 的过程，如图 4-9 所示。光合细菌主要有深红红螺菌、红假单胞菌、荚膜红假单胞菌、桃红荚硫菌等。光发酵细菌首先将小分子有机底物（有机酸、醇、糖等）转运至胞内。在光照条件下，细菌叶绿素捕获光能并激活光系统Ⅰ（PSⅠ）。有机底物作为电子供体，在光合反应中心被氧化，产生高能电子。这些电子通过醌-铁硫蛋白电子传递链稳定转移：一部分经光合磷酸化生成 ATP 和 NADPH；另一部分经还原型铁氧还蛋白传递给固氮酶。当环境中缺乏无机氮源时，固氮酶利用 ATP、电子及 NADPH 提供的［H］进行还原反应，将过剩能量以氢气的形式释放。

五、垃圾制氢

目前，国内与垃圾制氢直接相关的研究主要集中在餐厨垃圾厌氧发酵制氢、垃圾渗滤液超临界水气化制氢、生物质垃圾制氢、塑料制氢等技术领域。垃圾制氢技术具有重要现实意义：

① 助推垃圾处理减量化、资源化、无害化。与填埋、堆肥和焚烧等传统垃圾处理方式相比，气化占地面积小，不产生二噁英等有毒有害物质，处理后的气体和残渣均可

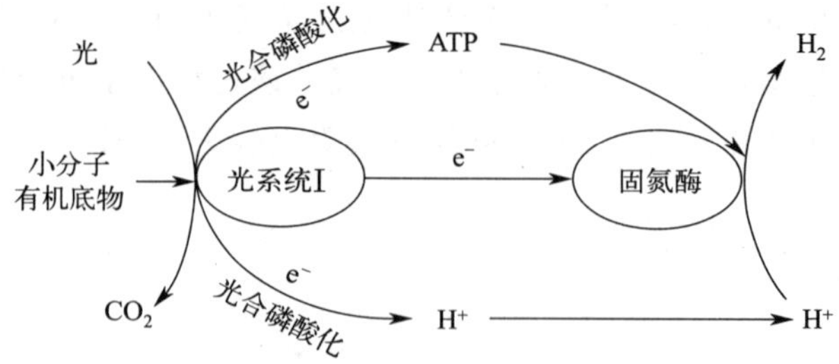

图 4-9 光发酵制氢

利用。

② 缓解局部资源短缺导致的制氢瓶颈。鉴于部分地区垃圾量大、分布广泛，以垃圾为原材料制氢，有助于各地区丰富氢能来源、增加氢气供给、缓解用氢紧张。

根据技术原理的不同，垃圾制氢技术可分为热化学和生物化学两大类，以下对这两类技术分别进行介绍。

（一）热化学技术

热化学技术制氢是基于热化学过程的垃圾制氢技术，原理是有机物在缺氧、高温条件下被分解为以氢气、一氧化碳、甲烷为主的合成气。热化学技术适用于可燃固体废弃物，它是垃圾中的可燃组分，常见的可燃固体废弃物包括纸类、塑料类、木料类、织物类以及垃圾衍生燃料。典型的热化学过程包括热解和气化，其中热解可用于气化之前，以提高原料的热值。

1. 热解

垃圾热解过程通常在中等温度、高压、隔绝氧气的环境下进行。热解工艺条件及原材料性质直接影响产物的属性与生产效率。在整个生产工艺中，温度对氢气产率的影响较大。基于下行床反应器的热解实验表明，把反应温度从 1073K 提高至 1273K，H_2 产率和气体内 H_2 的体积分数分别增加了 11.8%和 17.2%，且伴随热解停留时间的延长，实际制氢效果会有很大改善。对于单一的热解反应，其反应温度相对较低、压力相对较高，垃圾热解过程获得的产物分子量通常高于气化过程，会产出生物油、生物炭等非气态物质，合成气中氢气的含量也相对较低；热解后还会形成黏稠度较高的焦油，增加管道局部被堵塞的风险，因此，在制氢领域，热解过程的产物会再进行后续的重整、气化过程，以提高氢气产率。通过热解-重整技术，应用水蒸气与催化剂对热解生成的挥发组分进行二次高温处理，使其裂解成小分子，从而增加 H_2 产率，减少焦油生成。常用的催化剂种类有氯化物、碳酸盐和铬酸盐等。此外，镍基、铁基及碱金属氧化物催化剂在热解-重整过程中也表现出良好的催化性能。从工艺成熟度、氢气产率方面来讲，气化制氢技术相较于热解制氢技术更具优势。

2. 气化

垃圾气化制氢是指垃圾和气化剂在 1 个大气压下的限氧环境中进行反应。气化过程中，原材料先被干燥，蒸发其表层及内部水分，伴随升温过程，原材料会发生热解反应，逐渐析出可燃性气体体积分子量偏大的挥发分；等反应温度增加到气化温度时，会发生水煤气反应、Boudouard 反应等复杂的气化反应，生成量更大的气体组分。气化反应的温度通常在 500～1200℃，热效率通常为 35%～50%。气化制氢过程中影响垃圾制氢效率的因素为反应过程是否含氧、反应温度、气化剂种类及其与生物质的比例、催化剂等。缺氧条件有助于减少热量损失并提高能量回收效率。反应工艺都具有最佳的反应温度，当反应温度低于最佳温度时，随着温度的升高，反应速率提高，氢气产率增加；当反应温度超过最佳温度时，裂解和重整反应的能力随着温度升高而下降，氢气产率随之降低。典型的气化剂包括空气、富氧空气、纯氧或蒸汽等。不同气化剂的热值不同，其中蒸汽和纯氧热值较高。蒸汽与生物质的比例对提高气化反应的效率很重要，因为蒸汽重整反应是产生氢气的主要反应，过量的蒸汽会导致氢气产量减少并促进焦油形成。在气化制氢反应中，使用催化剂有助于降低反应活化能，提高转化程度，进而提高氢气产率。催化剂种类包括镍基催化剂、碱基催化剂、天然矿石类催化剂等。天然矿石类催化剂可通过采矿直接获得，具有成本优势，实际应用中使用频率较高。镍基催化剂除了提高转化程度，还可以抑制焦油、焦炭和 CO_2 等副产物的形成，进一步提高氢气产率。根据气化设备的不同，气化制氢技术可分为固定床气化技术、沸腾床气化技术、循环流化床气化技术、回转窑气化技术、机械炉排气化技术、等离子气化技术等。

（二）生物化学技术

生物化学技术制氢的原理是利用微生物分解垃圾中的有机物以产生氢气，典型的过程包括光发酵和暗发酵，具体的原理参考生物质生物法制氢。暗发酵过程中影响氢气产率的因素有很多，包括底物类别、底物浓度、菌株种类、反应时间、温度、pH 值、氢气分压等。由于微生物发酵施加的热力学限制，较高的底物浓度将导致较低的氢气产量。此外，过高的氢气分压对产率也有负面影响，及时移除产生的氢气有助于提高氢气产率。光发酵过程中，光转换效率、微生物菌株种类、垃圾类型以及反应条件共同对氢气产率产生影响。

第二节　太阳能制氢

太阳能有丰富多彩的制氢途径，如：太阳能可以通过光伏直接发电，也可以通过光热发电，进而进行电解水制氢；太阳能的热量可以进行热化学制氢；太阳光可以直接光解水获得氢气和氧气；太阳能支持下的光合作用也是制氢的可能途径（表 4-4）。

表 4-4　太阳能制氢分类

制氢种类	制氢途径	制氢方式
太阳能光催化	光催化分解水	直接制氢
	光催化分解有机物	直接制氢
太阳能光电化学	光电化学分解水制氢	直接制氢
太阳能热化学	热化学直接分解水	直接制氢
	热化学循环分解水	直接制氢
太阳能光伏	光伏电池	发电制氢(电解水制氢)

太阳能采集技术主要有两种。一种是聚光式太阳能采集，指将直射到采集器上的阳光汇聚于焦点（线）处，利用吸热材料获得高温，以实现供热或发电。此技术主要有点聚焦和线聚焦两种模式。聚光式太阳能采集的能量采集效率高，获得的光能、热能品位高，可以实现高温热解制氢，其中线聚焦的工作条件有利于设计直接光解水反应器。另一种就是非聚光太阳能采集，指直接在平板或真空管结构的接收器表面获取太阳能。非聚光太阳能采集只能通过直接光解水制氢及光伏发电-电解水制氢两种形式进行，其布置方便，适用的安装环境广泛，对环境影响极小。常见的非聚光太阳能采集方式有平板集热、真空管集热、光伏发电等。

一、太阳能光催化制氢

光催化技术是通过光催化剂，利用光子能量将许多需要在苛刻条件下发生的化学反应，转化为温和条件下进行反应的技术。依靠太阳光直接分解水需要的波长大约是170nm（小于190nm）的高能量光，普通太阳光照射几乎不能实现分解水制氢，因此利用一些半导体（光催化剂）的吸光特性，使其在受到光子激发后产生较强还原能力的光生电子，实现光解水反应的发生。由于太阳能转化为氢能还受到诸多动力学和热力学因素限制，因此在氢能转化方面还存在很多问题。目前制氢技术在应用方面的瓶颈问题就是提高光催化剂分解水的制氢活性。

（一）光催化分解水制氢

1. 光催化分解水制氢的基本原理

光催化分解水（光解水）过程本质上可归类为氧化还原反应，水分解的化学反应方程式为：

$$2H_2O = 2H_2 + O_2 \tag{4-32}$$

光解水过程可以分为两个半反应：质子还原产生氢气的制氢半反应和水氧化产生氧气的制氧半反应。

制氢半反应：

$$2H^+ + 2e^- \longrightarrow H_2\text{（在酸性溶液中）} \tag{4-33}$$

$$2H_2O + 2e^- \longrightarrow H_2 + 2OH^-\text{（在碱性溶液中）} \tag{4-34}$$

制氧半反应：

$$2H_2O \longrightarrow O_2 + 4H^+ + 4e^-\text{（在酸性溶液中）} \tag{4-35}$$

$$4OH^- \longrightarrow O_2 + 2H_2O + 4e^-\text{（在碱性溶液中）} \tag{4-36}$$

光解水反应为吸热反应，反应的热效应为 237.13kJ/mol。反应的基本原理为：半导体光催化剂受光激发，发生电子跃迁，导致电子和空穴分离，进而将水还原产生氢气。半导体是一类导电性（常温下）介于导体与绝缘体之间的材料，由于其具有特殊的能带结构及良好的光稳定性而成为光催化分解水制氢的优选材料。根据能带理论，半导体的价带为“满带”，完全被电子占据；导带为“空带”，没有电子占据。如图 4-10 所示，半导体价带顶与导带底的能量差称为“带隙”（禁带宽度，E_g），当半导体吸收能量等于或大于其禁带宽度时，电子将从价带（VB）激发到导带（CB），生成电子（e^-），在 VB 中留下空穴

(h^+)。由于半导体能带的不连续性，电子或空穴在电场作用下或通过扩散的方式运动，彼此分离后迁移到半导体的表面。其中，电子与吸附在表面的水反应生成氢气，空穴与表面的水反应生成氧气。此外，电子也可能被体相或表面的缺陷捕获，或者与空穴直接复合，以光或热辐射的形式转化。因此，加速电子和空穴对的分离，减少二者的复合，是提高光催化分解水制氢效率的关键因素。

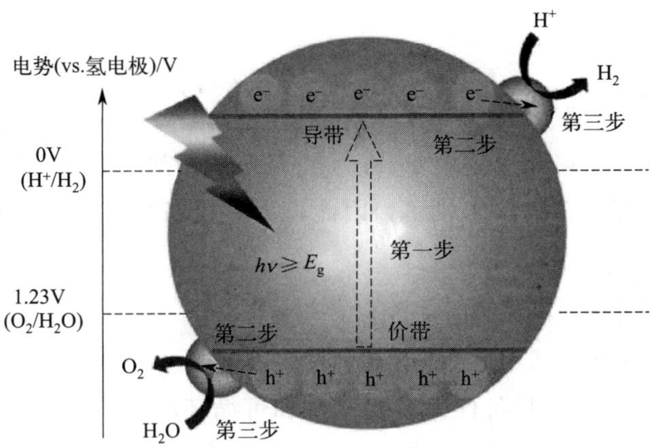

图 4-10　半导体激光催化分解水制氢的基本过程

2. 光催化分解水制氢的热力学和动力学因素

(1) 热力学因素

水是一种非常稳定的化合物，在标准状态下，分解 1mol 的水需要 237kJ 的能量。

$$H_2O(l) \longrightarrow H_2(g) + \frac{1}{2}O_2(g) \quad \Delta G^{\ominus} = 237kJ/mol \tag{4-37}$$

从热力学上分析，分解水的能量转化必须满足：

① 该反应的吉布斯自由能变 $\Delta G^{\ominus} = 237kJ/mol$，即分解一个水分子的能量为 2.46eV。由于上述反应是一个两电子过程，需要的最低能量为 1.23eV。因此，在光催化分解水反应中，要实现水分子中一个电子发生转移，激发光的光子能量必须大于或等于 1.23eV。

② 理论上，半导体光催化剂要实现光催化分解水，光催化剂的禁带宽度应大于或等于 1.23eV ($\lambda < 1000nm$)。实际上，由于过电势的存在，半导体光催化剂的禁带宽度通常要大于 1.8eV。对于能够吸收可见光的光催化剂，其禁带宽度还要小于 3.0eV ($\lambda >$ 415nm)。

③ 光催化剂的能带结构和位置决定了光催化分解水能否进行，也影响光催化剂对太阳光谱的吸收范围，是影响光催化剂的光能转换效率和产氢能力的重要因素。光激发产生的电子和空穴必须具有足够的氧化还原能力，即光催化剂的导带底应比标准氢还原电位更负，而其价带顶应比氧的电极电位更正。因此，催化剂的能带位置必须同时满足水的氧化电极电位和还原电极电位。

（2）动力学因素

从动力学上分析，光催化性能还受微米级和纳米级微观结构、吸附能力、表面/界面形态、助催化剂，以及催化剂的结晶度和组成等因素影响。复杂的电荷载流子动力学和表面反应动力学导致光催化分解水反应效率非常低，人们普遍认为光催化分解水反应是由四个连续过程组成的：①光吸收；②光生电子和空穴分离；③电子转移；④表面电催化还原反应和氧化反应。因此光催化反应的最终效率是由这四个反应步骤的效率的乘积所决定的，可以用公式表示如下：

$$\eta_c = \eta_{abs}\eta_{cs}\eta_{cmt}\eta_{cu} \tag{4-38}$$

式中，η_c 代表太阳能转换效率；η_{abs} 代表光吸收效率；η_{cs} 代表光生载流子激发和分离效率；η_{cmt} 代表电荷迁移和运输效率；η_{cu} 代表光催化剂的表面电催化氧化还原效率。

每个部分的效率都会影响整体效率。因此，为了提高光解水的效率，应该对每个部分的效率进行综合考虑。

3. 光催化分解水制氢的光催化剂

（1）光催化剂的主要特征

① 稳定性：光催化剂应具备优秀的稳定性和可循环性。

② 响应范围：光催化剂应具备宽响应性，即从可见光到红外光响应。太阳光的能量主要集中在这范围内，其中可见光占比约为43%，红外光占比约为53%。

③ 光生电子和空穴分离效率：光催化剂应具备快速的电子传递路径等，以有利于光生电子和空穴分离，使光催化剂可以在光催化反应中保持高的光量子效率，实现高效产氢。

④ 表面反应活性位点：光生电子和空穴经过分离和迁移等步骤，迁移到催化剂表面活性位点进行水分子的氧化和还原反应，高活性的表面活性位点可以降低催化反应势垒，保证高效产氢。

⑤ 对逆反应的作用：水解产生的氢气和氧气在催化剂表面可以发生反应生成水，催化剂应具备抑制氢氧结合逆反应发生的作用。

（2）常用光催化剂的性能对比

光催化剂是光催化制氢过程中的重要材料，其中常见的光催化剂研究主要围绕二氧化钛（TiO_2）、硫化镉（CdS）以及石墨相氮化碳（g-C_3N_4）展开，目前主要的研究方向是采取一系列改进方法提高光催化剂的稳定性以及制氢性能。常用光催化剂的性能对比见表4-5。

表4-5 常用光催化剂性能对比

类型	典型代表	响应范围	制氢速率/[μmol/(g·h)]	量子效率/%	禁带宽度/eV	稳定性	稳定持续时间/h
金属氧化物 TiO_2 及其掺杂	TiO_2	紫外光响应	1.28	3.20	3.0～3.2	较好	—
	Cu-His-P25	紫外光/可见光响应	780	79.87	—	较好	—
过渡金属硫化物 CdS 及其掺杂	纳米棒状结构 CdS	可见光响应	4100	60.34	2.4	较差	—
	二元负核光催化剂：α-NiS-β-NiS/CdS	紫外光/可见光响应	7180	—	2.4	较好	12

续表

类型	典型代表	响应范围	制氢速率/[μmol/(g·h)]	量子效率/%	禁带宽度/eV	稳定性	稳定持续时间/h
MOFs材料	MOFs基复合材料：TiO_2@ZIF-8	可见光响应	250	—	3.28	较好	24
	MOFs衍生物：$FeO_{3.3}C_{0.2}H_{1.0}$	可见光响应	125000	—	1.61	较好	24
非金属聚合物半导体	高结晶 g-C_3N_4	可见光响应	339.4	—	2.7	较好	—

（二）光催化分解有机物制氢

光催化分解有机物制氢技术与光催化分解水制氢技术原理类似。该技术中，价电子 e^- 同样受激发跃迁至导带，形成电子-空穴对，与水发生氧化还原反应产生 H_2 和 O_2。但不同之处在于，光催化分解水制氢技术将水作为牺牲剂，而光催化分解有机物制氢技术将有机物作为牺牲剂。有机物可以提供 e^-，提供的电子与空穴反应，然后光生的 e^- 可以与 H^+ 结合生成 H_2。牺牲剂提供的 e^- 大量消耗光生空穴，从而阻止光生电子与空穴复合，大大提高了制氢速度。

二、太阳能光电化学制氢

（一）光电化学分解水制氢含义

光电化学分解水制氢时，太阳光能被光电极吸收并转化为电能。在太阳光照射的条件下，光从较宽带隙的光电极端进入，此光电极可以是光阳极，也可以是光阴极。在该条件下，光阳极半导体受激发产生电子-空穴对，这一点与光催化分解水制氢类似。不同之处是，光阳极获取水中的羟基产生氧气，产生的电子-空穴对在外部偏压作用下通过外电路流向对电极，与 H^+ 结合生成 H_2。

（二）光电化学分解水制氢基本原理

光电化学分解水制氢原理如图 4-11 所示。光电化学分解水制氢系统的核心部件为光电化学电池，其由工作电极、辅助电极（对电极）、参比电极、电解液和外部电路组成，其中工作电极即光阳极，一般使用半导体材料，常见的光阳极材料有纳米氧化物半导体材料。这种电极一方面能减小带隙，吸收更多的太阳光，另一方面能有效地运输电荷，降低电子-空穴的复合。辅助电极也称对电极，材料以 Rh 或 Pt 等贵金属居多，在实际反应中，需要考虑反应池内阻、析氢过电位、析氧过电位等，因此往往需要通过外加一定的偏压来克服这些影响，同时外加偏压的另一个好处是能够有效抑制光生载流子的复合。参比电极一般使用 Ag/AgCl 电极，其主要作用是协助光阳极正常工作。相比于光催化分解水制氢，光电化学分解水制取的 H_2 和 O_2 更易分离，并且由于电极之间偏压的存在，电子-空穴复合的概率大大降低，提高了制氢效率。目前，对光电化学分解水制氢技术的研究主要集中于高效率、抗腐蚀、低成本的光阳极材料及催化剂材料的研发方面。

三、太阳能光伏发电电解水制氢

光伏发电电解水制氢系统包括光伏组件及电解槽两部分，其基本原理是通过光伏组件

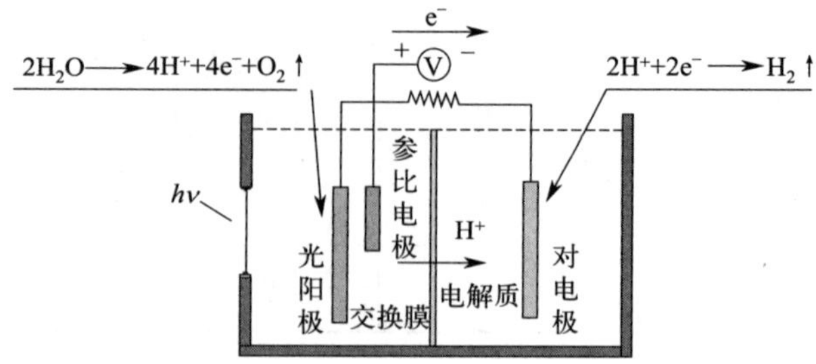

图 4-11 光电化学分解水制氢

（如太阳能电池）将光能转化为电能，其中一部分电能经过后处理可用于储能池或者直接供工厂及生活用电，一部分供给电解槽系统，进而电解水制氢。

（一）光伏发电及太阳能电池

在光照条件下，光催化剂吸收光子能量产生电子-空穴对。由于内建电场作用，电子-空穴对分离成自由的电子和空穴，此刻的空穴通过空穴传输层被导电电极吸收，电子通过电子传输层被金属电极收集，因此导电电极和金属电极连接成电路，从而产生光电流。光伏发电系统的核心元件是太阳能电池。太阳能电池经过几代的发展，由最初的晶体硅太阳能电池发展到薄膜太阳能电池，最近集中于钙钛矿太阳能电池、染料敏化太阳能电池（DSSC）和有机太阳能电池（OSCs）等新型高效的太阳能电池的研究较多。目前硅太阳能电池的加工工艺及技术手段已进入发展的瓶颈期，效率提升空间有限。薄膜太阳能电池中常用的原材料包括镉、砷、碲及钴等金属，它们易导致环境污染，并且在地球上的含量相对较差。新兴太阳能电池，如有机电池、量子点电池及钙钛矿太阳能电池，虽原材料较丰富，但目前器件稳定性较差，且制备工艺难以实现产业化加工。因此，对新型太阳能电池进行研究是下一步的重点工作。

（二）太阳能电池与电解槽的耦合方式

目前，太阳能电池和电解槽间的连接可分为间接连接和直接耦合两种方式。绝大多数太阳能光伏发电电解水制氢系统采用间接连接方式，与直接耦合方式相比，其增加了最大功率点跟踪（maximum power point tracking，MPPT）控制器、直流-直流（DC-DC）转换器及储氢装置，很大程度上解决了太阳能电池与电解槽间的匹配问题，但同时也增加了系统的成本，产生电能传递损失。直接耦合则将太阳能电池与电解槽直接相连，优点是太阳能转化为氢能的效率（STH，STH＝太阳能电池效率×电解槽效率）高，且省去了直流-直流转换器及最大功率点跟踪控制器。

（三）电解槽

根据电解槽的不同，目前电解水制氢技术分为碱性电解水制氢技术、质子交换膜电解水制氢技术和固体氧化物电解水制氢技术。具体的相关内容参考本章第三节电解水制氢。

第三节　电解水制氢

电解水制氢技术通过直接利用电能使水分解出氢气，是使用最早也是最典型的绿色制氢技术。基于电解液的种类，该技术主要可分为三类：碱性电解水（AEL）制氢、质子交换膜（PEM）电解水制氢和固体氧化物电解水（SOEC）制氢。电解水是一种将电能转化为化学能和热能的过程，该过程以电能为动力，通过将阴极和阳极放入水中，分别与电源正、负极连接，并与水形成同一通路，使水在电压达到水的分解电压时发生分解，在阳极侧生成氧气，在阴极侧生成氢气。电解水制氢反应是燃料电池中氢气和氧气进行氧化还原反应的逆反应，该反应方程式如下：

$$2H_2O = 2H_2\uparrow + O_2\uparrow \tag{4-39}$$

一、电解水制氢原理

（一）热力学原理

电解池在一定温度和压力下电解水的反应所需要的能量是通过焓变 ΔH 来确定的。吉布斯自由能变 ΔG 代表外界必须提供的最小电能，其余能量部分则以热量形式供给。二者的关系为：

$$\Delta G = \Delta H - Q = \Delta H - T\Delta S \tag{4-40}$$

在 298.15K、1atm 下，电解水反应的焓变 ΔH 为 285.84kJ/mol，熵变 ΔS 为 163.1J/(mol·K)，吉布斯自由能变 ΔG 为 237.21kJ/mol，过程温度 T 的单位是开尔文（K）。

外部电源为电解反应提供动力，电解池中水分子发生电解反应所需的最小电压为平衡电势 V_{rev}，吉布斯自由能变 ΔG 与平衡电势 V_{rev} 的关系如下：

$$V_{rev} = \frac{\Delta G}{zF} = \frac{237.21\times10^3 \text{J/mol}}{2\times96485\text{C/mol}} = 1.229\text{V} \tag{4-41}$$

式中，z 代表反应每生成 1mol 氢气所需要的电子数量；F 代表法拉第常数，$F=96485\text{C/mol}$。

如果电解反应中由于温度的变化，水的相态发生改变，由液态变为气态，那么相态转变过程所需热量 Q 由电能提供。在 298.15K、1atm 下，存在相变过程的电解池，其电解反应所需的最小电压记为热中性电解电压 V_{tn}，如下所示：

$$V_{tn} = \frac{\Delta H}{zF} = \frac{285.84\times10^3 \text{J/mol}}{2\times96485\text{C/mol}} = 1.481\text{V} \tag{4-42}$$

（二）电力学原理

电解反应的完成需要来自外部电源提供的电能，电解过程中池内氢气的产率增加，或者电解电流增加时，电解池的槽电压 V_{cell} 也会随之增加。同时，由于电解池装置及设备结构限制，电解槽存在各组件之间产生的接触电阻；阴、阳电极间发生电解反应时，电子迁移过程的能垒也会产生活化电阻。此外，由于电解反应中电解质传输速度不同，在两电极界面和溶剂中的浓度产生不一致，进而形成浓差极化。这些都会影响实际电压，使得电解过程中槽的电压值大于理论上水电解所需的电压值。电解池中存在的各项电压值关系如下：

$$V_{cell}=V_{rev}+V_{ohm}+V_{act}+V_{con} \tag{4-43}$$

式中，V_{rev} 代表电解池反应的平衡电势，V；V_{ohm} 代表电解池的接触电阻电势，V；V_{act} 代表电解池的活化过电势，V；V_{con} 代表电解池的浓差过电势，V。

理论上，浓差过电势 V_{con} 在电解池中往往数值较小，且远小于接触电阻电势 V_{ohm} 和活化过电势 V_{act}。

对电解池的能效进行研究时，可通过单位时间内氢气的产量与单位时间内电解池的输入电流值进行对比，从而计算电解池的电流效率。理想状态下，由法拉第定律可知，氢气的产生速率应与输入电流大小呈正比关系。因此，在一定的输入电流下，电解池的氢气产生速率 f_{H_2}（单位：m^3/h）可如下式所示：

$$f_{H_2}=\left(\eta_F N_{cell}\times\frac{I_{cell}}{zF}\right)\times\left(22.41\text{L/mol}\times\frac{3600\text{s}}{1000\text{m}^3}\right) \tag{4-44}$$

式中，η_F 代表电解池的电流效率；N_{cell} 代表电解池的数量，个；I_{cell} 代表电解池的输入电流，A；z 代表电子转移数（氢气反应中 $z=2$）；F 代表法拉第常数（96485C/mol）；$22.41\text{L/mol}\times\frac{3600\text{s}}{1000\text{m}^3}$是将摩尔速率（mol/s）转换为标准体积流量（$m^3/h$）的关键系数：22.41 为标准状态（0℃，101.325kPa）下气体的摩尔体积，L/mol；3600 为时间单位转换（s→h），s；1000 为体积单位转换（L→m^3），m^3。

考虑实际影响因素，将电解池实际发生电解反应所消耗的电能与理想状态下电解反应消耗的电能进行对比，得到实际电解池的电解效率，公式表示如下：

$$\eta_E=\frac{C_F}{C_E} \tag{4-45}$$

式中，η_E 代表电解池整体的电解效率；C_F 代表理论上电解池发生反应时，单位时间内生产氢气所需要的电能；C_E 代表实际电解过程中，单位时间生产氢气所消耗的电能。

二、电解水制氢类型

（一）碱性电解水制氢

纯水是弱电解质，它的导电能力较差，难以满足电解水的要求，需要在水中加强电解质来增加溶液的导电能力，使水能够顺利地电解成氢气和氧气。通常情况下根据加入电解质酸碱度的不同，可将电解质过程分为酸性电解水制氢、中性电解水制氢和碱性电解水制氢，其中酸性电解水制氢虽然效果好，但是对电极和电解池造成腐蚀；中性电解质的导电率较低，电解制氢效果较差；碱性电解质有良好的制氢效果，且不会对电极和电解池造成腐蚀，通常作为电解水制氢的电解质。电解质一般为 30%（质量浓度）的 KOH 溶液或者 26%（质量浓度）的 NaOH 溶液。

1. 碱性电解水制氢原理

碱性电解水制氢的主体设备是电解槽，碱性电解水制氢原理示意图如图 4-12 所示。电解槽分为若干个小单元，每个小单元都插着阴、阳两个电极，中间用隔膜分开。把电解槽灌满 30%的氢氧化钾溶液，氢氧化钾溶于水后，会发生电离过程，水溶液中会产生大量带正电的钾离子和带负电的氢氧根。根据金属离子的活跃度，钾离子比氢离子活跃，所以通电进行电解时，氢离子被阴极吸引，获得电子变成氢气，氢氧根被阳极吸引，释放电子变成水和氧气，化学方程式如下所示：

阴极：

$$4H_2O+4e^- \longrightarrow 2H_2\uparrow+4OH^- \tag{4-46}$$

阳极：

$$4OH^- -4e^- \longrightarrow 2H_2O+O_2\uparrow \tag{4-47}$$

总反应式：

$$2H_2O = 2H_2\uparrow+O_2\uparrow \tag{4-48}$$

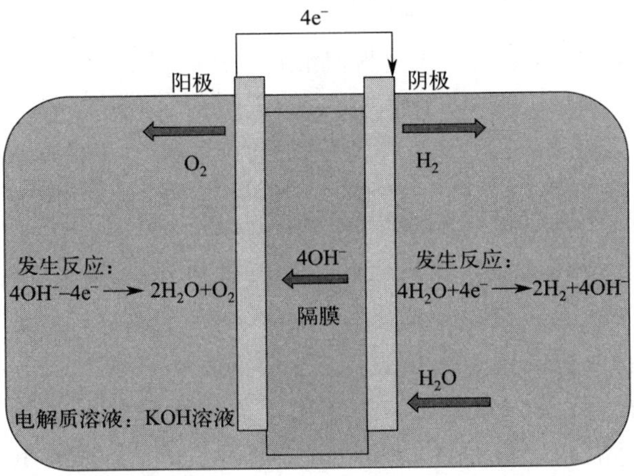

图 4-12 碱性电解水制氢原理

（1）阴极析氢过程

析氢过程是一个双电子转移的过程，水分子经过分解形成 H^+ 和 OH^-。游离质子（H^+）迁移到电极表面的催化活性位点进行沃尔墨过程（Volmer）反应，即 H^+ 与单个电子反应生成吸附氢原子。随着电极表面吸附氢原子增多，两个相邻的吸附氢原子发生反应，结合生成 H_2，这是一个化学脱附过程（Tafel 反应）。吸附氢原子与电解质溶液中游离的氢原子以及电极中的电子反应释放 H_2 的过程，则为电化学脱附过程（Heyrovsky 反应）。

（2）阳极析氧过程

析氧过程是一个四电子的转移过程。电解质溶液为碱性时，OH^- 丰富，制约析氧反应的则是电极表面活性位点对活化中间产物的吸附能力以及 O_2 的脱附能力。析氧反应机理和途径复杂，过电势高，导致析氧速率缓慢，限制了整个电解水制氢的过程。

2. 碱性电解槽材料

碱性电解槽主体是由端板、密封垫、双极板、电极、隔膜等零部件组装而成的（图 4-13）。电解槽包括数十甚至上百个电解小室，由螺杆和端板把这些电解小室压在一起形成圆柱状或正方形，每个电解小室以相邻的两个极板为分界，包括正/负双极板、阳极电极、隔膜、密封垫、阴极电极等。

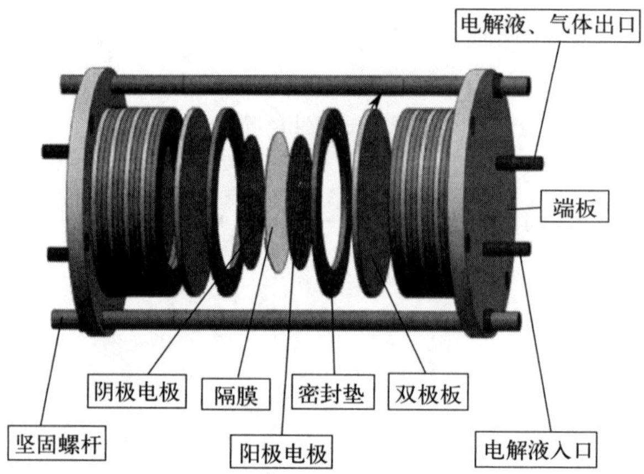

图 4-13　碱性电解槽结构示意图

极板是碱性电解池支撑电极和隔膜以及导电的组件，一般采用铸铁金属板、镍板或不锈钢金属板。极框上分布有气道孔和液道孔，与主极板焊接的部分被称为舌板，极框最外侧为密封线区，其余为隔膜和密封垫的重合区。极框整个宽度由密封线宽度、流道区域宽度、隔膜和密封线重合区域宽度、舌板宽度共同决定。

隔膜主要起分隔正/负极、分离气体的作用，适用于碱性电解槽的隔膜需要保证：氢气和氧气分子不能通过隔膜，但允许电解质离子通过；能够耐高浓度碱液的腐蚀；具有较好的机械强度，能够长时间承受电解质和生成气体的冲击，而隔膜结构不被破坏；孔隙率要尽可能高，有较小的面电阻，降低电能损耗。常见的隔膜材料有陶瓷、橡胶、塑料以及石棉等多孔材料等。

电极是电化学反应发生的场所，也是决定电解槽制氢效率的关键。电极通常分为两种或两种以上不同金属的合金如 Ni-Mo、Ni-Cr-Fe。目前国内大型碱性电解槽使用的电极大多是镍基的，如纯镍网、泡沫镍或者以纯镍网或泡沫镍为基底喷涂高活性催化剂。目前广泛使用的碱性电解槽按结构分类，主要有单极式电解槽和双极式电解槽两种，其中双极式电解槽电解效率更高，因此在工业上应用较多。

3. 碱性电解水制氢工艺流程

碱性电解水制氢的工艺流程如图 4-14 所示，净化水在含氢氧化钾电解质的碱性电解槽中，经过电解分别在阴、阳极生成氢气和氧气，产生的氢气和氧气中通常含有少量碱液，需要经过碱液过滤器将其过滤，最后分离的氢气和氧气经过压缩、精炼、干燥，纯化后得到纯净的氢气和氧气。

（二）质子交换膜电解水制氢

1. 质子交换膜电解水制氢原理

质子交换膜电解水制氢原理见图 4-15。利用电能将 H_2O 分解，从而在阳极侧产生 O_2 和 H^+。O_2 离开装置，而 H^+ 穿过质子交换膜。电子通过外部电路循环，到达阴极侧还原 H^+ 而产生 H_2。

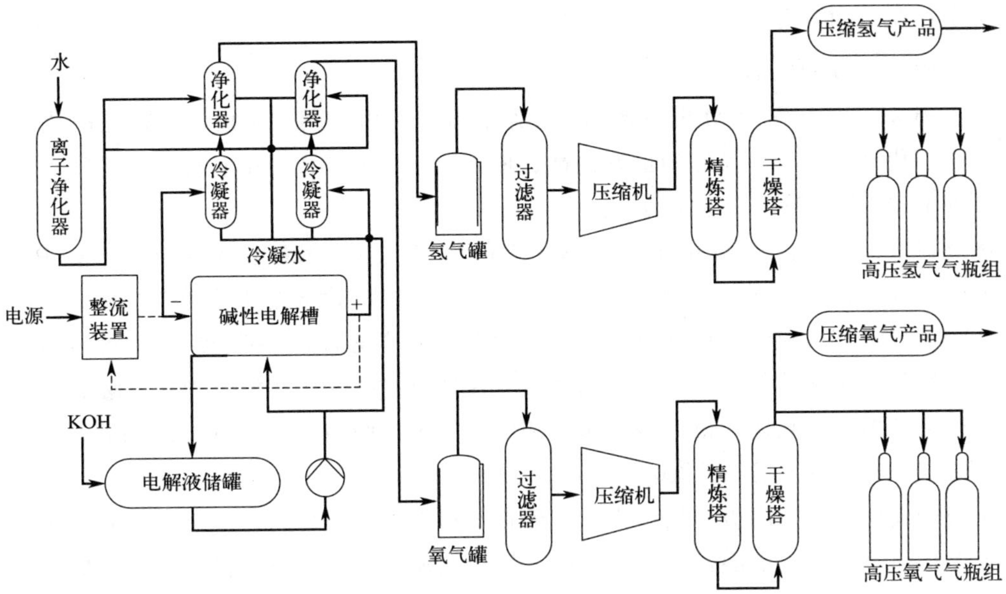

图 4-14　碱性电解水制氢的工艺流程

化学方程式如下所示：

阴极：

$$4H^{+}+4e^{-}\longrightarrow 2H_2\uparrow \tag{4-49}$$

阳极：

$$2H_2O\longrightarrow 4H^{+}+O_2\uparrow +4e^{-} \tag{4-50}$$

总反应式：

$$2H_2O=\!=\!=2H_2\uparrow +O_2\uparrow \tag{4-51}$$

2. 质子交换膜电解槽材料

(1) 质子交换膜

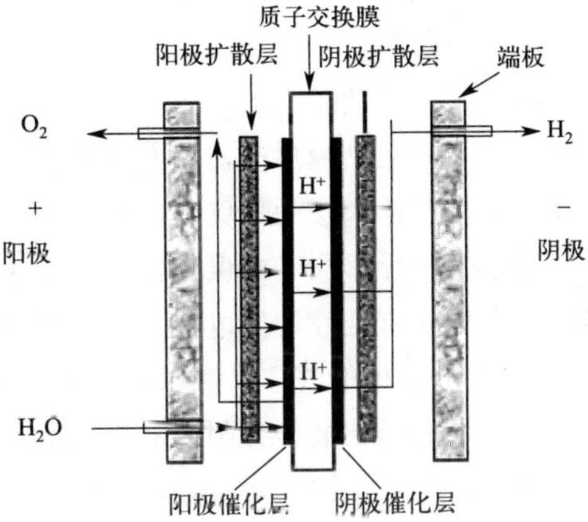

图 4-15　质子交换膜电解水制氢

质子交换膜是 PEM 电解槽的核心零部件之一。在 PEM 电解槽中，质子交换膜既充当质子交换的通道，又作为屏障来防止阴、阳极产生的氢气和氧气互相接触，并为催化剂涂层提供支撑。因此，质子交换膜需要具备极高的质子传导率和气密性，以及极低的电子传导率。与此同时，质子交换膜还需要具备良好的化学稳定性，可以承受强酸性的工作环境；较强的亲水性也必不可少，这可以预防质子交换膜局部缺水，避免干烧。质子交换膜的性能直接影响着 PEM 电解槽的运行效率和寿命。

质子交换膜主要有熔融挤出法和浇铸成膜法等几种加工方式。如何在减小膜厚度的同时保持膜的机械稳定性，是膜技术开发的重点之一。膜的厚度会影响 PEM 电解槽的内阻，厚度过大会加大极化损失，增加制氢能耗。尽管如此，考虑到质子交换膜需要在高压环境中工作，为了保持质子交换膜的机械稳定性，以及防止气体交叉渗透的现象发生，行业内大多仍然采用厚度超过 100μm 的膜。

(2) 阴、阳极催化剂

阴、阳极催化剂是 PEM 电解槽的重要组成部分。由于阴、阳极催化剂是电化学反应的场所，催化剂需要具备良好的抗腐蚀性、催化活性、电子传导率和孔隙率等特点，如此才能确保 PEM 电解槽可以稳定运行。

和燃料电池相比，PEM 电解槽在催化剂的使用上更加依赖贵金属材料。在 PEM 电解槽的强酸性运行环境下，非贵金属材料容易受到腐蚀，并可能和质子交换膜中的磺酸根结合，降低质子交换膜的工作性能。目前常用的阴极催化剂为以碳为载体材料的铂碳催化剂。在酸性和高腐蚀性的环境下，铂仍然可以保持较高的催化活性，确保电解效率；而碳基材料既为铂提供了载体，也充当着质子和电子的传导网络。催化剂中的铂载量在 0.4～0.6mg/cm^2，铂的质量分数在 20%～60%之间。

阳极的反应环境比阴极更加苛刻，对催化剂材料的要求更高。由于阳极电极材料需要承受高电位、富氧环境和酸性环境的腐蚀，燃料电池常用的碳载体材料容易被析氧侧的高电位腐蚀降解，因此一般选用耐腐蚀且析氧活性高的贵金属作为 PEM 电解槽阳极侧的催化剂。结合催化活性和材料稳定性来看，铱、钌及其对应的氧化物（氧化铱和氧化钌）是目前最适合作为 PEM 阳极侧催化剂的材料。相比氧化铱，虽然氧化钌的催化活性更强，但在酸性环境下氧化钌容易失活，其稳定性比氧化铱稍差。因此，氧化铱是目前应用最广泛的阳极催化剂。

(3) 气体扩散层

气体扩散层又称集流器，是夹在阴、阳极和双极板之间的多孔层。气体扩散层作为连接双极板和催化剂层的桥梁，确保了气体和液体在双极板和催化剂层之间的传输，并提供有效的电子传导。为了确保气液运输效率和导电性能，气体扩散层既需要拥有合适的孔隙率，也需要拥有良好的导电性，确保电子传输效率。

PEM 电解槽的气体扩散层材料选择和燃料电池的气体扩散层材料选择有所不同。燃料电池通常选择碳纸作为阴极和阳极的气体扩散层材料。在 PEM 电解槽中，由于阳极的电位过高，高氧化性的运行环境足以氧化碳纸材料。通常选择耐酸、耐腐蚀的钛基材料作为 PEM 电解槽阳极气体扩散层的主要材料，并制成钛毡结构，以确保气液传输效率。钛基材料在长时间的使用下容易钝化，形成高电阻的氧化层，降低电解槽的工作效率。为了防止钝化现象的发生，通常会在钛基气体扩散层上涂抹一层含有铂或者铱的涂层进行保护，确保电子传输效率。PEM 电解槽的阴极电位较阳极更低，碳纸或钛毡都可以作为气体扩散层的材料。

(4) 双极板

双极板不仅是支撑膜电极和气体扩散层的支撑部件，也是汇流气体（氢气和氧气）及传导电子的重要通道。阴、阳极两侧的双极板分别汇流阴极产生的氢气和阳极产生的氧气，并将它们输出。因此，双极板需要具备较高的机械稳定性、化学稳定性和低氢渗透性。阳极产生的电子经由阳极双极板进入外部电路，再通过阴极双极板进入阴极催化层。

因此，双极板还需要具备高导电性。

PEM电解槽双极板采用一板两场结构，由于电解槽电位过高，使用钛材料可以很好地避免金属腐蚀导致的离子浸出，预防催化剂的活化电位受到毒害。但由于钛受到腐蚀后，容易在表面形成钝化层，增大电阻，通常会在钛板上涂抹含铂的涂层来保护钛板。

3. 质子交换膜电解水制氢工艺流程

质子交换膜电解水制氢的工艺流程如图4-16所示。软化水在质子交换膜电解槽中，经过电解分别在阴、阳极生成氢气和氧气；产生的氢气和氧气中通常含有少量杂质气体，需要经过碱液过滤器将其过滤；最后分离的氢气和氧气经过压缩、干燥，纯化后得到纯净的氢气和氧气。

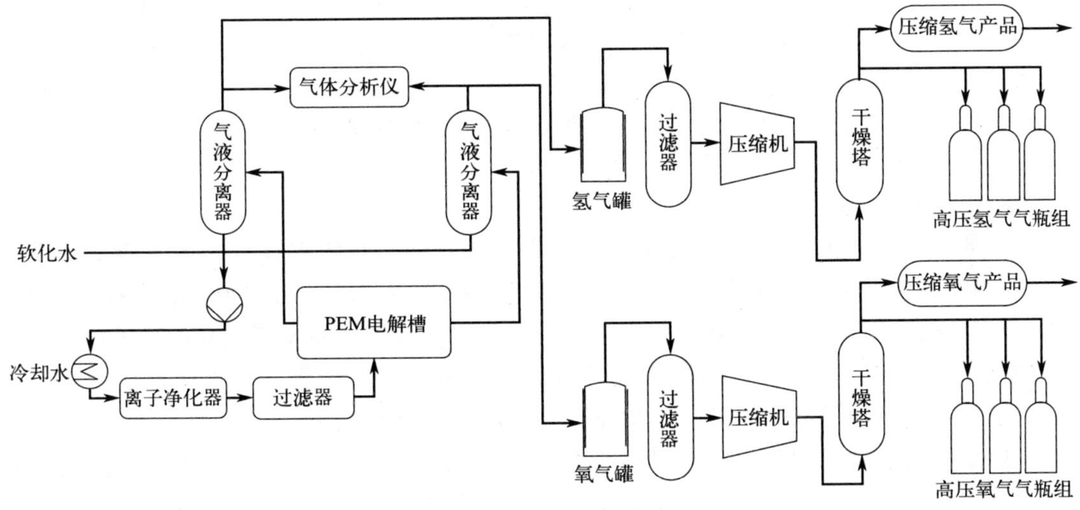

图4-16 质子交换膜电解水制氢的工艺流程

（三）固体氧化物电解水制氢

1. 固体氧化物电解水制氢原理

固体氧化物电解水的电解槽在高温环境下工作，工作时电能与热能的效率很高，水首先在高温环境下转为高温水蒸气，然后当在电解池外部施加一定电压时，在电动势作用下，氢电极处的 H_2O 在Ni的催化下，分解为 H_2 与 O^{2-}。产生的 O^{2-} 穿过电解质层到达氧电极后，在催化剂作用下失去电子生成 O_2。化学反应式如下：

阴极：

$$2H_2O+4e^- \longrightarrow 2H_2+2O^{2-} \tag{4-52}$$

阳极：

$$2O^{2-} \longrightarrow 4e^- +O_2\uparrow \tag{4-53}$$

总反应式：

$$2H_2O = 2H_2\uparrow +O_2\uparrow \tag{4-54}$$

2. 固体氧化物电解槽材料

电解槽最基本单元是电解池，固体氧化物电解池（SOEC）由图 4-17 所示组成：

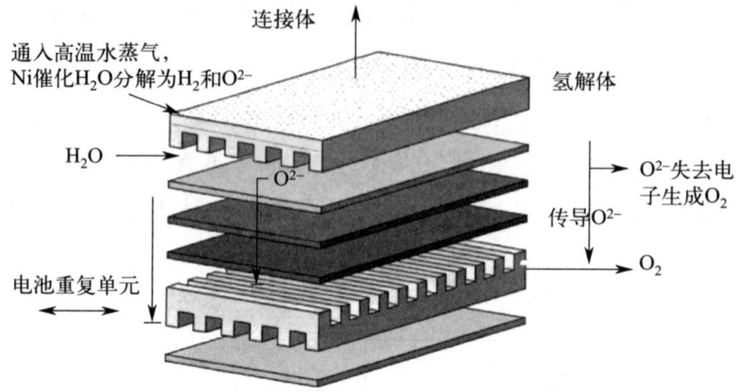

图 4-17　固体氧化物电解池内部结构示意图

（1）电解质

电解质的性质决定了 SOEC 的技术路线和阴、阳极材料的选择（高温下热膨胀系数需保持一致）。电解质的主要作用是将在阴极产生的氧离子传导至阳极，阻隔电子电导，并防止阴、阳极产生的氢气和氧气相互接触。因此，电解质层需要有极高的离子传导率和极低的电子传导率。为了防止阴极的氢气渗透进入阳极，电解质层的气密性必须高。此外，为了减少电解池的欧姆损耗，电解质层的厚度要尽可能减小。

电解质材料通常选用导电陶瓷材料。在 800～1000℃的高温运行环境下，常用的电解质材料有钇稳定的氧化锆（YSZ）和钪稳定的锆（ScSZ）。YSZ 由于可以提供优良的氧离子电导率，且相比 ScSZ 又具备一定的成本优势，已经成为最常用的电解质材料。在 600～800℃的中温运行环境下，镧锶镓镁（LSGM）、钐掺杂的氧化铈（SDC）和钆掺杂的氧化铈（GDC）也是较为常用的电解质材料。

（2）阴极

阴极是原料水分解的场所，并提供电子传导通道。这要求阴极材料具有良好的电子导电率、氧离子导电率和催化活性，以确保反应的顺利进行。由于阴极需要和高温水蒸气直接接触，阴极材料需要在高温高湿下具备化学稳定性。与此同时，材料还必须具备合适的孔隙度，以保证电解所需水蒸气的供应和氢气产物的输出。在高温下，热膨胀系数不匹配会导致过高的机械应力，最终使材料破碎。因此，阴极材料必须和电解质材料具有类似的热膨胀属性。阴极材料通常选用金属陶瓷复合材料。镍（Ni）、钴（Co）、铂（Pt）、钯（Pd）都满足 SOEC 对阴极材料的要求。镍的成本较低，对水的分解反应具有良好的催化活性，用 Ni 和 YSZ 制造的金属陶瓷复合材料成为最常用的阴极材料。使用 YSZ 和 Ni 作为阴极材料，可以使阴极的热膨胀系数接近以 YSZ 为主要材料的电解质，保持 SOEC 的机械稳定性；YSZ 还可以提高界面的电化学反应活性，确保 SOEC 的工作效率。

（3）阳极

阳极是产生氧气的场所。阳极材料必须在高温氧化的环境下保持稳定。与此同时，为了确保氧气的顺利生成，阳极材料必须具备优良的电子导电率、氧离子导电率和催化活性。此外，材料必须采用多孔结构，便于氧气的流通。最后，为了保持高温下的机械稳定性，阳极材料的热膨胀系数也必须和电解质相匹配。

使用钙钛矿氧化物制备的导电陶瓷材料是目前最常用的阳极材料。其中，掺杂锶的锰酸镧（LSM）的化学催化活性高，和 YSZ 电解质的热膨胀系数接近，是其中最具代表性的材料之一。

在热能和电能的双重作用下，固体氧化物电解槽的工作效率大幅度提升，是目前三种电解水制氢技术中效率最高的，但由于高温的工作环境，其对材料的耐热性具有较高的要求，因此电堆寿命短是固体氧化物电解水制氢目前存在的较大的问题。

三、三种电解水制氢技术对比

三种电解水制氢技术中，碱性电解水制氢技术最为成熟，当前单电解槽容量可达到 $1000m^3/h$，设备成本最低，但设备运行功率低以及快速响应能力弱。质子交换膜电解水制氢技术相对成熟，设备响应速度快，系统简单，但由于需要采用贵金属作为催化剂，设备成本较高。固体氧化物电解水制氢技术成熟度低，最大的优势是制氢效率高，但存在材料退化快、启动速度慢等问题。表 4-6 给出这三种电解水制氢技术的对比。

表 4-6 三种电解水制氢技术的对比

参数	碱性电解水制氢	质子交换膜电解水制氢	固体氧化物电解水制氢
工作温度/℃	70～90	60～80	700～1000
系统电解能耗/($kW \cdot h/m^3$)	4.8～7.0	4.8～7.5	3.7
常见容量	<5MW	<2MW	150kW
装机成本/(元/W)	国产 1.5～3 进口 6～8	10～20	—
响应速度	数十秒级	秒级	—
运行范围	15%～100%	0～150%	—
寿命	约 9000h	约 5000h	—
优势	成本低	设计紧凑，运行功率范围宽，响应快	效率高，可逆
不足	快速响应能力弱	使用贵金属催化剂，成本高	存在材料退化问题

三种电解水制氢的技术特点也不同，如表 4-7 所示。

表 4-7 三种电解水制氢技术的特点比较

参数	碱性电解水制氢	质子交换膜电解水制氢	固体氧化物电解水制氢
阳极反应	$2OH^- \longrightarrow H_2O+\frac{1}{2}O_2+2e^-$	$H_2O \longrightarrow \frac{1}{2}O_2+2H^++2e^-$	$O^{2-} \longrightarrow \frac{1}{2}O_2+2e^-$
阴极反应	$2H_2O+2e^- \longrightarrow H_2+2OH^-$	$2H^++2e^- \longrightarrow H_2$	$H_2O+2e^- \longrightarrow H_2+O^{2-}$
工作温度/℃	40～90	20～100	500～1000
能源效率/%	70～80	80～90	90～100
制氢成本/(元/kg)	27～62	36～85	—
优点	技术成熟；稳定性好；成本较低；非贵金属材料	设计简单，结构紧凑；电流密度高；产氢纯度高	能量转化率高；氢产量大；非贵金属材料

续表

参数	碱性电解水制氢	质子交换膜电解水制氢	固体氧化物电解水制氢
缺点	电流密度低；腐蚀性强；动力学效应低	使用寿命低；酸性环境；贵金属材料；膜成本高	结构复杂，设计难度高；稳定性较低；陶瓷材料易脆
技术水平	国内外均已实现大规模工业化生产	国内仍处于试验阶段，国外已初步实现商业化生产	国内外均处于试验阶段

第四节　海水制氢

海水占地球全部水量的96.5%，与淡水不同，其成分非常复杂，涉及的化学物质及元素有92种。海水的盐度大约为千分之三十五，其中钠离子（Na^+）、镁离子（Mg^{2+}）、钙离子（Ca^{2+}）、钾离子（K^+）、氯离子（Cl^-）、硫酸根（SO_4^{2-}）占海水总含盐量的99%以上。海水中所含有的大量离子、微生物和颗粒等，会导致制取氢气时产生副反应竞争、催化剂失活、隔膜堵塞等问题。为此，以海水为原料制氢形成了海水直接制氢和间接制氢两种不同的技术路线。海水直接制氢的路线主要通过电解水制氢或光解水制氢方式制取，海水间接制氢则是将海水先淡化形成高纯度淡水再制氢，即海水淡化技术与电解、光解、热解等水解制氢技术结合。

一、海水电解制氢

海水电解反应包括阴极析氢反应（hydrogen evolution reaction，HER）和阳极析氧反应（oxygen evolution reaction，OER）两个半反应。在海水电解制氢过程中，对于HER，天然海水中存在各种溶解的阳离子（Na^+、Mg^{2+}、Ca^{2+}等）、细菌/微生物和小颗粒等杂质。这些杂质可能会随海水电解过程的进行而产生$Mg(OH)_2$、$Ca(OH)_2$沉淀物，这些沉淀物覆盖催化剂活性位点，从而使催化剂中毒失去活性。常见的HER基准电催化剂是铂系金属，对于阳极来说，其在酸性、碱性和中性条件下均表现出最好的性能。但是，在海水电解过程中，其HER性能与在淡水电解质中的表现相差甚远。另外，贵金属的稀缺和高成本也极大地阻碍了其大规模应用。因此，在实际应用中，在保持高活性的同时减少铂的使用至关重要。OER是一个复杂的四电子转移反应，反应动力学缓慢，因此其需要更高的过电位。而海水中的高浓度氯离子带来的析氯反应（chlorinr evolution reactions，CLER）和次氯酸盐的形成都是二电子反应，与OER相比，反应动力学较快，因此会干扰OER并与之竞争，进而降低转化效率。高析氧活性的电催化剂通常是IrO_2和RuO_2等贵金属氧化物催化剂，然而这两种元素的稀有性决定了发展储量丰富的过渡族OER高活性催化剂的必要性。

二、海水光解制氢

光解制氢是在光的作用下，直接将光能转化为化学能的过程，其本质是半导体材料（semiconductor，SC）的光电效应，当入射光的能量不小于半导体的禁带宽度（E_g）时，价带（valence band，VB）电子跃迁到导带（conduction band，CB），产生光生电子和空穴。电子和空穴迁移到材料表面，与水发生氧化还原反应，产生氧气和氢气。研究光催化剂制氢主要有光催化和光电催化（photoelectro catalytic，PEC）两种方式。光催化分解水是将光催化剂粉末直接分散在水溶液中，在光照射下产生氢气和氧气。其优点是催化剂能与水充分接触且装置简单；缺点是生成的氢气和氧气难以分离，且光激发的电子、空穴容易复合。PEC 则是将光催化剂制成电极浸入水溶液中，与对电极通过导线相连，在光照和偏压作用下，在两电极分别产生氢气和氧气。其优点是氢气和氧气易分离，且在偏压作用下降低了电子、空穴的复合概率；缺点是光照面积小且需要提供额外能量。在 PEC 海水分解中，通常用金属 Pt 作阴极，N 型半导体作光电阳极。以常用的光催化剂 TiO_2、g-C_3N_4 作为光电阳极的报道较多。

第五节　核能制氢

核能制氢指将核反应堆技术与先进制氢工艺耦合制氢，核能是清洁的一次能源，目前在我国呈现出良好的发展态势。为实现核能的可持续发展，国际上提出了第四代核能系统概念。随着系统的逐渐成熟，除了传统的核能发电，还应重视核能的非发电利用，特别是利用核能制氢。与传统制氢方法相比，核能制氢具有高效、清洁、大规模、经济等多方面的优点。

一、核能制氢反应堆

核能制氢原理如图 4-18 所示，其利用核反应堆产生的热能作为制氢的能源。核能制氢对反应堆的要求除了核能本身要求的安全性、经济性，还需满足以下要求：第一，反应堆出口最高输出温度与制氢过程中的最高温度相匹配；第二，在整个制氢过程中所有涉及的高温化学反应都是分解反应，且在近似恒温下操作；第三，反应堆功率可以很好地适应制氢过程和设施规模；第四，制氢过程和核能输送接口应保持低压；第五，核设施应与化学设施进行分离。不同的堆型可以在不同的温度范围内提供制氢所需的热能或电能。

二、核能制氢技术路线

核能到氢能的转化途径较多，技术路线如图 4-19 所示，包括以水为原料经电解、高温热化学循环、高温蒸汽电解（高温电解水）制氢，以硫化氢为原料裂解制氢，以天然气（甲烷）、煤、生物质为原料的热解制氢等。以水作为原料时，整个制氢工艺过程都不产生 CO_2，基本可以消除温室气体排放；以其他原料制氢时只能减少碳排放。另外，利用核电电解水只是核能发电与传统电解的简单联合，仍属于核能发电领域，一般不视为真正意义上的核能制氢技术。因此，以水为原料，全部或部分利用核热的高温热化学循环和高温蒸汽电解被认为是代表未来发展方向的核能制氢技术。

（一）高温热化学循环制氢

1. 硫-碘热化学循环

硫-碘（S-I）热化学循环是发展较早的热化学循环，相比于水的直接热解，该循环所

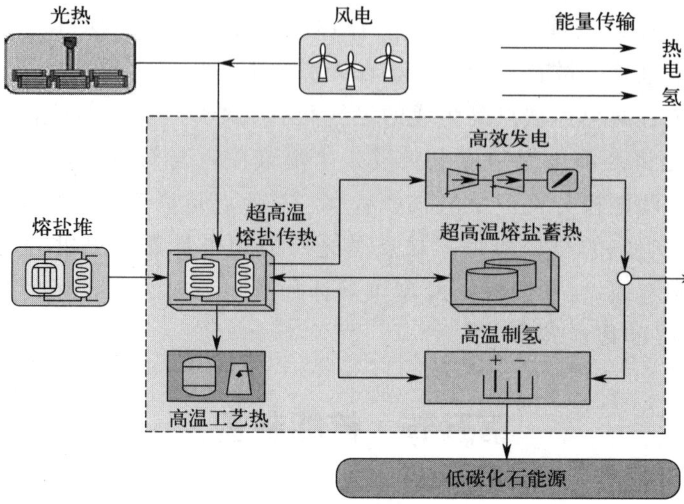

图 4-18　核能制氢原理示意图

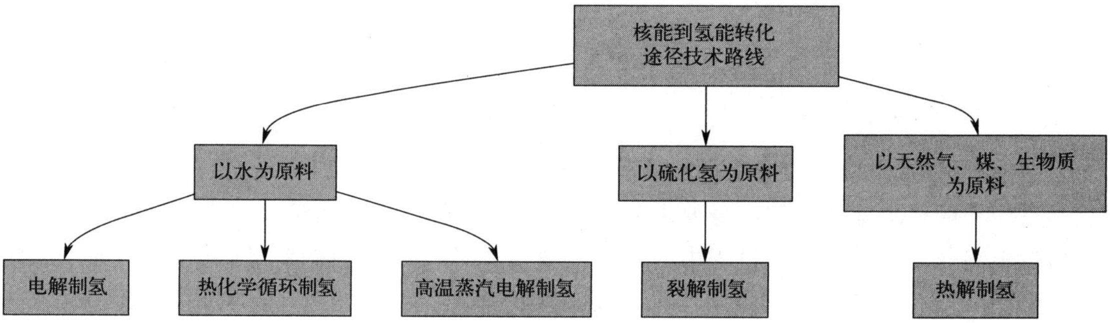

图 4-19　核能制氢技术路线

需的温度较低，这使得该循环在经济上和技术上都可实现。如图 4-20 所示，S-I 循环主要由 3 个过程组成，核心反应为 I_2、SO_2 与蒸汽在约 120℃下反应生成两种不混溶酸，即 HI 和 H_2SO_4；之后 HI 和 H_2SO_4 被分离、提纯和浓缩。另外两个吸热反应为这两种酸的分解，硫酸在约 900℃下分解产生氧气和二氧化硫；HI 在约 400℃下分解产生 H_2，剩余的 I_2 被回收到核心反应阶段。

工业生产中的 S-I 热化学循环工艺流程如图 4-21 所示。

2. 硫酸混合循环

硫族另一个研究的热点是硫酸混合（HyS）循环，该循环也称西屋循环，是最著名的热化学制氢混合工艺。HyS 循环最初由西屋公司在 20 世纪 70 年代提出，作为用于大规模制氢的热化学-电化学联合循环。该循环首次证明了只有两个反应的热化学分解水的过程，即硫酸的热分解与二氧化硫与水的电化学氧化相结合，从而生成硫酸和氢气。

如图 4-22 所示，该循环主要包括两个反应步骤：一个是在 800℃左右下的硫酸的热分

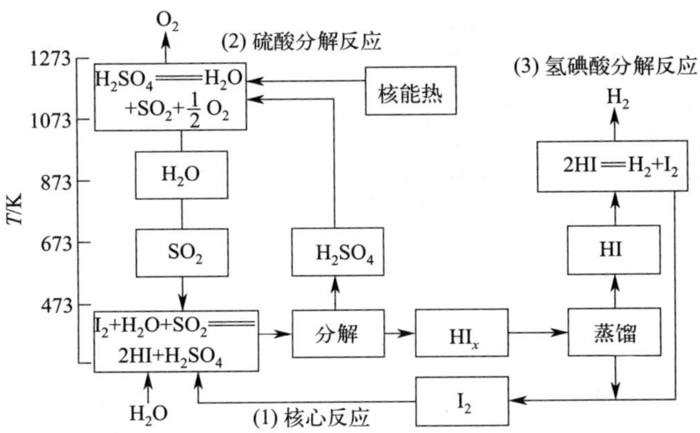

图 4-20　S-I 循环过程示意图

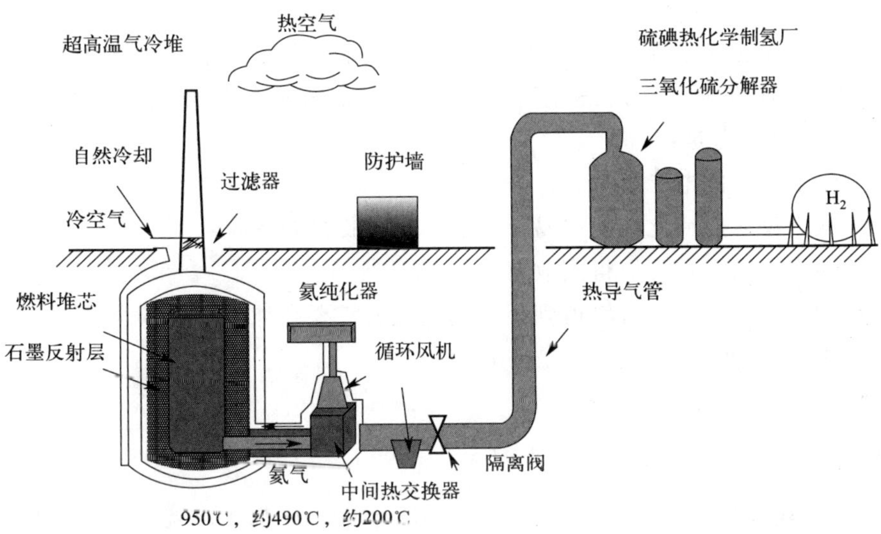

图 4-21　硫-碘热化学循环工艺流程图

解，产物为氧气；另一个是 SO_2 的电解（水电解），产物为硫酸和氢气。SO_2 电解所需的电压约为 0.17V，远低于水电解所需的电压 1.23V。从电化学的角度来看，当电解槽能够产生浓硫酸时，可以实现较高的整体效率。HyS 循环的热效率可达到 48%～52%，其优点在于电解所需的电压和温度较低，为此该循环可以由核反应堆的废热或中温热源驱动，但面临的挑战是 SO_2 电解槽的开发。

3. 铜-氯热化学混合循环

铜-氯热化学混合循环是另一种混合循环，如图 4-23 所示。与 HyS 循环不同，Cu-Cl 循环制氢所需的最高温度约为 550℃，较低的运行温度不仅降低材料和维护成本，而且能有效利用低挡余热，从而提高循环和电厂效率。

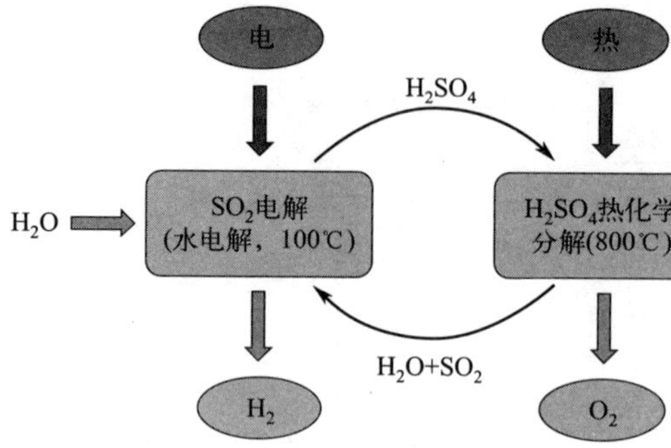

图 4-22　HyS 循环示意图

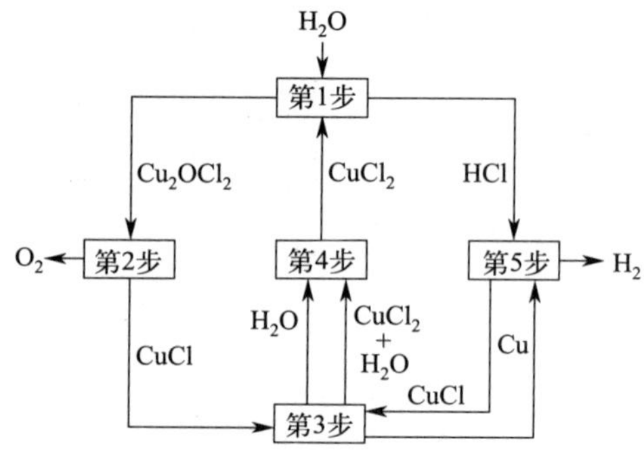

图 4-23　Cu-Cl 循环制氢过程示意图

（二）高温电解水制氢

高温电解水制氢的化学反应如下。

$$H_2O \xlongequal{} H_2 + \frac{1}{2}O_2 \qquad \Delta H = -242\text{kJ/mol} \tag{4-55}$$

高温电解水的电解槽为固体氧化物电解槽，固体氧化物电解池典型的操作温度为800℃，通过核反应堆所产生的热量为固体氧化物电解池提供热量，实现高温（800～1000℃）电解。其优点是：

① 热力学上需要的电能减少；

② 电极表面反应的活化能能垒易于克服，可以提高效率；

③ 电解池中的动力学可以得到改善；

④ 这种制氢方法适用于可以得到廉价电能或者需要高纯氢气的场合。

高温电解水一般所需氦气温度为 750～950℃。

小　　结

建设清洁低碳、安全高效的能源体系，优化改善能源结构，落实“碳达峰”“碳中和”目标，提高非化石能源所占比重，是我国从 2021 年开始实行的重大能源战略目标。与化石能源相比，可再生能源因其清洁、可循环使用等特点，在未来具备极大的开发潜力。能源是人类生存、生活与发展的重要基础，面对全球性的能源危机和环境污染等问题，开发可持续利用的清洁新能源已成为世界各国的一致选择。在新一轮能源变革中，氢能以其来源丰富、清洁无污染、可再生、可存储、运输方便、用途广泛等优势，成为世界各国开发新能源技术的首选，甚至被称为 21 世纪的“终极能源”。本章就可再生能源制氢展开，主要介绍了如何将可再生能源转化为氢能的制取方法，这些方法大多以生物质、水等非化石燃料作为制氢原料，或是以更为环保清洁的能量形式，如太阳能作为产氢过程中能量消耗的来源。我国具有丰富的氢能供给经验和产业基础，应用市场潜力巨大。近年来，我国不断实施顶层规划，明确氢能作为能源产品的相关法规体系，持续完善与氢能管理相关的法律法规体系，不断推动可再生能源产业健康发展，优化能源结构。随着全球氢能源的发展，相信能够早日实现可持续能源发展。

参考文献

[1] 陈健，果晶晶．钢铁行业氢冶金技术中氢源问题分析［J］．山西冶金，2022，45（3）：115-116，119.

[2] 毛宗强，毛志明，余皓，等．制氢工艺与技术［M］．北京：化学工业出版社，2018.

[3] 黄国勇．氢能与燃料电池［M］．北京：中国石化出版社，2020.

[4] 张晖，刘昕昕，付时雨．生物质制氢技术及其研究进展［J］．中国造纸，2019，38（7）：68-74.

[5] 张红岗．固体热载体催化气化生物质制氢工艺研究［D］．大连：大连理工大学，2005.

[6] 张金超．竹醋液活化竹炭多联产过程研究［D］．湘潭：湘潭大学，2021.

[7] 郭磊，王延安，许珂，等．超临界水气化制氢技术多联产应用场景探究［J］．氮肥与合成气，2022，50（3）：1-6.

[8] 李荣泉，张卫东，于震宇，等．生物质裂解油蒸汽重整制氢研究进展［C］．中国金属学会能源与热工分会，东北大学．第十届全国能源与热工学术年会论文集［C］．杭州：中国金属学会能源与热工分会，2019：66-70.

[9] 温汉泉．光发酵生物膜反应器强化产氢运行调控与机制［D］．哈尔滨：哈尔滨工业大学，2021.

[10] 李坤，李欢．垃圾制氢技术研发与产业化进展［J］．工业技术创新，2022，9（3）：73-82.

[11] 王博，宋永 ，王鑫，等．有机固体废弃物热化学制氢研究进展［J］．化工进展，2021，40（2）：709-721.

[12] 杨锦，孙浩然，张文帅，等．太阳能绿色制氢研究进展［J］．电站系统工程，2022，38（1）：79-81.

[13] 邢晔彤．共轭小分子光催化制氢/制氧性能研究［D］．广州：华南理工大学，2020.

[14] 祁育，章福祥．太阳能光催化分解水制氢［J］．化学学报，2022，80（6）：827-838.

[15] 李建林，梁忠豪，李光辉，等．太阳能制氢关键技术研究［J］．太阳能学报，2022，43（3）：2-11.

[16] 陈靖，董树杰，周红军．太阳能光伏效应制氢研究进展［J］．煤化工，2022，50（3）：79-85.

[17] 李亮荣，彭建，付兵，等．碳中和愿景下绿色制氢技术发展趋势及应用前景分析［J］．太阳能学报，2022，43（6）：508-520.

[18] 林佳怡，朱丽娜，朱凌岳．太阳能制氢技术研究新进展［J］．当代化工，2021，50（10）：2429-2433.

[19] 李英，杨元林，陈丽佳，等．倒置钙钛矿太阳能电池电子传输层的研究进展［J］．激光与光电子学进展，2023，60（15）：1-26.

[20] 张顺星，苑易伟，胡平，等．光伏-PEM直接耦合电解水制氢系统研究［J］．工业仪表与自动化装置，2022（3）：49-52.

[21] 李静．电解水制氢的影响因素研究［D］．北京：北京建筑大学，2020.

[22] 杜迎晨，雷浩，钱余海．电解水制氢技术概述及发展现状［J］．上海节能，2021（8）：824-831.

[23] 势银．中国电解水制氢产业蓝皮书（2022）［EB/OL］．［2022-09-08］.

[24] 位召祥，张淑兴，刘世学．固体氧化物电解制氢技术现状及面临问题分析［J］．科技创新与应用，2021，11（35）：36-39.

[25] 王涵，李世安，杨发财，等．氢气制取技术应用现状及发展趋势分析［J］．现代化工，2021，41（2）：23-27.

[26] 骈松，孙邦兴，杨华．基于可再生能源纯水电解制氢技术展望［J］．山东化工，2020，49（15）：64-65.

[27] 杜鹏，李琳，王金成．海水淡化处理技术的方法及成本分析［J］．工程造价管理，2018，（2）：64-69.

[28] 万晶晶，张军，王友转，等．海水制氢技术发展现状与展望［J］．世界科技研究与发展，2022，44（2）：172-184.

[29] 柯善超，陈锐，陈刚华，等．碳中和背景下的海水制氢路线［J］．分布式能源，2021，6（6）：17-23.

[30] 刘秀，李林蔚，王婉莹．积极发展核能制氢助力“双碳”目标实现［J］．国防科技工业，2022，（3）：63-65.

[31] 李智勇，于倩，胡江，等．基于热化学循环的核能制氢技术经济分析与研究［J］．无机盐工业，2022，54（9）：1-10.

[32] 张平，于波，徐景明．核能制氢技术的发展［J］．核化学与放射化学，2011，33（4）：193-203.

[33] 孙征，吴晓春，李龙，等．可用于小型铅铋冷快堆的核能制氢技术分析［J］．科技创新导报，2016，13（8）：68-70.

第五章
绿氢的制备及应用

国际氢能学会副主席、清华大学教授毛宗强曾强调，“绿氢是发展氢能的初衷”，能源的“去碳化”是通过无碳能源生产“绿色的氢”来实现的。尽管所有“颜色”的氢都将在未来发挥作用，但归根结底，绿氢是最具可持续性且真正无碳的。因此它也正成为全球氢能发展的焦点。数据显示，截至2020年底，全球已有约70个在建的绿氢项目，其中吉瓦（GW）级项目已超过20个。2021年欧洲还提出了2024年建成6GW、2030年建成近40GW电解绿氢产能的发展目标。

第一节　绿氢的由来

国外一般根据氢的来源及工艺，将氢分为九种颜色代码，分别是绿色、蓝色、灰色、棕色或黑色、绿松石色、紫色、粉色、红色和白色。“绿氢”指的是以水为原料，采用可再生能源电解生产的氢气，制氢过程中没有二氧化碳排放。“灰氢”指的是通过化石燃料如石油、天然气和煤制取的氢气，制氢成本较低，但二氧化碳排放量大。“蓝氢”指的是以化石燃料为原料，同时配合二氧化碳捕集和碳封存技术（CCUS）制得的氢气，二氧化碳排放强度相对较低但捕集成本较高。棕色或黑色的氢是分别由褐煤（棕色）和烟煤（黑色）制取出来的氢气，煤气化是一种生产氢气的方法，二氧化碳作为副产品被释放到大气中。绿松石氢则是利用甲烷的热裂解来提取，该工艺虽然处于实验阶段，但可以以固体形式去除碳，而不产生二氧化碳气体。紫色氢是利用核能和热能，通过化学-热电解和水的分解合成的氢气。粉红色氢是利用核电站的电力，同时通过电解水产生的氢气。红色氢是利用核能热能作为能源，通过水的高温催化裂解产生的氢气。白色氢是指天然存在的氢。

绿氢在中国没有被准确定义，我国将可再生能源通过电解水生产的氢气称为可再生氢。可再生能源包括风能、太阳能、水能、生物质能、地热能、海洋能等非化石能源。单位氢气碳排放量≤4.9kg/kg，此类氢气称为清洁氢。国内俗称“绿氢”的氢气就是可再生氢。

我国第一个万吨级光伏绿氢示范工程在2021年底于新疆库车正式启动。中国科学院院士、中国科学技术大学化学与材料科学学院院长李灿及其团队开发的高效、低成本、长寿命规模化电催化分解水制氢技术，是全球第一个规模化太阳燃料合成示范项目关键技术之一，其于2020年1月在兰州新区试车成功。2020年10月，全球首套“液态阳光加氢站”一体化装置示范成功。2020年12月，我国发布了《新时代的中国能源发展》白皮书，提出加速发展绿氢制取、储运、应用等氢能产业链技术装备，促进氢能燃料电池技术链、氢燃料电池汽车产业链发展，支持能源各环节多场景储能应用，着力推进储能与可再生能源互补发展。

绿氢是氢能利用的理想形态，有潜力满足全球15%的能源需求。据行业研究机构预测，要实现2030年“碳达峰”目标，我国氢气的年需求量将达到3715万吨；要实现2060年“碳中和”目标，氢气的年需求量将达到1.3亿吨，其中绿氢规模有望达到1亿吨。但受到目前技术及制造成本的限制，政府和公众都在努力寻求降本空间，绿氢实现大规模应用还需要时间。

绿氢成本主要由3部分组成：可再生能源产生的电力，用于将水电解成氢气和氧气；电解槽，是电解分离的场所；运行和维护，也是设备全生命周期成本。其中占比最高的为电力和电解槽，所以降低电价和电解槽成本是中国实现绿氢工业化、规模化的两大核心环节。

可再生能源产生的电力作为能源原料来生产绿氢，它通常由太阳能发电或风力发电获得。电解槽系统反映了生产绿氢的资本支出。目前有四种类型的电解槽工艺最具竞争性，分别是：碱性电解槽、质子交换膜（PEM）电解槽、碱性阴离子交换膜（AEM）电解槽和固体氧化物电解槽。电解槽系统一般由槽体和配套系统组成，其中槽体作为氢气制备的场所，是电解槽系统的核心；配套系统则包含冷却、提纯、温控等一系列设备。

随着光伏、风电的发电成本不断下降，以及电解槽等制氢设备成本的下降，绿氢成本将实现与灰氢平价。这种前景一旦达成，绿氢的大规模产业化即可实现。

目前，最具氢能市场发展潜力的国家包括沙特阿拉伯、阿联酋、摩洛哥、埃及、智利、巴西、澳大利亚、美国和中国。美国和中国将同步发展绿氢和蓝氢，以实现氢能自给自足。沙特阿拉伯、阿联酋、摩洛哥、智利、巴西和澳大利亚等国具备较低的绿氢生产成本，拥有丰富的太阳能和陆上风能资源，将成为未来氢能出口中心。欧洲国家（如德国、荷兰、英国等）普遍具备丰富的海上风能资源，其绿氢成本处于中等水平，将通过本国生产与进口相结合的方式满足氢能需求。可再生能源潜力有限的国家（如日本和韩国）则属于绿氢成本较高的国家。

第二节　绿氢的制备

2022年4月，工业和信息化部、国家发展和改革委员会等六部委联合发布了《关于“十四五”推动石化化工行业高质量发展的指导意见》。该文件提出，到2025年，石化化工行业基本形成自主创新能力强、结构布局合理、绿色安全低碳的高质量发展格局，并多次提及绿氢。同时该文件要求，加快突破新型催化、绿色合成、功能-结构一体化高分子材料制造、“绿氢”规模化应用等关键技术；鼓励石化企业因地制宜、合理有序开发利用“绿氢”，推进炼化、煤化工与“绿电”“绿氢”等产业耦合示范。

一、光伏发电制氢

2022 年，国家五部委联合印发《智能光伏产业创新发展行动计划（2021—2025 年）》，提出支持智能光伏制氢等试点示范项目建设，加快开展制氢系统与光伏耦合技术研究。同时，该文件提出支持建设一批光伏储能、光伏制氢等系统验证平台，加强多领域横纵联合。

光伏发电制氢（光伏电解水制氢）是将太阳能发电和电解水制氢组合成系统的技术，并且有着 40 年的发展历史，被看作是最有前景的制氢方法之一。

（一）光伏发电制氢技术路线

常规的太阳能-光伏电池-电解水制氢系统的第一步是通过太阳能电池将太阳能转化成电能，第二步是将电能转化成氢气。

在光伏电解水制氢系统中，光伏阵列与电解槽之间的连接方式有两种：间接连接（间接耦合）和直接连接（直接耦合）。目前大多数光伏发电制氢系统采用间接连接方式，通常整套系统由光伏阵列、最大功率点跟踪（maximum power point tracking，MPPT）控制器、蓄电池、DC/DC 转换器、电解槽组成，如图 5-1 所示。这种连接方式使得光伏阵列所产生的电量被蓄电池吸收，然后通过 DC/DC 转换器平稳释放。而在光伏发电系统中，光伏阵列只有工作在最大功率点附近，才能使系统获得最大的能量输出。MPPT 控制器的作用是使光伏阵列始终工作在最大功率点附近，保证光伏阵列始终在高转换效率下工作。光伏阵列发出的电能随光照强度和环境温度的变化存在较大的波动，不断变化的电流对电解槽性能会产生较大影响，为了削弱这种影响，采用蓄电池进行缓冲储能。DC/DC 转换器可用来调节输出电压和电流，使其满足电解槽正常运行的需要。

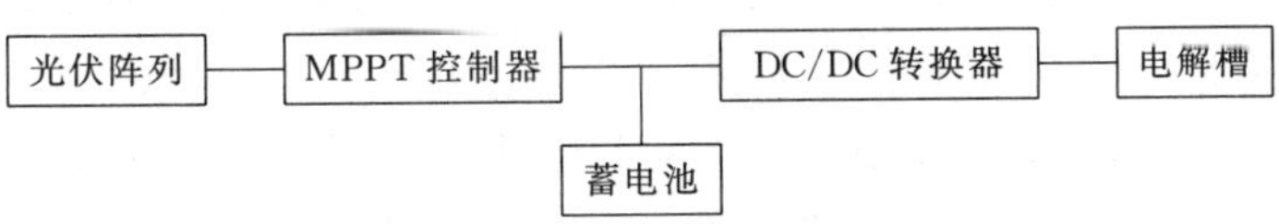

图 5-1　光伏制氢间接连接方式

间接连接的另一种方式就是光伏阵列输出的直流电经过逆变器转换为交流电，然后以交流电的方式输送至电解槽用电侧。这种方式可适用于远距离输送，避免了光伏低压直流电远距离输送的电损耗。

所谓直接连接方式，是指将光伏阵列输出的直流电直接通入电解槽，省去最大功率点跟踪控制器等设备。如图 5-2 所示，这种系统要求光伏阵列与电解槽的性能曲线能较好地匹配，以使系统高效、经济。光伏阵列与电解槽的直接连接方式与图 5-1 中的连接方式相比，省去了 MPPT 控制器、蓄电池、DC/DC 转换器，使系统更为简单。但是从图中也可看出，直接连接系统

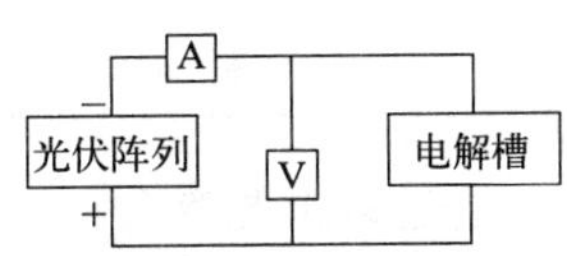

图 5-2　光伏制氢直接连接方式

中，光伏阵列的输出电压和电流无法调节，若光伏阵列最大功率点的输出电压、电流与电解槽的工作电压、电流不能很好地匹配，将会使光伏阵列在偏离最大功率点的地方运行，导致光伏电池的转换效率降低，从而使系统效率下降。因此，直接连接系统中，光伏阵列与电解槽的合理匹配是难点。另外，直接连接系统中没有蓄电池、DC/DC转换器等调节装置，这也需要电解槽的宽功率适应性更高。

（二）光伏发电制氢成本及经济性分析

氢能作为国家鼓励发展的绿色清洁能源，近年来光伏发电制氢装机规模不断扩大，但光伏发电具有随机性、波动性、阶段性供电等问题，增加了电网调度的难度。

光伏发电制氢主流的方法依然是使用电解水制氢，只不过电的来源基于光伏发电。所以，在光照时间足够长的地区建立光伏发电站，光伏发电可以覆盖电解水的电力成本。

以 $1000m^3/h$ 的电解水制氢为例，总投资约1400万元，按照制取 $1m^3$ 氢气消耗5kW·h电能计算，不同电价测算制氢成本分析如表5-1所示。

表5-1 光伏发电制氢成本表

电价/[元/(kW·h)]	0.24	0.34	0.44	0.54	0.74
制氢成本/(元/m^3)	1.5	2	2.5	3	4

由此分析，当光伏发电制氢电价控制在0.3元/(kW·h)以下时，制氢成本才具有竞争力。按照目前市场价格进行测算，100MW光伏发电直流系统的造价见表5-2。

表5-2 光伏发电直流系统造价

设备设施	光伏组件	光伏支架	汇流箱	线缆	基础	合计
造价/万元	17000	3000	500	500	2000	23000

以资源最丰富的区域为例，第一年光伏利用小时数为1700h，其他参数如下：装机容量，100MW；建设期，1年；资本金投资比例，20%；流动资金，10元/kW；借款期限，10年；还本付息方式，等额本息；长期贷款利率，4.90%；折旧年限，20年；残值率，5%；维修费率，0.5%；人员数量，5；人工年平均工资，10万元；福利费及其他，70%；保险费率，0.23%；材料费，3元/kW；其他费用，10元/kW。按照全部投资内部收益率满足8%反算电价，并分别分析计算造价为2.3亿、2亿、1.8亿、1.6亿元时的电价，见表5-3。

表5-3 不同造价反算的电价

造价/亿元	1.6	1.8	2	2.3
电价/[元/(kW·h)]	0.1895	0.211	0.233	0.266

通过以上测算分析，可以估算库车绿氢项目的制氢成本。一般光伏电站的设计使用寿命为25年（不算维护成本），库车年产氢能为2万吨，因此25年可制氢50万吨，则每吨的成本=30亿元÷50万吨=6000元/吨=6元/千克。在后期维护上，主要是人工清理成本，50MW需要安装50万平方米的光伏板，则新疆库车项目需要300万平方米的光伏

板；光伏发电站每 10 天清洗一次，一个工人一天大概可以清洗 $100m^2$，十天可以清洗 $1000m^2$，则光伏板清洗需要 3000 人，运行 25 年的人工成本为近 100 亿元。所以，如果加上后期维护成本，则每吨的成本＝(30 亿＋100 亿)÷50 万吨＝26000 元/吨，也就是 26 元/千克。光伏制氢的 26 元/千克的成本，相较于纯电解水的 33～38 元/千克，制氢成本降低了。

（三）光伏发电制氢和光氢储

所谓光氢储，其核心思想是当光伏充足但无法上网、需要弃光时，利用光电将水电解制成氢气（和氧气），将氢气储存起来；当需要电能时，将储存的氢气通过不同方式（内燃机、燃料电池或其他方式）转换为电能输送上网。

光氢储的三个阶段分别如下：首先从电网上取电，这样电解水制出的氢的能量转换率高达 85%；然后将制出的氢在燃料电池中发电，该过程的能量转换率约 50%；最后是能量之间的转化与消耗，有燃料电池自身消耗的电能、氢气从电解池的低压状态压缩到输送的高压状态消耗的能量、输送高压氢气到加氢站所消耗的能量、加氢站给车上储氢罐充氢所消耗的能量等。按照这种耗能计算，电解水制氢所耗的一度（1 度＝1kW・h）电送到车上供电动机使用时，只剩不到 0.3 度，使得光氢储的能量转化效率低于 30%。

通常情况下，我国光照富集区离电力负荷区远，常发生供需错配，不利于电网的安全稳定，并且存在一定困难。同时，发电量波动也会产生电力消纳问题。虽然近年国内光伏发电的弃光率在下降，如 2020 年全国平均弃光率约为 2%，但在电力消纳困难的西北地区，弃光率仍有 4.8%左右。因此，光伏作为一种新能源，其间歇性非常明显，可以通过合理地使用弃风弃光来提高能源利用效率。

从经济性角度来看，单纯以储能为目的的光伏制氢成本较高，整体经济效益有限。然而，将光伏发电与电解水制氢相结合，可有效提高光伏发电系统的利用率，减少弃电率，并缓解新能源并网的冲击。氢能作为重要的二次能源，在促进可再生能源消纳，以及实现能源结构转型和“碳中和”目标方面具有重要的战略意义。

（四）光伏制氢的意义

各国政府和行业机构普遍认为，用氢替代工业、交通、发电等领域的化石燃料，是未来实现“碳中和”目标的重要路径。目前全球氢气需求量约 6000 万吨/年，如果全部由光伏发电来生产，需要超过 1500GW 的光伏。未来三十年，氢的年均新增需求在 2000 万吨以上，每年需要新增约 900GW 光伏装机。氢作为储能介质具有比锂电池更高的能量密度。从制取氢气的来源上看，可利用可再生能源发电来电解水生产氢，这样可实现氢在生产源头上的无碳化。目前，光伏发电已经成为全球最经济的清洁能源，同时它的度电成本还在继续下降，光伏发电的低度电成本给电解水制氢带来了降低成本的机会。光伏制氢为光伏发电创造了新的应用场景和广阔的市场需求，那么利用充足且经济的光伏电力电解水生产绿氢，就可以不断扩大绿氢的应用规模，加速实现全球各国减碳和脱碳的目标。

氢能企业通过光伏制氢技术在一定程度上缓解了光伏发电的弃电问题。根据 2021 年上半年数据，全国光伏产业弃光量约为 0.6kW・h，平均弃光率为 2.1%。此后，随着 2022—2023 年多地光伏制氢示范项目陆续建设并投运，全国光伏利用率整体保持在约

98%水平（对应弃光率约 2%左右），弃光情况较 2021 年有所改善，但区域差异依然显著。进入 2024 年，受光伏装机快速增长、电网调峰能力不足等因素影响，部分省份出现阶段性弃光反弹，全国弃光率在地区间差异更加明显。2025 年以来，随着更多制氢项目和配套储能设施的建设推进，光伏制氢在部分高弃光地区的消纳作用进一步增强，但从全国范围看，弃光问题仍未完全解决，整体消纳水平仍呈波动性改善态势。

二、风电制氢

目前风能是发展最快的可再生能源之一，原因之一是其发电成本的大幅下降。其使用数量在全球范围内呈现出上升趋势。1997—2018 年间，全球岸上和离岸风力发电产能增长了近 75 倍，从 7.5GW 跃升至 564GW。仅在英国，2020 年风力发电量就占全国总发电量的 24%，离岸风力发电量和岸上风力发电量分别占 13%和 11%。

风电制氢技术是一种将风力发电产生的电能通过简单的处理直接应用到电解水制氢的技术，产生的氢气经过存储和运输，主要应用于氢燃料电池汽车或作为工业原料等。风电制氢具体的过程为：风力发电→电解水→制氢、制氧→氢气能源→发电、制热、供交通工具使用等。如图 5-3 所示，风电制氢系统主要由风力发电机组、电解水装置、燃料电池、电网等组成。目前各个地区正在积极探索利用风电制氢的技术，其作为一种新型的储能方式，不仅提高当地风能的利用率，还有望能缓解风电的弃风难题和提高就地消纳能力。例如，我国首个风电制氢项目——河北沽源风电制氢综合利用示范项目，其由河北建投新能源有限公司投资，总投资为 20.3 亿元，年制氢量为 1752 万立方米。

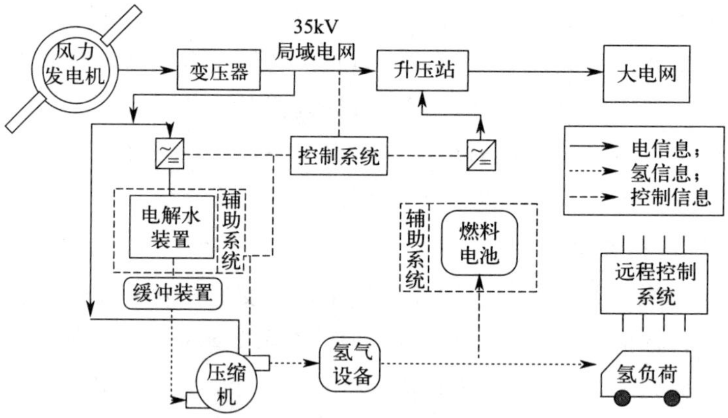

图 5-3　风电制氢流程图

（一）风电制氢现状和发展

从 2009 年开始，国家电网有限公司率先开展风光电结合海水制氢技术的前期研究和氢储能关键技术及其在新能源接入中的应用研究。相较之下，我国的风电制氢起步还是较晚。从 2014 年至今，中国节能环保集团有限公司、河北建设投资集团有限责任公司、国家电力投资集团有限公司和国家能源投资集团有限公司（国家能源集团）等相关企业纷纷启动了风电制氢项目。2018 年 10 月，国家发展和改革委员会、国家能源局印发《清洁能源消纳计划（2018—2020 年）》，提出“探索可再生能源富余电力转化为热能、冷能、氢能，实现可再生能源多途径就近高效利用”。风电制氢的发展逐渐被重视，随之一系列可再生能源的利好政策发布，但总体的发展还是较为缓慢的。受制于国内制氢场地的建设需要在化工园区，以及发电过网等因素，风电制氢的市场应用受到较大挑战，表 5-4 为部分 2020—2022 年建设并运行的风电制氢项目。

表 5-4　部分风电制氢研究及项目

时间	投资方	项目名称
2020 年 3 月	河北建投新能源有限公司	沽源风电制氢综合利用示范项目
2022 年 1 月	濮阳市新星清洁能源有限公司	中原油田增量配电网风电制氢示范项目
2022 年 3 月	国家能源集团	张家口风电光伏发电综合利用(制氢)示范项目
2022 年 9 月	吉林电力股份有限公司	大安风光制绿氢合成氨一体化示范项目
2022 年 9 月	国家电力投资集团有限公司	海上风电制氢输氢示范项目

大规模风电的消纳一直都是世界性难题，我国在这方面的问题更加突出。一方面，我国风资源集中、规模大，远离负荷中心，资源的市场规模小，难以就地消纳；另一方面，风电本身具有波动性和间歇性等特点，风电并网需要配套建设调峰电源，而我国风电集中的“三北”（西北、华北、东北）地区，电源结构单一，基本没有调峰能力。此外，跨区输电能力不足也是一个重要的制约因素。

利用弃风来制氢能大大降低地区弃风率，同时可以提高地区风电装机规模。风电制氢、储氢及综合利用的研究为风电消纳提出了一种新模式。采用电网用电低谷时被限掉的风电制氢，通过对制取的氢气进行了高密度、长时间储存，以及对高效、零排放氢气等的利用，可以解决风能限电问题，提高风能供给的连续性和稳定性。在满足电网需求的前提下，利用剩余的风能进行制氢，可以做到能源的最大利用。

从风能资源区划分情况（表 5-5）可以看到，我国风能资源主要集中在西北、东北地区，离东部的用电多的省份较远，不利于风能的应用开发；部分地区也存在风能并网困难的情况，需要通过提高风能的就地消纳能力来提高利用率。虽然目前大多数地区的弃风问题有了较大幅度的缓解，但是像内蒙古（弃风率为 7.1%）、甘肃（弃风率为 7.6%）和新疆（弃风率为 14.0%）的弃风现象仍然严重，难以完全解决。

表 5-5　我国各地区风能资源区划分情况

资源区	地区
Ⅰ类资源区	内蒙古自治区除赤峰市、通辽市、兴安盟、呼伦贝尔市以外的其他地区；新疆维吾尔自治区的乌鲁木齐市、伊犁哈萨克族自治州、昌吉回族自治州、克拉玛依市、石河子市
Ⅱ类资源区	河北省的张家口市、承德市；内蒙古自治区的赤峰市、通辽市、兴安盟、呼伦贝尔市；甘肃省的张掖市、嘉峪关市、酒泉市
Ⅲ类资源区	吉林省的白城市、松原市；黑龙江省的鸡西市、双鸭山市、七台河市、绥化市、伊春市、大兴安岭地区；甘肃省除张掖市、嘉峪关市、酒泉市以外的其他地区；新疆维吾尔自治区除乌鲁木齐市、伊犁哈萨克族自治州、昌吉回族自治州、克拉玛依市、石河子市以外的其他地区；宁夏回族自治区
Ⅳ类资源区	除前三类资源区以外的其他地区

（二）风电制氢技术类型

根据风电来源的不同，风电制氢技术分为并网型风电制氢和离网型风电制氢。

并网型风电制氢，是指将风电机组接入电网，从电网取电的制氢方式，比如从风场的35kV或220kV电网侧取电，进行电解水制氢，主要应用于大规模风电场的弃风消纳和储能。由于与电网相连，其单机容量较大。并网状态下风电耦合制氢又可以分为以下3个模式：一是利用弃风电力制氢，电解制氢装置为电网“削峰”；二是进一步结合燃料电池发电，为电网“填谷”；三是采用电网辅助的风电制氢系统，保证氢气供应的稳定性和可靠性。并网型风电制氢一个重要研究方向是整套系统的配置优化和调控策略仿真。不稳定的风电电源给制氢装置的配置和运行优化带来较大的挑战。以碱性电解制氢为例，风电功率的随机变化导致碱性电解水装置输入功率频繁变动，造成石棉隔膜压力和碱液浓度等的变化，影响电解水效率和电解装置的寿命和运行安全性。通过智能仿真技术分析电压、电流、温度、压力、膜电极材料电化学特性等对制氢装置运行的影响，以及配置碱性电解水制氢装置和超级电容器后的启停控制策略，可以大大节省制氢成本，延长电解槽使用寿命。此外，通过对电价、风电可用性和氢气需求进行智能预测，实现电解制氢的优化调度，可进一步减少无效弃风并提高系统经济性。总体来看，并网型风电制氢的另一重要优势在于利用电解系统的快速响应能力增强风电并网友好性，从而提升电网对大规模风电的吸纳能力。

离网型风电制氢，是指将单台或多台风机所发的电能不经过电网直接提供给电解水制氢设备进行制氢，主要应用于分布式制氢或局部应用于燃料电池发电供能。由于独立于电网运行，其单机容量较小。离网条件下风电耦合制氢主要有2种模式：一是微网集成模式，由风力发电机组、电解水制氢装置、储氢设施和燃料电池等模块组成微网系统，为用户提供电、热、冷等综合能源服务；二是独立制氢模式，适用于风力资源丰富但电网接入受限或建设成本高昂的地区，风电直接用于电解水制氢，不接入电网。离网型风电耦合制氢技术的工程示范从2000年开始陆续出现，其制氢装置在不稳定电源下运行是可行的，但在低负荷下的制氢效率和氢气品质却无法保证。Ulleberg等在挪威Utsira岛开展了世界上第一套离网型风电耦合制氢的工程示范，整套系统包括风电系统（600kW）、电解制氢系统（$10m^3/h$）、高压储氢系统（$2400m^3/h$，20MPa）、氢气发动机（55kW）和PEM燃料电池（10kW）。4年多的实际运行数据表明，整套系统的效率可达53%，而且这种供能方案可以满足一个社区的用能需求。总体上看，离网条件下的风电耦合制氢技术尚处于初步发展阶段，系统在技术集成和商业模式上还需深入探索。

（三）风电制氢技术要求

根据电解水制氢技术的不同，风电制氢技术主要分为：碱性（ALK）电解水制氢、质子交换膜（PEM）电解水制氢和固体氧化物（SOE）电解水制氢。

从技术角度来看，因为风电具有随机性、不稳定性、波动性较大的特点，对风力发电机、风电场能量控制系统、制氢装置都有着较高的要求。

1. 风力发电机

风力发电机不仅需要将电能通过变流装置输送到电网，同时也要利用弃风发电来为电解装置供电。因此风力发电机需要具有很强的抗风波动能力，即高适应性。

2. 风电场能量控制系统

风电场能量控制系统主要包括：①风电场能量的控制，可以根据电网调度和制氢及燃料电池发电系统的需求进行风电场发电控制，动态调节风电场的发电规律，从而确保功率分配合理与负荷平衡；②风电场电压的控制，可以依据风电场的运行模式，利用协调无功补偿设备、风电机组等实现风电场输出电压的稳定；③风电直接制氢及燃料电池发电系统站的控制，可以根据电网需求、风能等情况控制制氢系统、燃料电池发电装置等的启动、停止及功率控制等。

3. 制氢装置

风电制氢系统的功率输出波动范围非常大，制氢功率的波动会对制氢装置产生一定影响，影响主要有两个方面：一是大幅波动对装备寿命的影响；二是对产品气体纯度的影响。制氢系统中阴极和阳极之间具有透水隔气功能的隔膜布，其可防止氢气和氧气混合，但是仍有少量氢气与氧气渗入隔膜，所以电解装置中装有氢氧浓度分析仪，用来监测和保护，防止爆炸。经实验研究，在宽功率波动中，制氢低功率会导致产生的气体不纯，因此需要调整其他工艺参数，保证制氢低功率下的安全运行。将电解液循环量与系统功率同比调节，能够大大提高气体纯度。所以针对制氢装置在风电宽功率波动条件下的适应性问题，改善电解槽结构，采用调节工艺参数的方法来提高制氢纯度，是保证系统安全运行的关键技术，如采用电解液循环量与系统功率同比调节的方法实现制氢系统安全运行。同时，与风电宽功率波动配套的风力发电机、合适的控制策略以及具有稳定电压输出能力的电力电子器件等，都将是解决风电制氢宽功率波动问题的关键技术。

（四）海上风电制氢技术

海上风电制氢系统由海上风电场、电解槽、制氢装置和储氢装置组成，可以根据电解槽所处位置分为海上电解槽系统和陆上电解槽系统。对于海上电解槽系统，海上风机产生的电力经过很短的输电线路将电能传输至电解槽平台，淡化后的海水在电解槽电解出氢气后压缩至管道或者经轮船输送到陆上。对于陆上电解系统，电能通过传统电缆输送至陆上，然后在陆上选择将电力出售给电网或用于制氢。海上风电制氢优势比较明显：一是风电直接用于制氢，不用新建海上输电系统，不受电网公司的牵制；二是海上风电可以就近在油气平台或油气管道附近建设，降低输电损耗，也可降低项目投资成本；三是采用海水淡化提供制氢所需的水源，原料丰富；四是对环境友好，真正实现零排放。然而，海上风电制氢尚处于前期探讨阶段，大规模的制氢储氢技术和整套系统的商业模式还需进行深入研究。对于海上风电制氢，欧洲国家开展得比较早。

海上风电制氢技术除了通过海底电缆把电输送到岸边电网，还有其他四条可行的海上风电制氢技术路线：一是氢气混合天然气，利用现有天然气管道输送；二是新建高压氢气输送管道，将纯氢输送到岸边，满足工业和交通行业用氢需求；三是通过外购或捕集空气中二氧化碳，将氢气和二氧化碳转化成合成天然气，并利用现有天然气管道输送；四是将氢气和二氧化碳转化成甲醇并采用轮船运输到岸边，满足交通行业的需求。其中，氢气混入天然气管道输送是解决氢气长距离、大规模输送问题的重要手段。研究表明，在天然气中掺混 20％的氢气，天然气汽车和加气设施改动小，发动机热效率可提高 15％，经济性提高 8％，污染物排放降低 60％～80％。

近年来，多个国家依据各自能源转型路线，上调海上风电发展目标，同时又有新的国家进入海上风电领域，海上风电装机比重将逐步提高。美国在 2021 年 3 月宣布将建设 30GW 海上风电项目，而此前美国只有 42MW 海上风电运行。丹麦 2019 年电源总装机容量为 15167MW，其中风电总装机容量为 6103MW（海上风电装机容量为 1701MW），当年风电电量占总电量的 47.2%，其规划在 2030 年前新建海上风电 2.4GW，一期计划新建 800～1000MW 风电场（Thor 海上风电项目）。法国受渔业、民航和国家安全限制，截至 2020 年有 16.6GW 陆上风电和 2MW 海上风电，预计 2028 年海上风电装机容量将达 8.75GW。

以英国、荷兰与丹麦为代表的欧洲国家已经率先开展海上风电制氢应用示范工程。英国在建的 Dolphyn 项目预计在北海开发一个 4GW 容量的风电场，采用 10MW 漂浮式风机，并在每台风机上配备制氢气单元，氢气通过中压管道输送至陆上能量处理站，其中部分氢气将根据需求用于发电，实现能源供给。据估计，Dolphyn 项目将在 21 世纪 20 年代末期到 30 年代早期完成一期 100～300MW 商用风电制氢，30 年代中期实现 4GW 风电制氢。荷兰的 NortH$_2$ 项目预计在 2030 年建成 3～4GW 海上风电工程用于制氢，在 2040 年达到 10GW 规模并产氢 80 万吨，相当于减少 700 万吨二氧化碳排放。丹麦政府实行能源岛计划，预计在北海和波罗的海开发 2 座能源岛，该岛可用于汇聚深远海风电，起到能源路由器的作用；除为丹麦提供能源外，电能经由能源岛还将输送至其他国家或地区，英国、德国、荷兰等国都将从中受益；其一期将在北海和波罗的海提供 3GW 和 2GW 风电，未来位于北海离岸 80km 的能源岛将扩大规模至 10GW，并配备制氢装备以提高风电利用率。

（五）风电制氢发展及意义

1. 风电制氢的发展

近年来，风电制氢在全球范围内开始得到重视和关注，而我国也在研究加快风电制氢的发展和部署。要想更好地发展，氢能产业必须先行，只有氢能产业普及，风电制氢才有发展的基础。对于坝上及三北地区，由于区位原因，发展燃料电池技术、推广氢燃料电池汽车、加大氢能的利用，才能缓解新能源发电对电网的压力，通过风电制氢产业发展，增加新能源装机，实现能源转型。

在政策方面，由于氢属于易燃易爆的危化品，根据我国相关政策，危化品生产必须进入化工园区，但通常风电场的分布比较广，就地消纳风电的制氢项目不可能全部进入化工园区，这在极大程度上阻碍了风电制氢的发展。但随着可再生能源制氢的发展，部分地区的制氢要求有所松动，2019 年 8 月，河北省发展和改革委员会联合安全生产委员会发布《关于调整化工建设项目备案权限的通知》，规定风力发电配套制氢项目可不进入化工园区，对可再生能源制氢特别是风电制氢起到了积极的影响。未来可以鼓励更多的地区在保证安全生产的前提下，制定适合本地具体情况的风电制氢政策，解除风电制氢必须进入化工园区的限制。

风电制氢技术与传统的电解水制氢技术的区别在于，风电制氢的电能具有间歇性和宽功率波动性，给风力发电和电解制氢技术带来巨大挑战。当前风电直接制氢技术发展尚不成熟，在风电制氢技术的各个环节中依然存在很多问题亟待解决。风电制氢技术的发展方向主要有：

① 整套风电制氢系统的优化设计。系统的优化设计包括 3 个方面，一是各子系统设备的容量选型，二是辅助设备的优化选择，三是系统的模块化设计。

② 风电制氢系统运行策略的制定和优化。风电制氢系统的运行涉及发电功率、并网功率、电解制氢功率、储运氢能力和燃料电池发电功率等的协调控制，控制策略的制定与电网指令、用氢需求和设备参数等密切相关。控制策略的优劣可直接影响到系统效率、可靠性、鲁棒性和设备寿命等。

③ 风电制氢系统全寿命周期技术经济性评价的建立。结合风电制氢系统工程示范和实际运行经验，并根据我国相关政策（碳减排和交易政策、氢能发展规划等）的制定实施进度，建立符合实际情况的风电制氢经济性评价模型，探讨风电制氢系统在不同技术路线和氢气应用场景下的全寿命周期平准化成本和收益，最终获得符合我国发展国情并切实可行的氢能发展商业模式。同时受限于成本，目前氢气主要来自煤制氢和天然气重整制氢等化石原料制氢，可再生能源电解水制氢的成本相对较高，还不具备大规模商业化运营优势。

针对风电制氢应用方面的挑战，主要宗旨是“降本扩量”，即降低成本和规模化。当前电解水制氢的成本明显高于其他制氢技术，需要在电价、储运和加注等环节协同降低成本以刺激需求。同时鼓励符合条件的地区推进风电制氢示范运营，通过示范培育推广环境，并鼓励市场参与进来，逐步将政府推动过渡到市场运作为主，不断扩大风电制氢的市场，实现风电制氢的大规模商业化应用。

2. 风电制氢的意义

风电制氢的优势：一是充分利用弃风电力，解决风电大发或电网容量有限时产生的弃风问题，同时有效降低制氢成本；二是利用电解制氢装置的快速响应特性或结合燃料电池、氢燃气轮机发电，提高风电供电质量和可靠性，增加风电的渗透率；三是利用可再生能源制取绿氢，减少温室气体的排放。根据系统与电网的连接情况，可分成并网状态和离网状态下的风电制氢。

风电制氢的发展将会带动风电装备、氢气制备、储运和氢气应用等各行各业的发展。

在发电过程中，将会利用到大量的风力发电机、齿轮箱、叶片、电控系统以及塔基、塔架、轴承等基础设施，应运而生的便是相关机械制造及电机行业的发展，因此风电制氢有助于风力发电机等项目的研究和制造业的升级改造。电解水制氢技术因性能可靠、高效而具有很好的应用前景。氢能利用主要包括氢的廉价制取、安全高效储运和规模应用。这也有助于我国对电解水制氢技术和储氢技术的研究，促进相关装备制造产业的发展。

风电制氢对我国燃料电池的发展也将有很大的推动作用，燃料电池具有很高的发电效率并避免了严重的环境污染。风电制氢-燃料电池系统由风力发电系统、电解制氢系统、压缩储氢系统、燃料电池系统及相关协调控制单元组成。风力发电系统及电解制氢系统通过判断弃风量大小来确定是否开始制备氢气；根据风电并网的容量和质量及本地负荷的实际需求和储氢系统的运行情况等协调控制，决定燃料电池系统与其他系统之间的工序协作。近年来我国燃料电池已经取得了飞速的发展，相关的技术已经逐步成熟，不同型号的燃料电池客车及小型车已经有广泛的示范运行。

（六）风电制氢的集成控制及安全

风电制氢作为一种新兴产业，因其自身发展和生产性质特点，未形成固定形式，其运行管理包含氢气制备、传输和应用环节中的安全服务工作，以保证氢气质量标准，降低各种损耗，提高经济效益，确保运行安全和人身安全。

在风电制氢产业链中，包括氢气制备在内，氢能传输、应用以及加氢站各个环节都对消防、安全和管理提出了极高要求，包括氢气的升压、储存和加注技术及其系统。除满足耐压特性外，对流速和流量信息有精确要求，同时还需满足计量收费的要求。

三、水电制氢

可再生能源发电近年来在我国迅猛发展，但由于其时空的不均衡性，大量资源没有被充分利用。以近零边际成本的富余可再生能源发电生产清洁高效的二次能源——氢气，在供热领域替代化石燃料，并通过燃料电池为交通等行业供能，是一条可行的途径。这也是能源互联网中通过多种能源协同提升能源系统整体效能的一种体现。水电由于发电成本低且输出稳定，相比于其他可再生能源发电制氢具有更大的优势。当前，四川省水电装机接近全省电力装机总量的80%，每年外送水电量达千亿千瓦时，但随着四川省以及全国用能增速放缓，大量水电富余，近两年的弃水电量都在百亿千瓦时水平，亟须途径消纳。清华大学能源互联网研究院正在协助四川省以水电制氢作为重要手段解决富余水电消纳问题，并希望形成供西南水电丰富地区借鉴的经验。

绿氢从工业级到能源级的转变的一个关键因素就是成本，降低成本的技术路径主要有：

（1）大型化

包括单体电解水制氢设备的大型化和模块化。通过改进材料、多槽对应一套净化、集装箱式集成的模块化等，国内大型碱性电解水制氢设备产氢量实现了千立方级，并在绿氢项目及示范工程中实现了应用；而质子交换膜电解水制氢设备产氢量达到百立方级，其一个系统带多个电解水制氢设备，例如德国一个达到 $4000m^3/h$ 的项目，其系统由8个 $500m^3/h$ 的水电解制氢设备组成。

（2）降低电耗

电耗降低使得制氢成本降低，研究机构和企业都在积极推进降低电耗的研究，研究主要集中在材料、高电流密度大尺寸电极、隔膜等方向。降低电耗涉及材料、结构等多学科，受加工手段等环节的影响，目前国内没有创新性指标的方案，因此降低电耗是非常困难的事情。由于碱性电解水制氢技术中电流密度存在天花板，碱性电解水制氢效率达到了瓶颈；但质子交换膜电解水制氢能轻松突破电流密度上限，而且能更进一步上升，且热启动、冷启动速度更快，使用纯水而无后期碱液回收和治污成本，在此基础上制氢成本降低。对电解液的材料和对氢净化系统的控制技术进行改进，均可减少耗电，提高制氢效率。目前商用电解槽法的能耗水平约为 $4.5 \sim 5.5kW \cdot h/m^3(H_2)$，能效在72%～82%。

（3）与可再生能源的结合

可再生能源具有间歇性、波动性、季节性（特别是水电、风电、光电）三种特性。在“双碳”背景及风光氢储一体化发展思路下，氢气可作为储能调峰的主要手段。大型电解水制氢能够适应可再生能源三性的能力越强，技术越先进，制备绿氢的效率越高，关键系统对可再生能源波动的响应越快。目前我国国内企业已经做到了秒级响应，即一秒钟内可以启停。大型碱性电解水制氢设备对可再生能源适应的幅宽为 20%～100%，大型质子交换膜电解水制氢设备的效率更高，已做到全幅覆盖。

第三节　绿氢的应用

随着可再生能源发电成本和电解水制氢成本的进一步降低，绿色氢能和太阳燃料生产成本将大幅降低，通过规模化二氧化碳捕集及资源化利用，促进可再生能源更大规模的发展，将有望从根本上改善我国生态环境，助力解决全球碳排放及气候变化问题。

一、“液态阳光”

“液态阳光”指利用太阳能等可再生能源将水和二氧化碳转化为甲醇燃料。2018 年，中国科学院大学校长资深顾问施春风，中国科学院副院长、中国科学院院士张涛，国家自然科学基金委员会主任、中国科学院院士李静海，中国科学院院长、中国科学院院士白春礼，共同提出了“液态阳光”，指出绿色燃料来源于阳光，是可再生的不竭能源，其在保护环境的同时，能够对未来多种现代化应用及服务起到至关重要的作用。

2018 年 7 月，我国在西部启动了太阳燃料年产千吨级甲醇工业化示范项目，此项目由中国科学院大连化学物理研究所（化物所）、兰州新区石化产业投资集团有限公司和华陆工程科技有限责任公司联合开发。2020 年 10 月，该示范项目成功运行。这是全球首次直接太阳燃料规模化合成的尝试。太阳燃料甲醇作为一种化学储能的形式，解决了可再生能源间歇性问题和能源使用的随机性问题。该项目利用中国科学院大连化学物理研究所李灿院士团队的催化技术（该技术突破电解水制氢和二氧化碳催化合成绿色甲醇的关键技术），集成创新了液态太阳燃料合成全流程工艺装置，具有完全自主知识产权，整体技术处于国际领先。该项目将二氧化碳作为碳资源进行转化，首次将太阳能规模转化为液体燃料，提供了除高压输电之外的太阳能利用新途径，为我国实现“碳中和”目标提供了切实可行的全新技术。

“液态阳光”的基本逻辑是采用再生能源绿氢和 CO_2 合成绿色甲醇，然后可以把甲醇作为燃料、工业原料，或者重整成氢气，实现氢气的远距离输送和便于存储。从科学认识自然光合作用的角度来看，太阳能制液体燃料的技术路线就是利用太阳能等可再生能源产生的电力电解水生产绿色氢能，并将二氧化碳加氢转化为“绿色甲醇”等液体燃料的过程。就工业生产和日常使用等方面来看，“液态阳光”比煤更清洁，比油更便宜，比电更便于传输，比气的储存、运输装备更简便，同时在国家能源安全、经济、生态、社会和国际政治等一系列领域具有重大意义。因此，推广“液态阳光”具有多方面优势。

（一）绿色甲醇的背景

把太阳能装进瓶子里，随处携带，随时取用，是人类一直以来的美好梦想。奈何太阳能受天气影响较大，不可控因素较多，因此该梦想很长时间以内无法实现。近年来，人类终于找到了太阳能的最佳载体——甲醇。

从古至今，人类利用太阳能制备甲醇的道路曲折而坎坷。甲醇以其来源不同可划分为五代，分别是煤制甲醇（第一代）、煤气或页岩气制甲醇（第二代）、以极低排放或零排放技术用煤或气制甲醇（第三代）、生物质制甲醇（第四代）、以二氧化碳和水通过人工光合作用合成甲醇（第五代）。其中，第三代制成的甲醇统称为“清洁甲醇”，第四代制成的甲醇统称为“绿色甲醇”。第五代甲醇的生产过程中，水经太阳光光解制氢，空气中的二氧化碳加氢生成甲醇。该过程零污染、零排放，并且可形成循环，是迄今为止人类制备甲醇最清洁环保的方式之一，值得大力推广。当前，国内外生产的工业甲醇却仍以第二代为主。诚然，生产第二代甲醇所需的天然气的开采过程安全可靠且经济实惠，且天然气是当今地位十分重要且不可多得的一种化石能源。然而，随着世界天然气储量锐减，全球已探明的天然气资源可供持续开采的时间已不足 50 年。由此可见，甲醇生产结构亟待优化调整，甲醇产业亟须升级。

2020 年，甲醇正由第二代向第三代过渡。在天然气暂时还无法被完全替代的实际情况下，大幅降低生产甲醇带来的碳排放，成为现今退而求其次的研究方向。第二代与第三代甲醇构成的混合体系，很可能将在未来一段时间内，作为工业甲醇的主要生产方式。

（二）“液态阳光”的研究背景

早在 2001 年，全国政协委员李灿院士就开始了人工光合成太阳燃料的研究工作，其路径很清晰。第一步就是要把光变成能量，目前可以采用光伏发电的形式；第二步就是电解水制氢；第三步就是二氧化碳加氢制作甲醇。太阳一个小时给予地球的能量，几乎抵得上地球一年的能源消耗量。模拟自然光合作用，实现人工合成绿色能源，李灿的研究正是基于这个大胆的设想：模仿植物，构建人工装置，可控地进行人工光合作用，吸收太阳光，将水分解为氢气和氧气，或直接将水和二氧化碳转化为有机燃料，实现二氧化碳的循环利用。他们测算：电解水制氢得到的每吨氢相当于储存 3.3 万度电，将电能转化成化学能是最有效的化学储能反应；与煤炭和石油相比，二氧化碳与氢制甲醇燃料具有燃烧清洁、温室气体排放少的特点，如以甲醇代替煤炭作为燃料，排放的 $PM_{2.5}$ 将减少 80%以上，氮氧化物减少 90%以上。

终于在 2017 年 10 月，李灿团队取得了二氧化碳加氢制甲醇技术突破，开发了一种二元金属氧化物 $ZnO\text{-}ZrO_2$ 固溶体催化剂，其使在二氧化碳单程转化率超过 10%时，甲醇选择性仍保持在 90%左右，醇选择性达到 98%，甲醇在有机相中含量达到 99.5%。该催化剂抗中毒和抗烧结，在工业化装置上实现了每年千吨级绿色甲醇合成。同时，该催化技术实现了二氧化碳高选择性、高稳定性加氢合成甲醇，是迄今二氧化碳加氢制甲醇综合水平最高的成果。中国科学院的李灿院士在 2019 年第十三届中国（大同）新能源国际高峰论坛上还提到，生产“液态阳光”可以回收二氧化碳，实现二氧化碳减排，不再进一步产生二氧化碳。从某种层面上讲，生产并使用“液态阳光”可在一定程度上缓解当下全球变暖的不利局面。

2018 年 8 月，在兰州新区的支持下，全球首套规模化太阳燃料合成示范项目正式落地兰州新区，该项目的光伏发电装机容量为 10MW。2019 年 12 月，70 多台设备陆续制作完成准备进厂。项目年需求二氧化碳约 1500 吨，氢气约 200 吨，计划总投资约 8000 万元，待装置稳定运行后，根据性能考核及标定情况将二氧化碳加氢制甲醇规模扩大为3000吨/年。该装置主要由太阳能光伏发电、电解水制氢、二氧化碳捕集及二氧化碳加氢合成甲醇四大系统单元组成。到2020年1月，“液态阳光”示范项目投料试车，进料3h后生产出液体甲醇产品，经过权威机构测评，甲醇有机物含量达到99.5%，这也标志着我国利用可再生能源制备液体燃料迈出了工业化的第一步。2020年10月，液态太阳能燃料合成示范工程项目，即我国第一个太阳能燃料生产示范工程开始运行，整个项目总投资1.4亿元，总占地约289亩（1亩≈666.667m^2），其中配套建设总功率为10MW的光伏发电占地259亩，为电解水制氢设备提供电力；电解水制氢及二氧化碳合成甲醇单元占地面积约33亩，投资约7600万元；光伏单元占地面积约256亩，投资约6500万元，总投资约14100万元。

目前我国年甲醇产能约8000万吨，该项目若满负荷运行，每年可生产甲醇1500吨，消耗二氧化碳2000吨，消纳太阳能发电1500万度。这意味着该路线也可作为规模化化学储能的技术手段。按照测算，每吨甲醇所需氢气的成本为2000元，每吨甲醇所需成本约为2500元。所以，电价的成本决定着“液态阳光”甲醇的市场竞争力。

（三）“液态阳光”的发展

新能源的出现正在改变世界格局，“液态阳光”正是中国成为世界强国的历史机遇。“液态阳光”甲醇技术作为绿氢的应用可谓是“一箭三雕”之举：既可将快速发展的可再生能源电力消纳转化为可储存运输的甲醇，又可以缓解我国液体燃料短缺的能源安全问题，还可以助力实现“碳中和”目标。2022年2月，中煤鄂尔多斯能源化工有限公司10万吨/年“液态阳光”——二氧化碳加绿氢制甲醇技术示范项目可行性研究报告编制服务项目中标候选人公示。该项目拟建设风光发电装置、电解水制氢及储氢装置、10万吨/年二氧化碳加绿氢制甲醇装置及二氧化碳捕集装置等。依托未来中国二氧化碳减排征税、“碳中和”目标，我国将在甘肃省煤制甲醇、焦炭生产聚集区布局二氧化碳合成甲醇产业示范区，开发生产甲醇燃料。而新燃料的成功研发，也必将会给中国能源事业带来新一轮发展。

二、绿氨

为减少碳排量，合成氨所需的能源势必从目前的化石能源（包括石油、天然气、煤炭等）走向可再生能源（包括光能、水力、风能、温差能等）。由可再生能源电解水制绿氢，再由绿氢和氮气催化合成氨，是实现绿氨工业化生产的技术路线。将绿氢应用于合成氨的生产，可以避免水煤气变换反应（CO变换反应）的发生，在制氢端实现零碳排放。目前中国合成氨工业每年的氢气需求规模大约为900万吨，如果所有氢气都由绿氢替代，每年可以减少接近1.5亿吨的碳排放。

不少发达国家的农场都开始利用风能、太阳能制取氨燃料、氨化肥。目前全球绿氨大部分的制备方式基于Haber-Bosch电化学体系，用绿氢和氮气合成绿氨。

其流程如下：通过可再生能源（风电、太阳能等）获得绿色电源，并用于制氢制氮（90%的绿电用于电解水制氢、5%的绿电用于制氮），制取出来的氢和氮经压缩机压缩到一定压力后进入氨合成系统。合成氨的反应依旧是在高压环境的合成塔中完成的，氮气和氢气混合后经过压缩从上部进入合成塔。经过合成塔下部的热交换器，混合气体的温度升高，并进入放有催化剂的接触室。在接触室，一部分氮气和氢气发生反应，合成了氨。混有氮气、氢气和氨气的混合气体经过热交换器离开合成塔。混合气体要经由冷凝器，将氨液化，因而将氨分离出来，而氮气和氢气的混合气体经压缩再次送入合成塔，形成循环利用，以节省原料。在整个流程过程中，还有储存单元。

（一）绿氨的发展项目

在 2021 年 3 月，国家重点研发计划“氢能技术”重点专项 2021 年度拟立项项目公示，清华四川能源互联网研究院成为“十万吨级可再生能源电解水制氢合成氨示范工程”项目牵头单位。截至 2022 年上半年，国内绿氨项目多分布在“三北”地区以及四川等可再生能源丰富的地区。如此一来，不仅有助于推动当地发展可再生能源制氢，在一定程度上还节省了氢储运环节所需费用。2022 年 3 月，内蒙古自治区公示将新建三个绿氢合成氨项目：乌拉特后旗绿氨技术有限公司 30 万吨绿氢合成氨项目获准予备案公示，该项目将建设年产 30 万吨绿氢的合成氨生产线；达茂旗绿氨技术有限公司绿氢合成氨项目获准予备案公示，该项目将建设年产 30 万吨绿氢的合成氨生产线；包头市达茂旗风光制氢与绿色灵活化工一体化绿氢制合成氨（绿氨）项目获准予备案公示，该项目建设年产 10 万吨绿氢合成氨生产线。同月，远景科技集团与内蒙古赤峰市人民政府签署战略合作协议。依据协议，远景科技集团将在赤峰市建设风光制绿氢绿氨一体化示范项目，总投资约为 400 亿元，预计 2028 年前建成投产。同年 4 月，国际氢能冶金化工产业示范区新能源制氢联产无碳燃料项目签约仪式在内蒙古包头九原工业园区举行。该项目由明拓集团有限公司和国际氢能中心合作建设，将围绕以绿氢、空气捕捉的氮为原料，应用氢电催化合成技术，建设中国首套年产 120 万吨绿氨的绿氨生产装置。5 月，国家能源集团旗下的国华巴彦淖尔（乌拉特中旗）风电有限公司的乌拉特中旗甘其毛都口岸加工园区风光氢氨一体化新型储能示范项目获备案。该项目拟利用风光发电分解水制取高品质氢气，再将氢气用于生产合成氨，预计年产绿氨约 30 万吨，以供蒙西地区工业园区化工生产使用。该项目总投资额达 235400 万元，配套规划新能源装机容量 110 万千瓦，其中风电 80 万千瓦，光伏 30 万千瓦。

近年来，国内外对绿氨技术的研究和应用取得较大发展。技术开发包括先进合成氨工艺和催化剂耦合绿氢、新型低温低压合成氨工艺和催化剂、前沿的合成氨工艺（光催化、电化学、等离子体、化学链等工艺）等。目前全球多个大型绿氢绿氨项目正在推进，国内绿氨项目也正处于试验和开发阶段。

得益于全球绿电绿氢产业的蓬勃发展，绿氨作为绿氢的载体，比氢的储运具有更显著的优势，预计未来绿氨有望在全球开展大规模的交易和运输。此外，绿氨是一种零碳排放燃料，可以用于火电厂燃料、船用燃料、氨燃料电池等，相关的技术开发和应用值得关注。

（二）发展绿氨的意义

在“双碳”目标大背景下，伴随绿氢兴起，绿氢合成绿氨也被化工企业看重，成为其减碳降碳的重要方式。氨作为全球大量生产的基础化工产品，在社会经济发展中占据着举足轻重的地位。氨的应用主要分农业、工业、能源三大领域，而绿氨可帮助以上领域减碳脱碳。同时，氨也是优良的氢载体，可以降低氢储运成本。通过电化学方法合成氨可以实现可再生能源的大规模储存，氨经过液化可以通过天然气管道或远洋船舶实现可再生能源的全球运输。

与绿氢相比较，绿氨有以下优势：

① 在防爆方面，氨比氢更为安全。氢的燃点为570℃，爆炸极限为4%～75%，火焰传播速度为2～3m/s；而氨的燃点为650℃左右，爆炸极限为16%～25%，火焰传播速度约为几十厘米每秒。另外，氢无色无味，泄漏过程中不容易发现；而氨具有刺激性气味，在泄漏初期更容易被发现和解决。因此，在防爆方面，氨的使用比氢的使用具有更好的安全性。

② 氨具有存储优势。氢的临界温度为－239.96℃，临界压力为1.32MPa。氢如果需要在常压下保持液态形式，则需要将环境温度继续降至－253℃，这不仅将耗费大量的能量制冷，并且由于内外温差大，氢的汽化不可避免，液态氢在50m^{3}的储氢罐中一般会以每天0.4%的速度发生蒸发；氨的临界温度高达132.4℃，此时的临界压力也仅11.298MPa。氨可以在8.58个大气压（1atm＝101325Pa）下、温度为20℃的环境中以液态的方式储存，也可以在常压、温度为－33℃的条件下以液态方式储存。因此，氨的储存比氢的储存更简单。由于储存压力或储存温度较低，氨储气瓶的材料厚度（或提供强度或提供保温）可远低于氢储气瓶，因此氨储气瓶占总质量的比重小。另外，氨气可以在常温下加压液化储存，这能避免液氨汽化导致的气体损失，从而极大地延长储存时间，这是低温液氢储存不可能达到的。

③ 氨具有输运优势。首先，氨的体积能量密度是液氢的两倍。在同样的容积内，能够输送的氨能所蕴含的能量高一倍。另外，液氢的保存温度非常低，这需要非常厚的保温材料。因此储存的氢气大约是低温储存箱体总质量的20%，体积占总箱体的50%，在实际运输中，需要消耗许多额外的能量来用于储存罐的运输。

④ 氨的基础设施更为完备。氨是一种常用的化工用品，每年世界对氨的需求量为两亿吨左右，一个广泛运用的氨输送体系已经存在，而氢运输网络尚处于制定标准的起步阶段（氢能被列为2022年能源行业标准立项重点方向），以后还需要进行基础设施建设。

三、绿氢脱碳

日益严峻的气候变化问题是世界各国共同面对的挑战，推动绿色低碳发展已成为应对气候变化问题的重要举措。越来越多的国家提出“碳中和”目标并研究制定“碳中和”背景下的产业政策，支持减排目标。

2020年9月，中国政府提出了“双碳”发展目标，为能源转型和应对气候变化开创了新纪元，中国的能源结构和体系继续向清洁化、低碳化、安全化深度转型。其中，可再生电力的大规模供给和消费侧全面电气化进程将加速，与此同时，重工业和船运、航空等高排放行业对化石能源存在一定的依赖，从技术可行性和成本的角度看，难以实现大规模可再生电力替代，其转型路径将依靠以氢能、生物质、合成燃料为代表的新型清洁燃料。

根据中国氢能联盟研究院课题组研究，要实现零碳情景，上述几种新型清洁能源在终端能源需求中的占比将达到30%～35%，其中氢能约占15%～20%。这意味着中国在实现“碳达峰、碳中和”的进程中，各类新型清洁能源特别是氢能将发挥重要作用。

作为一种用途广泛的二次能源，氢能可以在多个生产和消费环节作为替代能源进行使用，在重工业、交通、建筑、电力行业中均有不同的应用场景，其中最主要的用途包括燃料用氢、原料用氢、储能用氢三类。鉴于全球温室气体排放量的73%源于能源消耗，在各国家和地区采取的减排措施中，鼓励可再生能源发展成为普遍选择。氢能以其独特的优点受到普遍关注并成为发展重点，有望在“碳中和”路径中发挥重要作用，助力电力、交通、工业、建筑等用能大户减排脱碳。我国每年二氧化碳的排放量超过100亿吨，其中仅电力一个行业就贡献了40%，其余依次是石化、钢铁、有色和建材等行业。当前，我国电力系统正在加速清洁化转型，但近60%领域的碳排放无法通过电力脱碳解决，因此需要此引入绿氢。

绿氢的优势凸显：首先，生产的原材料是“绿色的”，无论是水，还是其他用来发电的可再生能源，整体对环境友好，并且电解水制氢只会生成氢气和氧气，不会产生碳氧化合物而对环境造成污染；其次，绿氢可以解决可再生能源发电过剩、发电间歇性，从而无法满足电网应用需求的困境；最后，绿氢使用的原料是现实生活中最容易获取的资源之一，因此不需要考虑原料的用量问题。全球氢市场的发展以类似于可再生能源的方式将能源关系区域化，从而促进不断变化的电力动态。据预测，到2050年，氢能占全球能源消耗的12%。30多个国家和地区已经在积极规划氢能的未来，国际可再生能源署（IRENA）认为，到2050年，30%的氢能跨境交易，这一比例超过目前的天然气跨境贸易。以绿氢作为市场转型的核心驱动力，对现有约7100万吨至1.2亿吨（包括现场生产和消费）的灰氢进行脱碳替代。天然气价格上涨正在产生影响，因为这是灰色和蓝氢的最大投入。但是，使用可再生能源产生的氢是一个潜在的“游戏规则改变者”。

绿色氢可用于电力系统、难以减排部门的脱碳、长期季节性和区域储存，以及作为其他替代燃料解决方案的基础。对于氢市场的未来，有两种不同但可能互补的愿景。其一是资源富集型经济体主导的集中式生产模式。以澳大利亚、沙特阿拉伯、阿曼、阿联酋为代表的传统能源出口国，正依托优质风光资源建设大型绿氢基地，通过规模化生产降低边际成本，旨在将绿氢产业培育为继油气之后的新经济增长极，同步完成能源出口结构转型与产业多元化布局。其二是贴近终端需求的分布式应用模式。该路径聚焦区域能源自主，在可再生能源富集区建设分布式制氢设施，直接服务交通燃料替代、社区微电网供能等场景，通过缩短能源传输链条提升系统韧性并降低损耗。两种模式在战略目标与实施尺度上存在显著差异，但未来可能形成供应体系互补。

通过光伏等可再生能源进行电解水制氢，生产出来的绿氢可供应下游所需要的氢气，考虑到可再生能源的波动性，需要配套大规模的储氢来实现绿氢的稳定供应。中国现有的氢气使用场景主要是作为工业原料，其中化工行业的需求量占到57%，石化炼油制造业也是氢气的重要消纳端。氢气是重要的工业气体，氢元素的强还原性被用于多种化学反应，是众多化合物的基础元素之一。化工行业需要用氢制备甲醇、合成氨等多种产品，冶铁需要利用氢气作为还原剂，多种高端材料的制造在生产流程中均需要使用氢气进行加工。随着能源转型进程加速，绿氢将逐步替代灰氢，以帮助现有工业实现低碳化转型。另外，绿氢还将推动冶金、交通运输、能源电力及建筑等行业的减碳。

小　结

氢能要在“碳中和”中发挥作用，就必须要重点发展绿氢，而绿氢要真正充分发挥作用，就必须要实现大规模、经济的应用。目前，其从技术层面还面临一些挑战：首先是电解水制氢技术要实现突破，这就要求大幅降低制氢成本；其次是氢气储存、运输技术还要进一步发展，这就要求提高氢能响应速度、安全性及电-氢-电能源转化效率；另外还要大力降低储运成本，因为即使制氢成本能够大幅降低，但在经过储存、运输多个环节层层叠加后，终端氢气成本也会大大抬高。只有当技术进一步突破，以绿氢为代表的氢能才能够真正在“碳中和”路径中大显身手。

就制氢技术路线而言，一方面需要持续提高电解槽关键部件（电极、隔膜等）技术，降低碱性电解水制氢能耗，同时通过扩大规模、降低产业成本。另一方面，重点突破质子交换膜装置的核心材料与技术，例如开发廉价高效的催化剂替代贵金属铂，以及研发自主产权的高性能质子交换膜等，可以协同燃料电池技术的快速发展与规模应用，实现降本与推广。同时，实现绿氢制备装置与可再生能源发电系统的高效耦合，建立完善的绿氢生产、储存、运输和应用场景等全产业链配套的工业体系，亦是绿氢技术与产业快速发展的关键。未来绿氢行业的发展首先应该依托于电力成本的降低，其努力方向在于可再生能源发电的技术创新与大规模产业化。在技术上，开发新一代光伏板组件、风力涡轮机等关键装置，提高太阳能、风能等可再生能源发电效率；在规模上，持续风、光电场的规划与建设，并争取最大限度利用无法上网的弃风、弃光资源进行制氢。

绿氢的时代已经来临，技术进步和可再生能源成本的降低可能很快使绿氢成为温室气体零排放的新兴热点，曲线微导力系统将为“绿氢”时代提供新鲜“血液”。

参考文献

[1] 势银. 中国电解水制氢产业蓝皮书（2022）[EB/OL]. [2022-09-08].

[2] 刘玮，万燕鸣，熊亚林，等. “双碳”目标下我国低碳清洁氢能进展与展望 [J]. 储能科学与技术，2022，11（2）：635-642.

[3] 袁洪生. 加氢裂化装置的能耗与节能措施探讨 [J]. 科学与技术，2021，4（10）：1.

[4] 田江南，蒋晶，罗扬，等. 绿色氢能技术发展现状与趋势 [J]. 分布式能源，2021，6（2）：8-13.

[5] 刘庆超，杨畅，周正华. 光伏发电制氢技术经济可行性研究 [J]. 电力设备管理，2019（11）：92-93.

[6] 舟丹. 氢气储存利用技术 [J]. 中外能源, 2017, 22 (4): 50.

[7] 杨裕生. 获取氢能并不那么"轻巧" [N/OL]. 中国科学报, [2019-11-11].

[8] 李俊峰, 施鹏飞, 高虎. 中国风电产业发展现状与展望 [J]. 电气时代, 2011, 28 (3): 39-44.

[9] 孙鹤旭, 李争, 陈爱兵, 等. 风电制氢技术现状及发展趋势 [J]. 电工技术学报, 2019, 34 (19): 4071-4083.

[10] 黄格省, 阎捷, 师晓玉, 等. 新能源制氢技术发展现状及前景分析 [J]. 石化技术与应用, 2019, 37 (5): 289-296.

[11] 曹蕃, 郭婷婷, 陈坤洋, 等. 风电耦合制氢技术进展与发展前景 [J]. 中国电机工程学报, 2021, 41 (6): 2187-2201.

[12] 王秀丽, 赵勃扬, 郑伊俊, 等. 海上风力发电及送出技术与就地制氢的发展概述 [J]. 浙江电力, 2021, 40 (10): 3-12.

[13] 张建良, 卢慧芬, 赵建勇, 等. 跨学科综合性实验平台的探索与设计 [J]. 实验技术与管理, 2017, 34 (1): 194-197, 216.

[14] 张建良, 吴越, 齐冬莲. 风电制氢-燃料电池微网实验系统的设计 [J]. 实验室研究与探索, 2017, 36 (1): 54-58.

[15] 杨馥源, 田雪沁, 徐彤, 等. 面向碳中和电力系统转型的电氢枢纽灵活性应用 [J]. 电力建设, 2021, 42 (8): 110-117.

[16] 丛琳, 王楠, 李志远, 等. 电解水制氢储能技术现状与展望 [J]. 电器与能效管理技术, 2021 (7): 1-7, 28.

[17] 宫向阳, 冯新国. 先进控制技术在延迟焦化装置的应用 [J]. 计算机与应用化学, 2011, 28 (5): 597-601.

[18] 陈继军. "液态阳光甲醇"可担纲减排主力——访中国科学院院士、中科院大连化物所研究员、洁净能源国家实验室(筹)主任李灿 [J]. 中国石油和化工产业观察, 2020 (12): 12-14.

[19] 李亮荣, 彭建等. 碳中和愿景下绿色制氢技术发展趋势及应用前景分析 [J]. 太阳能学报, 2022, 43 (6): 508-520.

[20] 施春风, Zhang T, Li J H, 等. "液态阳光"有望驱动未来世界 [J]. 科学新闻, 2019 (2): 142.

[21] 刘昊, 吴嵘, 吴素芳. 反应吸附强化焦炉煤气蒸汽重整制氢技术评价 [J]. 天然气化工, 2018, 43 (6): 84-89.

[22] 周上坤, 杨文俊, 谭厚章, 等. 氨燃烧研究进展 [J]. 中国电机工程学报, 2021, 41 (12): 4164-4182.

[23] 张从容. 碳中和时代绿氢发展前景与挑战 [J]. 石油石化绿色低碳, 2022, 7 (1): 6-10.

[24] 孙一琳. 海上风电+制氢, Gigastack 项目进展如何? [J]. 风能, 2020 (3): 48-50.

[25] 李仁贵. 太阳能分解水制氢最近进展: 光催化、光电催化及光伏-光电耦合途径 (英文) [J]. 催化学报, 2017, 38 (1): 5-12.

[26] 张丽, 陈硕翼. 风电制氢技术国内外发展现状及对策建议 [J]. 科技中国, 2020 (1): 13-16.

第六章
氢气的储存与加注

氢元素是排在元素周期表第一位的元素，它的密度非常小。在 101.325kPa（1 个标准大气压）和 0℃环境下，氢气的密度仅为 0.089g/L，而在常温常压下，1kg 氢气的体积是 $11m^3$。因此，在实际运用过程中，氢气需要通过不同的储氢方式来降低其体积，从而获得高的体积储氢密度和质量储氢密度。图 6-1 为氢的相图，从图中可以得知，想要获得较高的储氢密度，可以通过压缩氢气或降低氢的温度至临界点以下，或者使用固态储氢材料储氢等方式。从技术发展方向来看，目前高压气态储氢技术比较成熟，其在一定时间内都将是国内主要应用的储氢技术；有机液态储氢技术可以利用传统的石油基础设施进行运输、加注，方便建立像加油站那样的加氢网络，相比于其他技术而言，具有独一无二的安全性和运输便利性，但该技术目前存在较多技术难题，是极具应用前景的技术；固态储氢应用在燃料电池汽车上优点十分明显，但现有技术还有待突破，短期内不会有较大范围的应用，从长期来看，发展潜力较大。本章将从高压气态储氢、液态储氢以及固态储氢三个方面去讲述氢气的储存。同时，本章还将对氢气的运输方式与加氢站进行介绍。

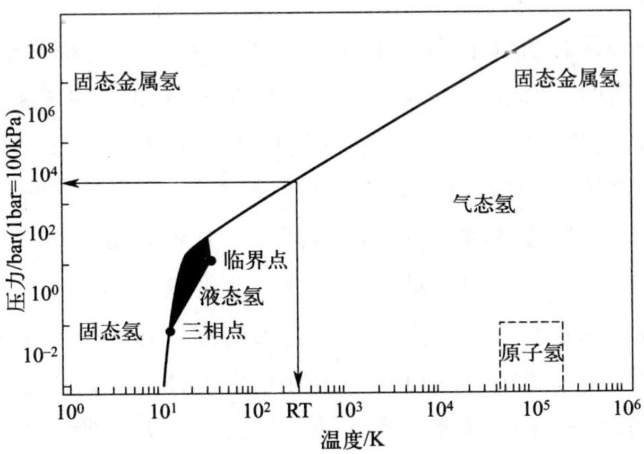

图 6-1　氢的相图

第一节　高压气态储氢

一、高压气态储氢原理

高压气态储氢技术是利用高压条件，将氢气压缩并注入储氢瓶中，使氢气以高密度气态形式储存的一种技术。而通过研究表明，氢气质量密度随压力增加而增加，当压力达到30～40MPa时，氢气质量密度增加较快，而压力处于70MPa以上时，氢气质量密度变化很小。这也是大多储氢瓶的工作压力在35～70MPa范围内的原因。高压气态储存是最普遍和最直接的储存方式，通过减压阀的调节就可以直接将氢气释放出来。这种高压储存方法具有压力容器容易制造、制备压缩氢的技术简单、成本较低等优点，但是缺点也同样明显。首先，高压储氢的能耗比较高，需要消耗别的能量形式来压缩氢气；其次，高压储氢对储氢容器的要求也比较高，既要求容器具有一定的强度，同时还要预防发生氢脆现象；最后，高压储氢的单位质量储氢密度，也就是储氢单元内所有储氢的质量与整个储氢单元的质量（含容器、储存介质材料、阀及氢气等）之比依然很低。

二、高压气态储氢关键技术

（一）高压氢气的压缩

目前来说，高压氢气一般采用压缩机获得。压缩机通过机械做功将气体压缩并提高压力，从而使氢气从低压侧向高压侧流动。从工程上来看，氢气的压缩存在两种方式：一是将氢气直接用压缩机压缩至储氢容器所需的压力后存储在体积较大的储氢容器中；二是先将氢气压缩至较低的压力（如20MPa）存储起来，需加注时，先引入一部分气体充压，然后启动氢压缩机以增压，使储氢容器达到所需的压力。

由上可知，压缩机是压缩氢气的核心，氢气压缩机目前主要分为隔膜式压缩机（膜压机）、液驱活塞压缩机以及离子液体压缩机等类型。

1. 隔膜式压缩机

隔膜式压缩机是一种特殊结构的容积式压缩机，图6-2是隔膜式压缩机的工作原理图，由具有穹形内表面的气缸盖4和膜片2之间所包含的空间构成密封性能好的膜腔或气体压缩室（气缸）3，膜片2沿周边被压紧在气缸盖4和配油盘1之间；液压油缸活塞6顶面与膜片2之间包含的空间构成液压室（液压油缸）5。曲轴连杆机构7驱动液压油缸活塞6往复运动，周期性地改变液压室5内的油压，从而推动膜片2。膜片2在油压与气体压力差及本身弹性变形下，来回摆动，周期性地改变气体压缩室3的容积，实现气体的压缩过程。以液压油缸活塞6处于上止点的位置为起点，这时膜片应处于上极限位置，即与气缸盖4内表面相贴合；当活塞下行时，膜片跟着液体向自己的平衡位置复原，使膜腔容积逐渐增大，残留在余隙中的气体膨胀，随后气缸中便开始吸进气体；活塞继续下行并最终到达下止点时，膜片则通过平衡位置而到达下极限位置，吸气过程也随之结束。接着，活塞再向上运动，活塞通过液体经配油盘上的小孔均匀地作用在膜片上，推动膜片向上变形，气缸中开始压缩气体，当压力达到排气压力时，排气阀自动开启，气体被压出，油压继续上升，当膜片又贴近盖板时，排气即结束。至此，气缸中完成了一个工作循环。如此周而复始，隔膜式压缩机便连续地工作。气缸盖 4 与配油盘 1 的穹形表面是一个特殊的面，它的设计要求是使膜片在大挠度下，具有较小的、分布合理的内应力。曲轴、连杆机构与活塞是提供液压油的往复作用。隔膜式压缩机的压缩比高，可达 20∶1，压力范围广，密封性好，无污染，氢气纯度高，但是具有流量小、核心部件寿命短、关键设备可靠性差、无法带载启停等缺点。一般来讲，压力在 30MPa 以上且容积流量较小时，可选择用隔膜式压缩机。

2. 液驱活塞压缩机

液驱活塞压缩机是利用气缸内的活塞来压缩氢气的，也被称为反复式压缩机，其工作原理是通过曲轴的回转运动转变成为活塞的往复运动，从而对氢气进行压缩，见图 6-3。反复式压缩机具有流量大、空间紧凑、占地面积小、可带载启停、成本略低、可靠性高、易损部件少等优点，但单级压缩比较小，一般为(4∶1)～(3∶1)，同时具有存在泄漏、控制复杂、噪声大、动密封件寿命较短等缺点。一般来说，压力在 30MPa 以下的压缩机通常用往复式。经验证明，其运转的可靠程度较高，并可单独组成一台由多级构成的压缩机。

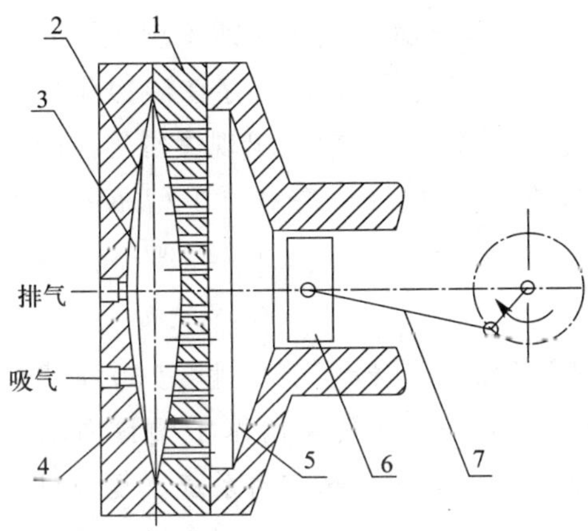

图 6-2　隔膜式压缩机的工作原理

1—配油盘；2—膜片；3—膜腔或气体压缩室（气缸）；4—气缸盖；5—液压室（液压油缸）；6—液压油缸活塞；7—曲轴连杆机构

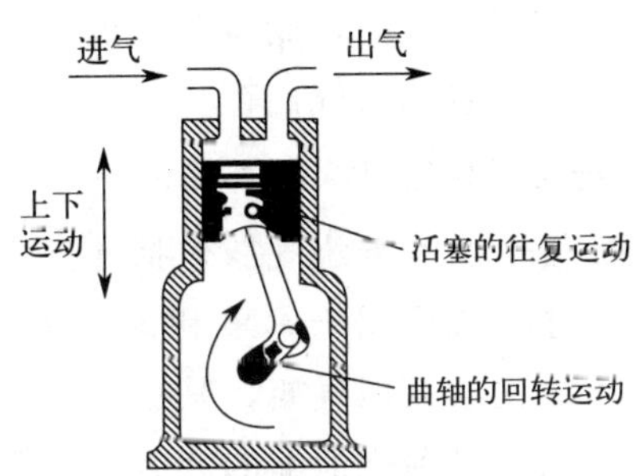

图 6-3　反复式压缩机工作原理

3. 离子液体压缩机

离子液体压缩机是由离子液体充当压油与氢气之间的隔离物，通过压油压离子液体、离子液体压氢气的方式对氢气进行压缩的。离子液体压缩机可实现多级压缩。而相对于隔膜式压缩机（最多有三级压缩）、液驱活塞压缩机（有两级压缩），离子液体压缩机能够实现五级压缩甚至更多级压缩。同时，离子液体压缩机还具有高效率、超大压比以及进气压力可以低至 0.5MPa 等优点。当然，该压缩机也具有结构复杂、离子液体分离困难、制造工艺复杂等缺点。

（二）高压氢气的存储

高压氢气通常用圆柱形高压气罐或者气瓶罐装。这类高压容器具有的特点是：结构细长且壁厚；一般直径较小的高压容器采用平底封头，直径 1m 以上的常用不可拆的半球形封头，大型高压容器趋向于采用多层球封头；一般采用金属密封圈密封，密封结构多采用“半自紧”或“全自紧”式。目前，高压气态储氢瓶根据其材料不同主要分为四种类型：纯钢制金属瓶（全金属瓶，Ⅰ型）、钢制内胆纤维缠绕瓶（Ⅱ型）、铝内胆纤维缠绕瓶（Ⅲ型）和塑料内胆纤维缠绕瓶（Ⅳ型）。前两种储氢瓶由于质量储氢密度较低（只有 1%～2%），同时氢脆问题严重，难以满足车载储氢系统的要求。因此，车载储氢瓶目前主要是采用后两种类型的储氢瓶。Ⅲ型、Ⅳ型瓶由内胆、碳纤维强化树脂层及玻璃纤维强化树脂层组成，气瓶质量较轻，单位质量储氢密度相对有所提高（3.5%～6%），能较好地满足车用需求。下面分别介绍这几种类型的储氢气瓶。

1. 全金属储氢瓶

金属压力容器的发展是由 19 世纪末的工业需求带动的，特别是储存二氧化碳用于生产碳酸饮料。而早在 1880 年，锻铁容器就被报道用作氢气的储瓶并用于军事用途，储氢压力最高可达 12MPa。19 世纪 80 年代后期，随着英国和德国发明了通过拉伸和成型制造的无缝钢管制成的压力容器，大大提升了金属压力容器的储气压力。到 20 世纪 60 年代，金属储氢瓶的工作压力已经从 15MPa 增加到 30MPa。全金属储氢瓶，即Ⅰ型瓶，其制作材料一般为 Cr-Mo 钢、6061 铝合金、不锈钢 316L 等。由于氢气分子存在渗透作用，钢制气瓶很容易被氢气腐蚀，出现氢脆现象，导致气瓶在高压下失效，出现爆裂等风险。同时钢瓶由于质量较大，储氢密度低，质量储氢密度在 1%～1.5%左右。Ⅰ型瓶一般用作固定式、小储量的氢气储存。

2. 纤维复合材料缠绕气瓶

纤维复合材料缠绕气瓶包括Ⅱ型瓶、Ⅲ型瓶和Ⅳ型瓶，其最早于 20 世纪 60 年代在美国推出，主要被应用于军事和太空领域。1963 年，Brunswick 公司研制了塑料内胆玻璃纤维全缠绕复合高压气瓶，其被用于美国军用的喷气式飞机的引擎重启系统。复合材料压力容器具有破裂前先泄漏的疲劳失效模式，可以大大地提升高压气瓶的安全性。其中Ⅱ型瓶采用的是环向增强，纤维并没有完全缠绕，工作压力可增强至 26～30MPa。但其缠绕的内胆仍然是钢制内胆，并没有减轻气瓶质量，质量储氢密度和Ⅰ型瓶相当，从而导致应用场景受限。

Ⅲ型瓶和Ⅳ型瓶是纤维复合材料缠绕制造的主流气瓶。其主要由内胆和碳纤维缠绕层组成。Ⅲ型瓶的内胆为铝合金，Ⅳ型的内胆为聚合物。纤维复合材料则以螺旋和环箍的方式缠绕在内胆的外围，以增加内胆的结构强度。衬垫作为氢气与复合层之间的屏障，防止氢气从复合层基材的微裂纹中泄漏。

2000 年，Quantum 公司开发出了 Trishield 高压储氢气瓶，该气瓶采用聚乙烯内胆碳纤维全缠绕结构，其工作压力为 35MPa。2001 年，Quantum 公司又研制成功公称工作压力为 70MPa 的 Trishield 10 高压储氢气瓶。在车载领域最具代表性的是日本丰田 Mirai 以塑料内胆和纤维缠绕的Ⅳ型储氢瓶，其额定工作压力为 70MPa，储氢密度高达 5.7%，容积为 122.4L，储氢总量为 5kg。因为我国高压储氢气瓶起步较晚，受限于碳纤维的材料性能与纤维缠绕加工等技术，目前仍在大力发展Ⅲ型瓶。我国 35MPa 铝内胆碳纤维缠绕瓶（Ⅲ型瓶）已经研发成熟，并已进入小规模试用阶段。

高压气态储氢作为目前唯一商用的储氢技术，自 1970 年以来，已经得到了长足的发展。其中高压储氢气瓶正在不断朝着轻质高压、高质量/体积储氢密度方向发展。同时随着纤维复合材料、聚合物材料以及缠绕设备、缠绕技术的更新升级，高压储氢气瓶的应用场景必将得到更大的拓展。但在气瓶性能不断提升的同时，还需要进一步对高压储氢气瓶的氢脆现象、失效机制问题进行研究，对气瓶的生产、测试等进行标准化，不断提升高压储氢气瓶的安全性能。此外，为了能够大面积推广使用高压储氢气瓶，降低其制造成本也是必要的。

第二节　液态储氢

液态储氢包括低温液态储氢和有机液态储氢两种方式。低温液态储氢就是将氢气冷却至液化温度以下，然后以液体形式进行储存。而有机液态储氢属于化学方式储氢，有机液态储氢技术是通过不饱和液体有机物的可逆加氢和脱氢反应来实现储氢的。

一、低温液态储氢

（一）低温液态储氢原理

低温液态储存，顾名思义就是将氢气冷却到液化温度以下，以液体形式储存。在一个大气压（即 101325Pa）下，将氢气冷冻至－253℃以下，氢气转化为液态，此时液氢的密度是同环境下气态氢的 865 倍，因此，低温液态储氢技术相比于高压气态储氢技术具有更大的吸引力。若仅从质量和体积上考虑，液态储存是一种极为理想的储氢方式。液态储氢方式的最大优点是质量储氢密度高，按目前的技术可以大于 5%。但使用液态储氢方式时，液氢罐需采用双层壁真空绝热结构，并采用安全保护装置和自动控制装置保证减震和抗冲击。这就增大了储氢系统的复杂程度和总体质量，从而限制了氢气储存质量分数的提高。

液氢还存在着生产成本高昂的问题。理论上来说，氢液化所消耗的能量为 28.9kJ/mol，然而实际过程中存在各种损耗，因此实际过程消耗的能量大约是理论值的 2.5 倍，可以达到氢气能量的 30%～50%。另外，液氢还存在严重的泄漏问题。液氢沸点仅为 20.38K，汽化潜热小，仅为 0.91kJ/mol，因此液氢的温度与外界的温度存在巨大的传热温差，稍有热量从外界渗入容器，即可使液氢快速沸腾而致损失。即使用真空绝热储槽，液氢也很难长时间储存。目前，液氢的损失率达每天 1%～2%，而汽油通常每月只损失 1%，所以，液氢不适合用于间歇使用的场合，如汽车等。但是，对于一些特殊用途，例如宇航的运载火箭等，采用低温液态储氢是有利的。

氢气液化与其他气体液化最大的不同就是氢分子存在正、仲两种不同的状态。而制得的液氢会自发地进行正、仲平衡并放出大量热量。因此，有必要了解正氢和仲氢。

氢气是双原子分子。根据两个原子核绕轴自旋的相对方向不同，氢分子可分为正氢和仲氢。正氢（orthohydrogen）的两个原子核自旋方向相同[图 6-4(a)]，仲氢（parahydrogen）的两个原子核自旋方向相反[图 6-4(b)]。在平衡状态下，正、仲氢的相对比例仅为温度的函数。在室温（300K）下达到平衡状态时，正氢约占 75%，该状态的氢为正常氢（normalhydrogen）；在液氮温度（77K）下处于平衡态时，正氢约占 52%；而在液氢沸点温度（约 20.3K，101.325kPa）下，仲氢含量可达 99.8%。

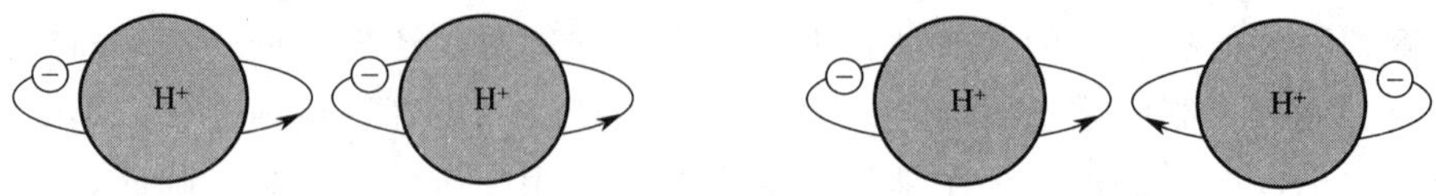

(a) 正氢　　(b) 仲氢

图 6-4　正氢和仲氢的原子示意图

在氢的液化过程中，必须先进行正-仲态转化，否则生产出的液氢会自发地发生正-仲态转化反应，最终达到相应温度下的平衡氢。特别注意的是，正-仲氢转化是放热反应，自发地发生正-仲态转化反应，会放出大量热，从而导致液氢沸腾、失控。因为氢气分子具有正、仲态，所以氢气液化过程中，必须进行正-仲态转化，这是与其他气体如空气、氦气、氧气、氮气、氦气液化的根本区别。正常氢转化为平衡氢时的转化热与温度有关。

从表 6-1 给出了不同温度下平衡氢中仲氢的含量。在 20.39K 时，仲氢含量为 99.8%，随着温度升高，仲氢含量逐渐降低。在 20.39K 时，发生正-仲态转化反应时放出的热量是 525kJ/kg，超过氢的汽化潜热（447kJ/kg）。

表 6-1　不同温度下平衡氢中仲氢的含量

温度/K	仲氢含量/%	温度/K	仲氢含量/%
20.39	99.8	120	32.96
30	97.02	200	25.97
40	88.73	250	25.26
70	55.88	300	25.07

当偏离平衡浓度时，正氢和仲氢之间会自发地相互转化，但转化速度很慢，需要增设催化剂来促进其转化，常用过渡金属催化剂。

（二）低温液态储氢关键技术

1. 液氢的生产

液氢的生产是由詹姆斯·杜瓦（James Dewar）在 1898 年发明真空瓶之后才开始的。目前主要有四种生产液氢的方法。

（1）节流液化循环（预冷型 L-H 系统）

1895 年，德国林德（Linde）和英国汉普逊（Hampson）分别单独提出并发明了一种简单的液化循环，此循环为工业上最早采用的循环，也被称为林德-汉普逊循环。该循环是先用液氮将氢气预冷至转换温度（204.6K）以下，然后通过 J-T 节流（J-T 节流即焦耳-汤姆逊节流的缩写）实现液化的过程，因此称为节流液化循环。具体流程如下：原料氢气经压缩机增压后，依次流经高温换热器→液氮预冷槽→主换热器进行梯级降温；低温氢气经 J-T 阀节流膨胀后进入液氢储槽，液化部分作为产品收集，未液化的低压氢气返流经换热器复热后返回压缩机循环利用。该工艺必须依赖外部冷源（如液氮）完成预冷阶段。

（2）带膨胀机液化循环（预冷型 Claude 系统）

该循环是通过气流对膨胀机做功来实现液化的。因为是 1902 年由克劳特（Claude）发明的，所以带膨胀机的液化循环也称克劳特液化循环。其中，一般中高压系统采用活塞式膨胀机（流量范围广，效率为 75%～85%），低压系统则采用透平膨胀机（小于 4300kW/d，效率为 85%）。压缩气体通过膨胀机对外做功可比 J-T 节流获得更多的冷量，因此预冷型 Claude 系统的效率要比预冷型 L-H 系统高出 50%～70%，热力完善度可达到 50%～75%，远高于 L-H 系统。目前世界上运行的大型液化装置都采用此种液化循环。

（3）氦制冷液化循环

该工艺包括氢液化和氦制冷循环两个部分。氦制冷循环为预冷型 Claude 系统，这一过程中氦气并不液化，但会达到比液氢更低的温度（20K）；在氢液化流程中，被压缩的氢气经液氮预冷后，在热交换器内被冷氦气冷凝为液体。因为此循环的压缩机和膨胀机内的流体为惰性气体氦气，这有利于防爆；且此法可全量液化供给的氢气，并容易得到过冷液氢，能够减少后续工艺的闪蒸损失。氦制冷循环是一个封闭循环。气体氦首先经压缩机后，增压到 1.3MPa 左右；然后，加压气体通过粗油分离器，将大部分油分离出去；接着，氦气在水冷热交换器中被冷却；最后，氦气中的微量残油由残油清除器和活性炭除油器彻底清除。干净的压缩氦气进入冷箱内的第一热交换器中，再次被降温至 97K。通过液氮冷却的第二热交换器、低温吸附器和第三热交换器，氦气进一步被降温到 52K。利用两台串联工作的透平膨胀机，氦气获得低温冷量。从透平膨胀机出来的温度为 20K、压力为 0.13MPa 的氦气，通过处于氢浴内、包围着最后一级正-仲氢转化器的冷凝盘管。从冷凝盘管出来的回流氦，依次流过各热交换器的低压通道，冷却高压氦和原料氢。复温后的氦气被压缩机吸入再压缩，进行下一次循环。

来自纯化装置、压力大于 1.1MPa 的氢气，通过热交换器被冷却到 79K。以此温度，通过两个低温纯化器中的一个（一个工作的同时另一个再生），氢气中的微量杂质将被吸附。离开纯化器以后，氢气进入沉浸在液氮槽中的第一正-仲氢转化器。转化器中，氢气进一步降温并逐级进行正-仲态转化，最后获得仲氢含量大于 95%的液态氢产品。

从氢液化单位能耗来看，以带膨胀机液化循环最低，节流液化循环最高，氦制冷液化循环居中。如以带膨胀机液化循环作为比较基础，节流液化循环单位能耗要高 50%，氦制冷液化循环高 25%，所以，从热力学观点来说，带膨胀机液化循环效率最高，因而在大型氢液化装置上被广泛采用。节流液化循环虽然效率不高，但流程简单，没有在低温下运转的部件，运行可靠，所以在小型氢液化装置中应用较多。氦制冷液化循环消除了处理高压氢的危险，运转安全可靠，但氦制冷系统设备复杂，制冷循环效率比有液氮预冷的循环低 25%，故在氢液化当中应用不是很多。

（4）磁制冷液化

从上面三个系统可以看出，液氢的生产是较为复杂的，而且都存在以下问题：制冷温度低，制冷量大，单位能耗高。目前，氢液化技术能耗为15.2kW·h/kg，高达液氢燃烧产热的30%～40%，效率普遍较低（20%～30%）。氢的正-仲态转化使得液化氢气所需的功远大于甲烷、氮、氦等气体，其中正-仲态转化热占其理想液化功的16%左右。剧烈的比热变化导致氢气的声速随着温度的增加而快速增大。当氢气压力为0.25MPa，温度从30K变化到300K时，声速从437m/s增加到1311m/s。这种高声速使得氢膨胀机转子承受高应力，从而加大膨胀机设计和制造的难度；在液氢温度下，除氦气以外的其他气体杂质均已固化（尤其是固氧），从而有可能造成管路堵塞，进而引起爆炸。因此，其对原料氢的纯度有着严格要求。

针对以上问题，人们开始考虑新的制冷方法，比如目前研究的磁制冷。磁制冷即利用磁热效应制冷。磁热效应是指磁制冷工质在等温磁化时放出热量，绝热去磁时温度降低而从外界吸收热量。其效率可达卡诺循环的30%～60%，而气体压缩-膨胀制冷循环一般仅为5%～10%。同时，磁制冷无须低温压缩机，使用固体材料作为工质，具有结构简单、体积小、质量轻、无噪声、便于维修、无污染等优点。磁制冷液化氢的制取目前还没有商业化，将来应该有很大的前景。

当前液氢制取仍主要依赖传统液化工艺，其能耗约为液氢燃烧热值的三分之一。液氢储存需在约20K的超低温下进行，储罐需采用多层真空绝热结构，制造难度高且存在一定的汽化损失。液氢的日蒸发率一般为1%～2%，通过增大储罐容量可有效降低蒸发率。尽管小规模储存存在挑战，但在大规模、集中化储运场景下，液氢仍以其高能量密度和便捷的加注特性展现出明显的应用优势。

2. 液氢的储存

除了液氢的生产，液氢的储存也同样重要。而液氢的储存通常都是在绝热的密封罐中的。因为液氢的沸点为21K（－252℃），汽化潜热小，极少量的漏热都会引起介质蒸发，所以要求容器的绝热性能必须好。目前低温绝热的主要形式有常规外绝热、高真空绝热、真空粉末绝热、高真空多层绝热和低温冷屏绝热等。而储存液氢设备的绝热材料一般分为两类：一类是可承重材料，如铝/聚酯薄膜/泡沫复合层、酚醛泡沫、玻璃板等，此类材料的热泄漏比多层绝热材料严重，优点是内部容器可“坐”在绝热层上，易于安装；另一类是不可承重、多层（30～100层）材料，如铝/聚酯薄膜、Cu/石英、Mo/ZrO_2等，常使用薄铝板或在薄塑料板上通过气相沉积覆盖一层金属层（Al、Au等），以实现对热辐射的屏蔽，缺点是储罐中必须安装支撑棒或支撑带。

（1）常规外绝热

这类绝热方式的绝热层由低密度和低热导率的材料构成，常采用的绝热材料有珠光砂、矿渣棉、泡沫玻璃、苯乙烯发泡材料、聚氨酯（PU）发泡材料等。绝热层的厚度根据其外表面不会冷凝水这一条件来设计。必要时采用适当的防护衬层，以防止水汽侵入。

（2）高真空绝热

高真空绝热要求10^{-3}Pa以下的真空度。它可以避免绝热空间内的气体对流传热和大部分气体的热传导。进入设备的热流主要为辐射热，具有绝热、结构简单、热容小、制造简便、对降温和复热影响较小等优点。但高真空的获得和保持都较为困难，仅适用于中、小型低温储液器或绝热要求高的低温装置。

（3）真空粉末绝热

真空粉末绝热适用于大型低温容器。这种绝热方式是在真空夹层中填充粉末状或颗粒状的多孔性绝热材料，从而减少热辐射，并抽真空到 10^{-5} Pa 以上。其绝热性能比高真空绝热高一个数量级以上，绝热效果由真空度、粉末的粒度和密度、添加剂的种类与数量以及界面的温度等多个因素决定。

（4）高真空多层绝热

高真空多层绝热具有最佳的绝热性能，也称为超绝热。这种绝热方式是由多层高反射率的金属箔或镀金属的薄膜交替间隔低热导率的隔垫构成的。真空多层绝热夹层的真空度必须在 10^{-4} Pa 以上。通过多层绝热的辐射传热随层数增加而下降，而通过层间的传导传热则随单位厚度的层数增加而增加。因此，在一定的最佳层密度下，高真空多层绝热具有最小的有效热导率。

（5）低温冷屏绝热

低温冷屏绝热指在真空夹层中设置冷屏，冷屏用液氮或容器中低温液体蒸发的冷蒸气冷却。这种绝热方式可显著地改善容器的绝热性能。

二、有机液态储氢

在 1975 年利用有机液体氢化物储氢的构想被首次提出，从而开辟了这种新型储氢技术的研究领域，并且受到了广泛关注。而近些年来，有机液体储氢介质的研究主要集中在萘、菲、乙基咔唑等方面，并取得了一定的进展。

有机液态储氢技术是通过不饱和液体有机物的可逆加氢和脱氢反应来实现储氢的。从理论上来说，烯烃、炔烃以及某些不饱和芳香烃与其相应氢化物，如苯-环己烷、甲基苯-甲基环己烷等可在不破坏碳环主体结构下进行加氢和脱氢，并且反应可逆。

表 6-2 列举了不同有机液体储氢介质的物理参数和储氢性能。有机液体具有高的质量储氢密度和体积储氢密度，现常用材料（如环己烷、甲基环己烷、十氢化萘等）均可达到规定标准；环己烷和甲基环己烷等在常温常压下呈液态，与汽油类似，可用现有管道设备进行储存和运输，安全方便，并且可以长距离运输，解决我国东西部地区能源分布不平衡的问题；催化加氢和脱氢反应可逆，储氢介质可循环使用，如果利用工业上可大规模获取的化学原料，可降低储氢成本；有机液体可长期储存，可在一定程度上解决能源短缺问题。

表 6-2　不同有机液体储氢介质的物理参数及储氢性能

储氢介质	熔点/℃	沸点/℃	理论储氢量/%
环己烷	6.5	80.7	7.19
甲基环己烷	−126.6	101	6.18
反-十氢化萘	−30.4	185	7.29
咔唑	244.8	355	6.7
乙基咔唑	68	190(1.33kPa)	5.8

目前，有机液态储氢也存在很多不足：技术操作条件较为苛刻，要求催化加氢和脱氢的装置配置较高，导致费用较高；脱氢反应需在低压高温非均相条件下，受传热传质和反应平衡极限的限制，脱氢反应效率较低，且容易发生副反应，使得释放的氢气不纯；在高温条件下容易破坏脱氢催化剂的孔结构，导致结焦失活。

传统的有机液体储氢介质有苯、甲苯和萘等。理论上，烯烃、炔烃或某些不饱和的芳香烃等均可作为储氢材料。考虑到原料的储氢量以及反应可逆性等方面，芳香烃最适合作为储氢材料。

环己烷是利用苯-环己烷的可逆化学反应来实现储氢的。由表 6-2 可知，环己烷具有较强的储氢能力，理论储氢量高达 7.19%，并且在常温（20～40℃）时，环己烷以及脱氢产物苯为液态，可以用现有的燃料输送方式进行储运，较为简便。1mol 环己烷可以携带 3mol 氢，反应所需热量远低于氢燃烧时所释放的热量，可以提供较为丰富的氢能。

由表 6-2 可知，甲基环己烷（MCH）的理论储氢量为 6.18%，脱氢后可产生氢气和甲苯（TOL）。甲基环己烷和甲苯在常温常压下均呈液态，同样可利用现有的管道设备储存和供应氢能，因此甲基环己烷是比较理想的有机液体储氢介质。

反-十氢化萘储氢能力强，由表 6-2 可知其理论储氢量高达 7.29%。反-十氢化萘的体积储氢密度为 62.93kg（H_2）/m^3，常温下呈液态，便于储氢，但在加氢、脱氢以及运输过程中存在着原料不断损耗的问题。1mol 反-十氢化萘可携带 5mol 氢，反应所需热量约为 66.7kJ/mol（H_2），约占氢气燃烧所释放热量的 27%，可提供丰富氢能。

以上是传统有机物储氢，但是这些传统有机液体氢化物普遍存在脱氢温度高、难以实现低温脱氢等问题，制约其大规模应用和发展。因此，目前人们提出用不饱和芳香杂环有机物作为储氢介质，这种化合物质量/体积储氢密度较高，而且其中杂原子（N、O）的添加可以有效地降低加氢和脱氢反应温度。咔唑和乙基咔唑是含氮的芳香杂环有机物，由表 6-2 可知，其储氢密度达到车载储氢系统的标准。

乙基咔唑（$C_{14}H_{13}N$）为无色片状晶体，溶于热乙醇、乙醚、丙酮，不溶于水，遇光易变黑，易聚合。研究表明，乙基咔唑作为一种新型有机液体储氢介质，在 130～150℃ 可实现快速加氢，150～170℃ 可实现脱氢，其理论储氢量为 5.8%，脱氢反应活化能为 126.8kJ/mol，是目前较为理想的储氢有机介质。

有机液体氢化物储氢是一项很有前景的储氢手段，具有储氢容量高、运输方便安全，以及可以实现大规模、长距离、长期性的氢能存储和运输，且为车用燃料电池提供氢源等优点。目前研究中存在的主要问题是：传统有机液体氢化物作为储氢介质，加氢和脱氢温度较高，导致装置费用较高、使用寿命短；贵金属催化剂成本较高，且易中毒失活；虽然非贵金属催化剂成本低，但在使用过程中加氢和脱氢效率较低；若用于燃料电池，加氢时压力较高的问题仍需解决。因此目前的主要研究方向是提高低温下有机液体储氢介质的脱氢速率和效率，研究更高效的催化剂及反应条件，降低脱氢成本。在现有的研究基础上，采用低温煤焦油中含量较高的多环芳烃作为原料，既可以解决低温煤焦油高附加值利用问题，又可以得到大量的储氢介质，节约原料成本；同时采用非贵金属制备双金属或多金属催化剂，减少贵金属的使用量，从而降低催化剂成本，通过实验提高催化剂的活性和稳定性，优化反应条件，可实现储氢介质低成本化。

第三节　固态储氢

固态储氢技术通过物理吸附或化学反应的方式，使氢气与储氢材料结合来实现氢气的储存，能有效改善气态储氢及液态储氢方式的不足，优点为储氢密度大、安全性高且运输方便，其储氢密度是相同温度压力条件下气态储氢的1000倍左右，而且吸放氢速度适宜，是在气态储氢和液态储氢之后最有前途的研究发现。其缺点为理论研究与发展不够完善。固态储氢需要用到储氢材料，因此寻找和研制高性能的储氢材料，成为固态储氢的当务之急，也是未来储氢发展，乃至整个氢能利用的关键。

储氢材料是指对氢具有良好的吸附性能或可以与氢发生可逆反应，实现氢的储存和释放的材料。储氢材料有很多类型，它包括储氢合金、碳质储氢材料、无机化合物储氢材料、有机化合物储氢材料等。储氢材料自20世纪60年代末发现以来，就引起了学术界和工业界的广泛兴趣，研究人员纷纷开展相关研究工作并取得了重要的进展，但是，目前来说，储氢材料的研究大多仍处于实验室的探索阶段，一些储氢材料和技术离氢能的实用化还有较大的距离，在质量/体积储氢密度、工作温度、可逆循环性能以及安全性等方面，还不能同时满足实用化要求。例如，到目前为止，那些在室温下容易释放氢的金属氢化物，其可逆质量储氢密度不超过2%，这显然无法满足现实的需求。有机化合物储氢材料虽然储氢密度大，但是吸放氢工艺复杂，还有许多技术问题没解决；碳质储氢材料储氢量大，但价格昂贵、产量低，还很难大规模进入商业应用。

根据氢的物理化学特性可以得知，要使储氢材料具有一定的实用价值，除了需要满足安全储存和便于运输、成本合理等基本要求外，同时对材料的储氢性能、保存需要的温度和压力、充/放氢的动力学速率等都有一定的要求。因此，通常需要储氢材料具备：

① 易活化，单位质量、单位体积储氢含量高；

② 具有高度的反应可逆性，且可在常温、常压下进行反应；

③ 具有良好的循环寿命，而且循环的次数足够多时，仍然能够保持性能的稳定；

④ 吸收、解离氢过程中的平衡氢压差小，即滞后效应小；

⑤ 具有优良的抗毒性能，在空气中稳定、安全性好，不易受N_2、O_2、H_2S等杂质气体毒害；

⑥ 在设计生产时还应注意要尽量使其具有价格低廉、不污染环境、制造工艺简单、容易制造等特性。

正如之前所说的，因为人类科学技术水平的限制，目前仍没有发现具有能够同时满足以上条件的储氢材料。近几年来，储氢材料的研究基本上围绕着汽车车载电池的应用而进行。国际能源机构（International Energy Agency，IEA）对储氢材料的期望目标是在低于423K的条件下，放氢量（质量分数）达到5%，体积储氢密度大于$50kg/m^3$，循环寿命超过1000次。

一、储氢材料的分类

20世纪60年代末到70年代初，美国布鲁克海文（Brookhaven）国家实验室和荷兰飞利浦（Philips）公司先后发现 $SmCo_5$ 与 $LaNi_5$ 的可逆储氢和释放氢的性质，引起了学术界和工业界的广泛兴趣，并且很快成功应用在储氢、热泵、氢分离等技术领域，从此拉开了储氢材料研究的帷幕。此后数年，随着科研人员的不断深入研究，人们相继发现各种类型的储氢材料，储氢材料从金属储氢发展到碳纳米管储氢、无机化合物储氢等，并应用到氢的储存和纯化、镍-氢电池、氢燃料汽车、氢同位素分离、温度和压力传感器、有机化合物氢化反应的催化剂等各个领域。

目前储氢材料的种类有很多，而且分类标准也各不相同。本书将储氢材料分为以下几类。

（一）物理吸附储氢材料

物理储氢方式利用范德华力在比表面积较大的多孔材料上进行氢气的吸附。利用多孔材料进行物理储氢的优点是吸氢-放氢速率较快、物理吸附活化能较小、氢气吸附量仅受储氢材料物理结构的影响。物理吸附储氢材料主要包括：碳基储氢材料、无机多孔材料、金属有机骨架材料（MOF）、共价有机骨架（COF）材料。

1. 碳基储氢材料

碳基储氢材料种类繁多、结构多变、来源广泛，从而较早地受到关注。鉴于碳基材料与氢气之间的相互作用较弱，碳基材料的储氢性能主要依靠适宜的微观形状和孔结构。因此，提高碳基材料的储氢性能一般需要通过调节材料的比表面积、孔道尺寸和孔体积来实现。碳基储氢材料主要包括活性炭、碳纳米纤维和碳纳米管。

（1）活性炭

活性炭又称碳分子筛，是一种石墨微晶堆积的无定形碳材料，具有比表面积较大、孔道结构多样、孔径尺寸可以在较宽的范围内调节等独特的结构特征。活性炭可从包括高分子聚合物、生物质材料（木材、农作物、果壳）和矿物质材料（煤、焦油）等材料中得到。对于不同来源的活性炭材料，只要比表面积相似，在相同温度、压力条件下，它们的储氢量差异就较小。在 77K、0.1MPa 条件下，比表面积为 $3000m^2/g$ 的活性炭的储氢量为 2.0%～3.0%（质量分数）。升高压力可以有效提高活性炭的储氢量。在 77K、1.0MPa 条件下，活性炭储氢量可达到 5.0%（质量分数）左右；在 77K、2.0～4.0MPa 条件下，活性炭储氢量可以达到 5.0%～7.0%（质量分数）。目前来说，超级活性炭在 94K、6.0MPa 条件下储氢量可以达到 9.8%（质量分数）。但是在室温条件下，即使压力达到 20.0MPa 以上的时候，活性炭的储氢量仍然仅有 0.5%～2.0%（质量分数）。目前，单纯的活性炭材料储氢较为困难。

（2）碳纳米纤维

碳纳米纤维（CNF）主要通过含碳化合物裂解的方法制备得到，碳纳米纤维的比表面积很大，同时含有较多微孔，表面能够吸附大量的氢气，便于氢气进入碳纳米纤维。与传统的粒状活性炭相比，碳纳米纤维具有以下特点：

① 纤维的直径更小，与氢分子的接触面积更大，吸附概率更高。

② 碳纳米纤维比同质量的活性炭表面积更大、微孔数目更多，所以氢气吸附量更大、吸附和脱附速率更快。

③ 碳纳米纤维的孔径分布范围很窄，而颗粒状的活性炭内部孔径分布却非常不规则。

因此，碳纳米纤维材料的外形和孔道尺寸均会对它的储氢性能造成一定影响。在一定范围内，碳纳米纤维的储氢量与纤维直径成反比，与质量成正比。在常温、12MPa条件下，碳纳米纤维的最大储氢量为6.5%（质量分数），使用Li、K等碱金属对碳纳米纤维表面进行修饰，可以将同条件下的储氢量提高到10%（质量分数）左右。改进碳纳米纤维的制备方法，在常温11MPa条件下，可以获得最高12%（质量分数）的储氢量。

（3）碳纳米管

碳纳米管是一种由石墨烯片卷曲而成的径向尺寸为纳米级、轴向尺寸为微米级的一维材料，主要由呈六边形排列的碳原子构成。根据石墨烯片的层数不同，碳纳米管可以分为单壁和多壁两种。一般单壁碳纳米管具有较高的化学惰性，表面所能携带的官能团较少；多壁碳纳米管表面较为活泼，能够携带大量的表面基团。通过不同制备方法得到的碳纳米管表面结构有一定差别。由于碳纳米管具有中空的孔道结构，且表面结合了各种官能团，因而表现出了良好的储氢性能，储氢量与比表面积呈正比关系。另外，通过控制碳纳米管的生长方式能够在一定程度上提高它的储氢性能。目前，单壁碳纳米管在80K、12MPa条件下的最高储氢量可以达到8.0%（质量分数）；而在室温、10MPa条件下，最高储氢量可以达到4.2%（质量分数）。室温（298K）下，多壁碳纳米管的最佳储氢能力在4MPa时为1.97%（质量分数），7MPa时为3.7%（质量分数），10MPa时为4.0%（质量分数），15MPa时为6.3%（质量分数）。同时，温度对多壁碳纳米管释放氢的能力影响很大，室温下氢的释放量不足0.3%（质量分数），而77K时氢气解吸量可以达到2.27%（质量分数）。相比较而言，单壁碳纳米管释放氢的能力较好，常温条件下即可释放吸附量80%的氢气。

2. 无机多孔材料

无机多孔材料主要是指具有微孔或介孔孔道结构的多孔材料，包括有序多孔材料（沸石分子筛或介孔分子筛）和无序多孔结构材料（天然矿石）。

沸石是一类水合结晶的硅铝酸盐，其骨架结构主要是由硅和铝的四面体（SiO_4和AlO_4）在三维空间共享氧原子结合而成的。这种结构可形成孔径在0.3～1.0nm的微孔洞，从而选择性地吸附大小及形状不同的分子，因此沸石又被称为“分子筛”。根据结构、硅铝比以及阳离子的不同，沸石可分为A型、X型、Y型、MOR型、MCM-22型和ZSM-5型等。沸石分子筛材料具有规整的孔道结构和固定的孔道尺寸，结构上的差异会影响材料的比表面积和孔体积，进而影响材料的储氢性能。具有不同结构的沸石分子筛的储氢性能虽有差异，但储氢量普遍较低，一般都不会超过3.0%（质量分数）。沸石分子筛的氢吸附等温线与脱附等温线基本重合，表明氢在沸石分子筛微孔中的吸附为物理吸附。因此，沸石分子筛吸附的氢可以全部释放，储氢材料可循环利用。与沸石分子筛相比，介孔分子筛的孔道尺寸较大、比表面积和孔体积较大，更有利于氢气的吸附。因此从原理上来说，介孔分子筛材料的储氢性能会稍微优于沸石分子筛材料。

天然矿石中储氢性能较好的包括坡缕石、海泡石、埃洛石和凹凸棒石。其中，埃洛石具有最大储氢量，可达 2.8%（质量分数）。如果使用适当的金属对坡缕石进行修饰，可以将其在 298K、0.7MPa 条件下的储氢量由 1.1%（质量分数）提高到 2.35%（质量分数）。

3. 金属有机骨架材料（MOF）

金属有机骨架材料（metal-organic framework，MOF），又称为金属有机配位聚合物（metal organic coordination polymer，MOCP），是近几年才被报道的一类新型储氢材料，它是由有机配体和无机金属单元构成的一维、二维或者三维结构的聚合物。金属有机骨架材料一般具有多变的拓扑结构以及物理化学性质。MOF 孔穴的大小、形状以及构成等可以通过选择不同的配体和金属离子，或者改变合成策略加以调节。MOF 在气体的储存、分离、催化、磁性、非线性、发光，特别是在低温储氢方面的应用受到广泛关注。MOF 作为新兴储氢材料是在 21 世纪初才被报道的，用作储氢材料的 MOF 和一般的 MOF 相比较有更大的比表面积。1999 年，Yaghi 等发布了具有储氢功能的由有机酸和锌离子合成的 MOF——MOF-5，并于 2003 年首次公布了 MOF-5 的储氢性能测试结果。研究结果表明，在 77K、0.7bar 时，MOF-5 的质量储氢密度为 4.5%（质量分数）。随后他们的研究表明，MOF-5 在 77K 时的储氢量不同（从 1.3%到 5.2%），这与合成 MOF-5 的合成初始准备和合成条件有关。MOF-5 结构单元的直径大约为 18nm，有效比表面积为 2500～3000m^2/g，密度约为 0.6g/cm^3。通过改变 MOF-5 的有机连接体可以得到一系列网状结构的 MOFs-5 的类似化合物——网状金属和有机骨架材料（isoreticular metal-organic framework，IRMOF）；通过同时改变 MOF-5 的金属离子和有机连接体可以得到一系列具有与 MOF-5 类似结构的微孔金属有机配合物（microporous metal organic material，MMOM）。MOF-5、IRMOF 和 MMOM 因具有纯度高、结晶度高、成本低、能够大批量生产、结构可控等优点，在气体存储尤其是氢的存储方面展示出广阔的应用前景。经过多年的努力，MOF 在储氢领域的研究已取得很大的进展，不仅储氢性能有了大幅度的提高，而且用于预测 MOF 储氢性能的理论模型和理论计算也在不断发展、逐步完善。目前相当多的工作关注于 MOF 在储氢领域的应用，然而实现 MOF 在室温和适中的压力下大量储氢仍然是一项非常具有挑战性的工作。

4. 共价有机骨架（COF）材料

COF 材料是在 MOF 基础上开发出来的一种新型多孔材料。由于 COF 材料的骨架全部由非金属的轻元素构成，COF 材料的晶体密度较低，更有利于气体的吸附，因此 COF 材料的储氢性能引起了极大的关注。COF 材料的储氢性能与它的物理结构（包括孔体积、孔结构和晶体密度）有直接关系。在 77K、10MPa 条件下，COF-108 的最大储氢量为 18.9%（质量分数），而 COF-102 具有最大的体积吸附量，为 40.4g/L；在 77K、0.01MPa 的条件下，具有最大储氢量和最大体积吸附量的材料是 COF-1；在 298K、10MPa 的条件下，COF-105 储氢量可达 4.67%（质量分数）。虽然与 MOF 相比，COF 材料的储氢性能有所提高，但在常温条件下的储氢量还不能令人满意。为改善 COF 材料的储氢能力，很多学者将碱金属离子引入 COF 材料骨架结构中，这大大提高了材料的储氢性能。将锂醇基团引入 COF-105 的结构中，可使其室温储氢量提高到 6.0%（质量分数）。

（二）化学储氢材料

化学储氢材料的主要工作原理是氢以原子或离子形式与其他元素结合而实现储氢。基于化学机制的储氢材料主要是金属氢化物储氢材料等。

金属氢化物储氢是一种利用金属（合金）在一定的温度和压力下吸收/释放氢气的技术手段。能够储氢的金属（合金）具有很强的“捕捉”氢的能力，在一定的温度和压力条件下，氢分子在金属（合金）表面分解为氢原子并扩散到金属（合金）的原子间隙中，与金属（合金）反应形成金属氢化物（metal hydride），同时放出大量的热量；而对这些金属氢化物进行加热时，它们又会发生分解反应，氢原子又结合成氢分子释放出来，而且伴随明显的吸热效应。金属基储氢合金材料具有超强的储氢性能，单位体积内的储氢密度是气态储氢材料的1000倍。其具有安全、储氢量大、无污染等优点，且最重要的是它的制备技术与工艺现在已经是相当成熟了；缺点就是它一般在最开始时并不具备吸放氢的功能，需在高温高压的氢气环境中进行多次的减压抽真空循环。

目前金属基储氢合金材料大致分为镁系（A_2B型）、钛系（AB型）、钒系（BCC结构）、稀土系（AB_5型）和锆系（AB_2型）。它们的性能如表6-3所示。通常储氢合金材料是由决定合金吸氢量的元素A与决定吸放氢可逆性的元素B组成的金属间化合物，其中A主要为Mg、Ti、V、La、Zr等，而B为Cr、Mn、Fe、Co、Ni、Cu、Zn、Al等。

表6-3 五类储氢合金材料的比较

合金类型	典型结构	典型代表	吸氢量（质量分数）/%	理论电化学容量/(mA·h/g)	实际电化学容量/(mA·h/g)
镁系	A_2B	Mg_2Ni	3.60	965	500
钛系	AB	TiFe	1.80	536	350
钒系	BCC固溶体	TiV固溶体	3.80	1018	500
锆系	AB_2	$ZrMn_2$	1.80	800	420
稀土类	AB_5	$LaNi_5$	1.40	372	320

1. 镁系储氢合金

金属镁的储氢性能早在20世纪60年代的时候就已经被研究人员发现了。从理论而言，镁的储氢量可以达到7.6%（质量分数）。但鉴于吸氢过程中金属原子需要从颗粒表面向颗粒内部扩散，金属材料的吸氢速率不可避免地受到颗粒尺寸的限制，粒径越小，吸氢速率越快。在573K、1.0MPa条件下，金属镁在颗粒大于1μm时，2h内几乎没有表现出储氢能力；粒径为50nm时，2h内储氢量为5.8%（质量分数）；粒径减小到30nm时，2h内储氢量可以达到6.2%（质量分数）。但是纯镁吸放氢速率慢，放氢温度高。目前不会通过纯镁来储存氢气，通常使用镁系合金。

镁系最具代表性的是Mg-Ni合金。镁系A_2B型Mg_2Ni储氢合金由于储氢量高、价格低廉、资源丰富等特点，得到研究者的重视，然而动力学缓慢、氢化物过于稳定、放氢温度较高等缺点导致其实际应用受到限制。为了改善Mg_2Ni合金的储氢性能，研究者做了大量的研究。结果显示，采用过渡元素替代Ni是改善Mg_2Ni合金储氢性能的有效方法。

Zhang 等发现过渡元素 Ti、Mn 和 Fe 部分取代 Ni 后，合金的放氢动力学性能显著增强，其中 $Mg_2Ni_{0.92}Ti_{0.08}$ 合金在 250℃下，15min 内亦可实现完全放氢。由于 Co 与 Ni 在元素周期表中位置相近，有很多学者尝试用 Co 来部分取代 Ni。朱黎明等通过实验表明 $Mg_2Ni_{0.9}Co_{0.1}$ 合金具有良好的活化性能和动力学性能，仅需要两次吸放氢循环即可完全活化；通过 Kissinger 法计算其放氢活化能为－94.7kJ/mol；差示扫描量热仪（DSC）测试结果显示该合金氢化物的起始放氢温度约为 200℃，远低于 MgNi 的放氢温度。

Zhai 等通过感应熔炼、退火、旋压等工艺制备了 $La_{0.8}Pr_{0.2}MgNi_{3.6}Co_{0.4}$ 合金。在 373K 和 3MPa 下，铸态、初生态和退火态 $La_{0.8}Pr_{0.2}MgNi_{3.6}Co_{0.4}$ 合金的最大储氢量分别为 1.699%（质量分数）、1.637%（质量分数）和 1.535%（质量分数）。Zhai 团队还采用了真空感应熔炼和退火工艺制备了铸态 $La_{1-x}Pr_xMgNi_{3.6}Co_{0.4}$（$x$＝0～0.4）合金。通过压力-组成等温线（PCT）和电化学测试得出，退火合金的 PCT 曲线显示出更平坦和更宽的压力平台，与 $LaMgNi_4$ 氢化物的吸附/脱附压力平台相对应。但退火态合金的最大储氢量低于铸态合金。从电化学性能来看，退火态 $La_{0.8}Pr_{0.2}MgNi_{3.6}Co_{0.4}$ 合金的最大放电容量为 354.2mA・h/g。另外，形成固溶体也能改变镁基储氢材料的储氢性能。Hui 等通过真空感应熔炼制备的镁基合金 $Mg_{90}Ce_5Sm_5$ 作为储氢材料，研究其性能和反应机理。结果表明，镁基三元合金由两个固溶体相组成，该合金的可逆氢容量约为 5.5%（质量分数），表现出良好的等温吸氢动力学。Zhang 等研究了 Ce 部分取代 La 对 $La_{10-x}Ce_xMg_{80}Ni_{10}$（$x$＝0～4）镁基合金综合储氢性能的影响。添加剂 Ce 存在于合金固溶体中，导致晶粒细化，使氢化物的稳定性明显降低，这是氢化物初始脱氢温度和焓下降的原因。此外，通过成分调整，合金的脱氢活化能明显降低，表明合金的储氢性能得到了改善。

Mg 系合金还可以通过机械球磨法合成。Zhang 等通过机械球磨合成 La-Mg-Ni 基 $LaMg_{12}$ 型合金。结果表明，随着 Ni 含量的增加和球磨时间的延长，氢的脱附活化能显著降低，这是提高球磨态合金脱氢动力学的原因之一。董金剑等采用机械合金化法制备了 $Nb_{60}Ni_{40}$ 及 $Nb_{60}Fe_{40}$ 非晶合金，再通过球磨法向 MgH_2 中分别掺杂 10%上述非晶合金。结果表明，加入非晶合金 $Nb_{60}Ni_{40}$ 和 $Nb_{60}Fe_{40}$ 的样品起始放氢温度与纯氢化镁相比均有所降低，且放氢动力学性能有一定的提升，其中 $Nb_{60}Fe_{40}$ 对 MgH_2 放氢动力学性能的促进作用优于 $Nb_{60}Ni_{40}$，特别是在较低温度下放氢速率差异较大。通过计算，非晶 $Nb_{60}Ni_{40}$-MgH_2 体系和非晶 $Nb_{60}Fe_{40}$-MgH_2 体系的放氢激活能分别较纯 MgH_2 降低了 22.68kJ/mol 和 23.17kJ/mol。Ding 等采用超声分散前处理、机械球磨和燃烧合成的方法，从而合成了四元合金 $Mg_3Al_{1-x}Mn_xNi_2$（x＝0，0.2，0.4，0.6，0.8）。X 射线衍射（XRD）表明，Mn 部分替代 Al 可以引起 Mg_3AlNi_2 的晶格膨胀，且样品均呈现相似的复相结构。锰的引入显著提高了镁铝镍合金电极的最大放电容量，但储氢性能并无明显增加。Marek 等采用机械合金化和退火法制备了 La-Mg-Ni-M 基（M＝Al，Mn）金属间化合物。结果表明，La-Mg-Ni 合金中 Al 和 Mn 部分取代了 Ni，改善了该体系的吸氢性能。

除了上述通过将镁元素形成合金外，还有学者通过将镁与其他元素形成核-壳结构来改善镁系储氢合金。Lu 等通过采用电弧等离子体法和普通固相法合成了以二十面体镁粒子为核心，纳米铂粒子均匀分布在不同表面的核-壳纳米结构镁铂复合材料。结果表明，铂在镁颗粒上的存在对早期吸氢动力学有明显的“溢出”效应。密度泛函理论计算和原位电子显微镜观察表明，镁铂在脱氢过程中起到“氢泵”作用，脱附后转化为铂。与纯氢氧化镁相比，氢化后的镁铂复合材料的脱氢动力学得到改善，开始脱氢温度降低。该团队采用电弧等离子体法和化学镀相结合的方法制备了具有核-壳结构的镁合金复合材料 Mg@TM（TM=Co，V）。计算结果表明，三元复合镁钴钒复合材料的表观活化能为 67.66kJ/mol，低于二元复合镁钴和镁钒复合氧化物以及纯镁超细粉末。通过差示扫描量热（DSC）测得氢化的 Mg@Co@V 的热分解能是本研究中最低的。因此，在本研究中，三元化合物 Mg@Co@V 表现出最好的吸氢动力学。后来该团队采用真空气相沉积技术结合电弧等离子体法制备了具有核-壳状结构的 Mg@$NaBH_4$，计算出复合材料的吸氢活化能为 60.1kJ/mol，低于纯镁的 118.2kJ/mol。热脱附谱（TPD）测得氢化复合材料的起始脱氢温度为 245℃，氢化镁粉的起始脱氢温度为 300℃。Xiao 等通过球磨和热处理的方法合成了具有核-壳结构的 Mg_2FeH_6@MgH_2 双金属氢化物。结果表明，合成的 Mg_2FeH_6@MgH_2 由颗粒大小为 40～60nm 的 Mg_2FeH_6 核和厚度为 5nm 的 MgH_2 壳组成。Mg_2FeH_6@MgH_2 核-壳纳米粒子的放氢起始温度为 220℃，比微米粒子的放氢温度低 45℃。与微米级样品相比，核-壳样品的脱氢动力学较快，在 280℃、50min 内放出 5.0%（质量分数）以上的氢气，脱附活化能降至 115.7kJ/mol，脱附反应热和脱附反应熵分别为 −80.6kJ/mol 和 −140.0kJ/mol。

2. 钛系储氢材料

钛系储氢合金通常有 Ti-Fe、Ti-Mn、Ti-Cr、Ti-Zr 等，主要以 AB 型的 TiFe 合金为代表。Ti 和 Fe 可以生成两种稳定的金属间化合物，分别是 TiFe 和 $TiFe_2$。Ti-Fe 二元合金经过高能球磨处理后可形成非晶结构，接着若将球磨得到的非晶化材料进行加热则可以形成 TiFe 的纳米晶材料，从而改善材料的储氢性能。而加入其他元素，如 Ni，则会增加相界面或析出第二相。TiFe 基储氢合金在生产与使用过程中比其他储氢材料要更安全，生产该合金所需要的主要原材料钛、铁两种元素在中国的生产能力充足，原材料价格较其他类储氢合金便宜许多，所以 TiFe 基储氢合金很适用于工业化生产。尽管 TiFe 系储氢合金拥有其他系储氢合金所没有的许多优点，但是其同样存在以下缺点：

① TiFe 系储氢合金虽然在常温下便可以实现吸放氢，但是 TiFe 系储氢合金所要求的活化温度与吸氢环境都比较高。

② TiFe 系储氢合金通常需要在 400～450℃的高温、连续抽真空的高真空以及较高的氢压下才会活化并且开始吸氢，而在多次吸放氢循环之后才会使其达到最大的吸氢量。

③ TiFe 系储氢合金易受到外部因素影响而发生毒化，在活化后，合金很易受到空气中的各种气体的影响，与 CO、O_2 等空气中含量较大的气体短暂接触后就会失效，导致储氢性能下降从而丧失活性。

为了改善储氢合金的各项性能，使其能够在实际应用中更好地发挥出材料所拥有的优势，目前主要通过元素合金化、表面处理和改变制备工艺等手段来解决这些问题。

3. 钒系储氢材料

钒系储氢合金主要是具有 BCC 结构的钒基固溶体合金，主要包括 Ti-V-Cr、Ti-V-Mn、

Ti-V-Fe、Ti-V-Ni 等。钒金属可在室温和常压下进行吸放氢，VH_2 储氢量可达 3.8%（质量分数）。钒系固溶体合金具有很多的优点，例如储氢密度大、平衡压适中、室温下可实现吸放氢等，所以它是当下研究火热的一种储氢材料。但是由于 V 基固溶体本身在碱液中缺乏电极活性，不具备可充放电的能力，因而一直未作为 MH-Ni 电池的负极材料得到应用。

V 基固溶体合金为典型的体心立方结构，可以在气-固储氢的过程中表现出很高的储氢容量，然而其在电化学应用中却由于本体结构不具有电催化活性，难以实现应用。为了使其本征储氢量得到最大的发挥，获得高容量的电极材料，一些研究通过添加元素等方式获得了具有两相甚至多相结构的储氢合金，主要研究工作有：在 V 基固溶体的晶界上析出电催化活性良好的 TiNi 等第二相后，可改善合金表面的电催化活性；在 V 基固溶体三元合金中添加 Zr 和 Hf 等元素，合金中出现六方结构的 C_{14} 型 Laves 相（第二相），可使合金的循环稳定性及高倍率性能得到明显提高。

正如前面所述，由于 V 基固溶体储氢合金本身不具备电催化活性，其表现出的电化学容量很低，近年来一些研究尝试引入 Laves 相（第二相），虽然该办法在一定程度上降低了合金的整体储氢容量，但是催化作用下合金的放电容量得到了整体的提升。向 V 基固溶体储氢合金中加入 Ti、Ni 后，可以在晶界析出 TiNi 第二相，第二相以网络形式分布于晶界处，为氢的进出过程提供了途径；而进一步向 Ti-V-Ni 三元合金中加入 Zr、Hf 等金属可以形成六方型的 C_{14} Laves 相，改善合金电极的大电流放电能力；若在 Ti-V-Ni 合金的基础上以 Mn 部分取代 Ni，则可以提高合金电极的放电容量至 440mA·h/g。稀土元素（Ce、Dy）等的加入可以在 V 基固溶体储氢合金中引入催化活性更高的第二相，这可以显著地提高合金的放电容量，并降低合金电极过程的电荷转移电阻。

4. 锆系储氢材料

锆系储氢合金主要以 AB_2 型合金 $ZrMn_2$ 为代表。该合金具有储氢量高、吸放氢速度快、循环寿命长等优点；缺点是原料成本高、吸放氢平台压力低、不易活化。通过元素的替换可以很好地提高合金的储氢性能，如采用 Ti 代替部分 Zr，会使晶胞体积减小，延长合金的寿命。AB_2 型合金虽然存在初期活化困难、原料成本高等问题，但由于其出色的储氢量和循环寿命长的优势，被视为下一代 Ni-MH 电池的高容量负极材料。

锆系储氢合金主要是属于 AB_2 型。A-B 二元合金中，ZrM_2（M＝Mn、V、Cr 等）合金的化学式均为 AB_2，且 A 原子和 B 原子半径之比（r_A/r_B）接近于 1.2，而形成一种密堆排列的 Laves 相结构，故称该类合金为 AB_2 型 Laves 相合金。在合金中半径较大的 A 原子与半径较小的 B 原子相间排列，故 Laves 相的晶体结构具有很高的对称性及空间填充密度。Laves 相的结构有 C_{14}（$MgZn_2$ 型，六方晶，空间群为 P63/mmc）、C_{15}（$MgCu_2$ 型，立方晶，空间群为 Fd3m）及 C_{36}（$MgNi_2$ 型，六方晶）三种类型，但 AB_2 型储氢合金就只涉及 C_{14} 及 C_{15} 这两种结构。图 6-5 所示为这两种 Laves 相储氢合金的晶体结构。由于原子排列紧密，C_{14} 和 C_{15} 型 Laves 相的原子间隙均由四面体构成，即氢进入 Laves 相合金晶格中的位置全部是四配位位置，它们根据 4 个靠近的金属原子的种类，区分为 A_2B_2 位置、AB_3 位置和 B_4 位置三种位置。

由于 ZrM_2（M＝Mn、V、Cr 等）二元合金吸氢生成的氢化物均过于稳定，不易释

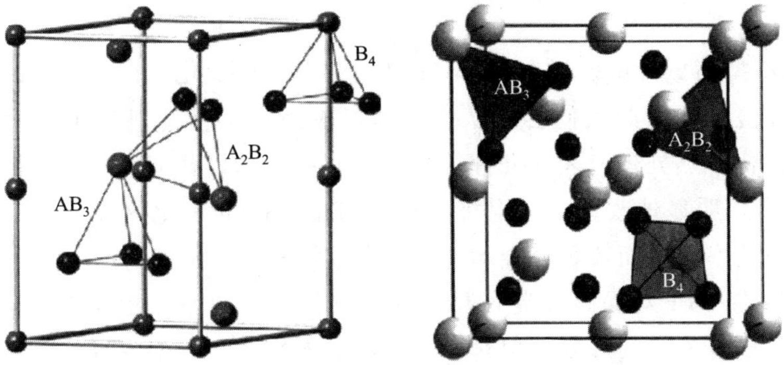

(a) C_{14} (b) C_{15}

图 6-5 AB_2 型储氢合金的晶体结构示意图

放，不能满足储氢要求，因此，经常需要加入其他合金成分，从而形成多组元合金。在一定的范围内改变合金中 A、B 两侧元素的化学计量比，同时需要不改变 AB_2 型合金的 Laves 相结构，然而当取代元素大量引入后则可能改变合金的相结构，进而改变其储氢性能。

5. 稀土系储氢材料

稀土系储氢合金主要以 AB_5 型合金 $LaNi_5$ 为代表。在 1969 年，荷兰的 Philips 实验室在研究永磁材料 $SmCo_5$ 时首先发现并进行研究 $LaNi_5$，其稳定氢化物为 $LaNi_5H_6$，储氢量为 1.38%（质量分数）。AB_5 型储氢合金中研究得最早的是 $LaNi_5$ 储氢合金，其具有典型的 $CaCu_5$ 结构，晶体结构如图 6-6 所示。$LaNi_5$ 作为储氢合金材料具有很多的优点：在常温下吸放氢速度快、平衡压差小、初期易活化、抗毒化性能好、平衡压适中及滞后小；缺点是它吸放氢的容量低且吸氢后的氢化物体积膨胀 23.5%，从而导致粉化现象。目前对稀土系合金的开发研究主要是把 $LaNi_5$ 中的部分 La 用混合稀土 Mm（Ce、Nd、Pr、Sm、Er 等）代替，以此来降低合金的成本，但同时也会导致合金的氢分解压增大；通过用 Al、Mn、Fe、Cu、Ag、Cr 等金属来置换 $LaNi_5$ 中的部分 Ni，可以达到降低吸放氢平衡压力的作用。

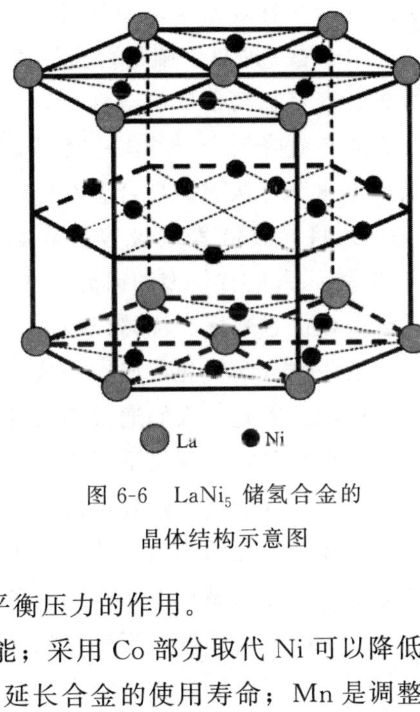

图 6-6 $LaNi_5$ 储氢合金的晶体结构示意图

采用 Ca 取代稀土元素有利于提高合金的活化性能；采用 Co 部分取代 Ni 可以降低合金在吸放氢过程中的体积膨胀率，减少合金的粉化，延长合金的使用寿命；Mn 是调整合金吸氢平台压力的有效元素，还能降低滞后；而 Al 能有效地降低氢平衡压力，使氢化物稳定性提高。除了元素取代外，对合金进行不同方式的后处理也可影响 AB_5 型合金的储氢性能。对 AB_5 型合金进行高能球磨处理后，高能球磨导致的晶粒纳米化以及晶格畸变增大，使合金的储氢容量减少，并使合金 PCT 曲线上吸脱氢压力平台倾斜。除晶粒尺寸外，晶格畸变对纳米储氢合金的储氢性能有明显的影响，随晶格畸变的增大，其储氢容量有减小的趋势。

稀土系 AB_5 型储氢合金已经在 Ni-MH 电池中形成产业化。但是单纯的 $LaNi_5$ 的性能不足以满足商业应用，因此人们尝试从多方面对 $LaNi_5$ 的性能进行了改进。主要的改进方法包括元素取代、热处理、表面处理等方式，其中元素取代研究较多。研究表明，尽管 Ce 元素的加入可以明显地改善合金电极的循环寿命，降低氢化物稳定性，提高氢原子在氢化物中的扩散速率，从而改善合金动力学性能，然而 Ce 元素的加入会导致最大放电容量降低；而适当掺入 Pr 对提高容量有利，也可改善合金的循环稳定性；而 Nd 元素对储氢合金的放电电压有一定的好处，但对于小电流放电容量、高倍率性能和循环稳定性都是不利的。混合稀土 Mm（La、Ce、Pr、Nd）取代 $LaNi_5$ 合金中的 La，是当前 A 位替代研究中较为成功的方法。采用此方法一方面可以降低合金的成本，另一方面可以有效地改善合金在吸放氢过程中的动力学性能，这都为稀土系储氢合金的实用化奠定了坚实的基础。

AB_5 型储氢合金除了通过对 A 侧元素取代改善其性能，人们还通过对 B 侧元素的研究，从而大大推动了稀土系储氢合金的产业化进程。目前，B 侧的主要替代元素有 Mn、Al、Fe、Co、Cu、Cr、Ga、Ge 和 Si，研究较多的是 Co、Al、Mn、Cu、Fe、Si 和 Cr。Co 元素主要通过降低吸氢后晶胞体积膨胀、增加合金的韧性、防止其他合金元素的分解和溶出以及保持合金成分稳定来降低合金的粉化、延长合金的循环寿命。它是提高合金电极循环寿命的有效元素，但其对合金的活化性能、最大放电容量和高倍率放电性能都是不利的。Mn 是一种对于调整合金平衡氢压特别有效的元素，适量 Mn 的加入可提高合金的最大放电容量和高倍率放电性能，但过量的 Mn 将引起容量下降和循环寿命减少。Al 元素加入能有效降低合金的氢平衡压力，既提高氢化物稳定性，同时也可减小合金的吸氢膨胀及粉化速率，从而提高合金在碱液中的耐蚀性，从而起到延长合金循环寿命的作用。但 Al 的加入将导致储氢电极容量和高倍率放电性能降低。除以上元素以外，对 Cu、Fe、Si、Mo 等元素也有较多的研究。

合金在经过熔炼、浇铸以后即可冷却成为所需的铸锭，然而，因为冷却时间较长，合金中的某些组分会优先析出，造成合金的组成偏离设计组成成分，对合金的吸放氢性能产生不利影响。因此，人们通过热处理办法来提高合金的吸放氢性能。热处理是在真空高温炉中，在真空或氩气气氛下将大块铸锭合金加热至一定温度并恒温一段时间，使合金均质化的过程。对合金进行热处理的主要目的是消除微观结构中的内应力、抑制合金组分的偏析，使合金内部更加均匀，从而改善 PCT 曲线的平台特性，使平台更加平坦，并提高合金的储氢量，延长循环寿命。热处理可以有效地改善储氢合金的吸放氢性能。

合金表面特性的好坏直接影响储氢合金电极的性能。在基本不改变储氢合金整体性质的条件下，通过改变合金的表面形貌、改善合金的动力学性质，从而使得合金的潜在性能可以呈现出来。目前合金表面处理的方法有化学处理、化学镀覆、电化学镀覆、机械合金化处理等。

（三）其他储氢材料

除了上述介绍的几种储氢材料，目前，还有新研究的储氢材料，如氢气水合物储氢材料、玻璃微球储氢材料、配合物储氢材料等。

1. 氢气水合物储氢材料

氢气水合物是氢气在一定的温度和压力下与水作用生成的一种非固定计（非化学计量）的笼形晶体化合物。不同尺寸的客体分子与水生成的水合物通常有3种结构：Ⅰ型、Ⅱ型和Ⅲ型。结构Ⅰ型的水合物属于立方晶型，理想分子式为$8M \cdot 46H_2O$（$M=H_2$），典型客体分子为CH_4、CO_2、H_2；结构Ⅱ型的水合物属于立方晶型，理想分子式为$24M \cdot 136H_2O$，典型客体分子为C_2H_6、C_3H_8、O_2、N_2；结构Ⅲ型的水合物属于六方晶型，理想分子式为$6M \cdot 34H_2O$，典型客体分子为i-C_4H_{10}（异丁烷）、环己烷＋小分子助剂。自人们发现Ⅱ型水合物后，由于其优异的储氢性能，越来越多的水合物开始被合成出来。H_2-水体系中加入四氢呋喃（THF）可以形成稳定的H_2/TFHⅡ型水合物。叔丁醇（TBA）和H_2O通过氢键形成亚稳定的水合物笼，然后在CH_4的作用下形成稳定的Ⅱ型水合物。在273K和10MPa下，摩尔分数为5.6%的1,1-二氯-1-氟乙烷（HCFC-141b)-水混合物中水合物储氢量可达0.36%。

氢气水合物作为储氢材料，具有以下几个优点：

① 存储材料和副产物都是水，不会造成环境污染。

② 水合物形成和分解时的动力学速率非常快，且氢气以分子的形式存储，水合物释放氢气的过程中没有发生化学反应。

③ 成本经济优势大，水资源很富足，而且很便宜。

④ 吸收和释放氢气所需的温度基本在常温范围内。

同时，水合物储氢也存在着储氢量小、反应条件苛刻、能耗和成本较高的缺点。因此需要解决以下问题以实现水合物储氢的应用：

① 合成条件的优化。

② 合适添加剂的探索。

③ 生成水合物的储存。

④ 储氢能力的提高。

2. 玻璃微球储氢材料

直径为25～500μm、壁厚度低于1μm的玻璃微球在200～400℃范围内的穿透率增大，使氢气可在一定压力的作用下进入玻璃体中。随着温度的降低，玻璃体的穿透性逐渐降低，当温度降到室温附近时，玻璃体的穿透性消失，氢气留在玻璃微球体内；随着温度的升高，玻璃体的穿透性又逐渐增大，使氢气又逐渐释放出来。中空玻璃微球主要有MgAlSi、石英、聚酰胺、聚乙烯三酚盐酸等，储氢量为15%～42%（质量分数）。微球储氢是一种具有发展前途的储氢技术，其技术难点在于制备高强度的空心微球。

3. 配合物（络合物）储氢材料

在络合金属氢化物中，氢与金属（或非金属硼）以共价键结合，形成络合物阴离子。一般来说，氢化络合物可以用化学式$A_xMe_yH_z$来表示，其中A通常为元素周期表中第一或第二主族元素，Me通常为B、Al或者过渡金属，其理论氢含量为5.5%～21%（质量分数）。最早的络合物储氢材料是由日本首先开发的$NaBH_4$和KBH_4［理论储氢量分别为 10.7%和 7.5%（质量分数）]，通过加水发生分解反应可以产生比自身含氢量还要多的氢气。后来研究发现了氢化铝络合物（$NaAlH_4$）的储氢量可达 7.4%（质量分数），从而引起了人们对 $NaAlH_4$ 广泛的关注。但氢化铝络合物在室温下的分解速率很小，并且放氢反应是不可逆过程，放氢产物在一般条件下难以实现逆向的吸氢反应，因此过去一直没有考虑将其应用的可能性。直到 20 世纪末，Bogdanovic 等通过研究发现在 $NaAlH_4$ 中掺入少量的 Ti^{4+}、Fe^{3+}，能够使其分解温度降低 100℃左右，并且可以实现在相对温和的条件下完成逆向的吸氢反应，络合物储氢材料才逐渐受到世界范围内的关注。

目前主要的络合物储氢材料有 $NaAlH_4$、$LiAlH_4$、$NaBH_4$、$LiBH_4$、$MgBH_4$ 等，但是除了 $NaAlH_4$ 以外的其他络合金属氢化物虽具有很高的储氢容量，但由于动力学或热力学的限制，反应路径复杂，放氢过程比较困难；并且可逆性差，放氢后很难恢复到放氢前的化合物结构。络合物储氢材料具有良好的发展前景，但还需要探索新的催化剂来改善其低温放氢性能；另外也可以通过元素替代、纳米化、构建复合体系等手段来进一步改善材料的储氢性能。目前新一代的储氢材料如 $LiAlH_4$、$KAlH_4$ 和 $Mg(AlH_4)_2$ 等的开发和研究正在美国、德国、日本等广泛开展。

4. 氨硼烷化合物储氢材料

氨硼烷化合物（NH_3BH_3）的理论储氢量高达 19.6%，而且热稳定性好、放氢的条件温和，是当下被认为最具有研究性的储氢材料之一。

通过掺杂一些碱金属元素得到的混合碱金属硼烷氨的放氢量提高，但是掺杂也导致产生了较多的副产物。如果得到的是单纯的只掺杂金属元素的金属硼烷氨，可以抑制其副产物，但是金属硼烷氨分子量会过大，消耗过多的能量。硼烷氨在放氢时会产生许多的产物，所以对其产物进行再生利用是非常有必要的，其过程由消解、还原、氨化 3 步组成，经过这 3 步后的产物将重新变成氨硼烷，再生率一般为 60%。目前来说，只有提升氨硼烷的放氢效率以及抑制其杂质气体的产生，并且可以廉价再生，才能使该材料得以应用。

二、储氢合金吸放氢原理

储氢材料是利用固态储氢技术进行收纳氢的。固态储氢技术是指通过氢与固态材料之间的相互作用，将氢储存在材料中的技术。根据氢与固态材料作用机理的不同，储氢材料的吸氢可分为化学吸附储氢和物理吸附储氢两种形式（图 6-7）。化学吸附储氢指由氢分子裂解成氢原子，氢原子而后与过渡金属、碱金属或碱土金属的单质或合金发生化学反应，从而形成金属氢化物；物理吸附储氢主要基于非极性的氢分子与吸附剂之间的范德华力作用，氢分子通过物理作用吸附在一些质量小、比表面积大、多孔的结构表面和骨架中。可见，在化学吸附储氢中，氢是与材料发生化学反应，以原子、离子的形式储存在材料中的；而在物理吸附储氢中，氢分子的氢键没有断裂，是以分子形式吸附在衬底上的。因此，化学吸附储氢又可称为原子式储氢，而物理吸附储氢又可称为分子式储氢。

化学吸附储氢中，金属与氢发生了化学反应，生成了作用强的金属氢化物，氢的吸附能达到了 2.0eV 以上，这种方式虽然具有很高的质量密度比和体积密度比，但是其高温的放氢条件是制约其应用的关键。比较而言，物理吸附储氢材料的体积密度和质量密度小，其吸放

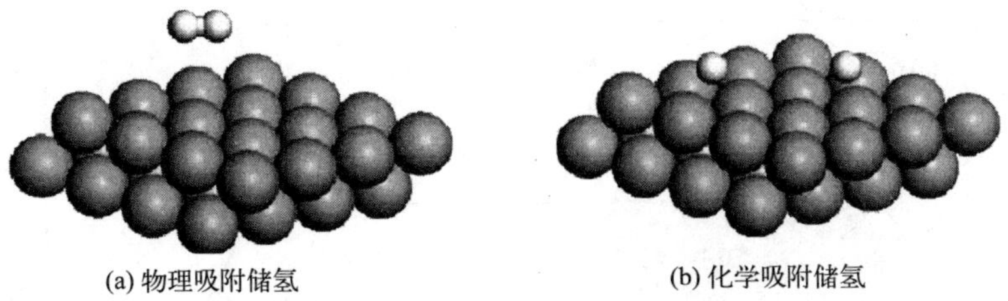

图 6-7　氢的吸附形式

氢工作需要在低温或常温、高压下进行（氢吸附能小于 0.1eV）。因此，与化学吸附储氢相反，物理吸附储氢往往需要增强氢与材料的相互作用，来改善材料的吸放氢性能。

（一）金属氢化物热力学特性

在一定压力和温度条件下，一些金属或合金能与氢气发生可逆反应，生成金属氢化物，并释放出热量。金属氢化物生成的反应主要包括以下步骤：

① 氢分子通过范德华力作用，吸附在储氢合金表面；

② 吸附在合金表面的氢分子发生解离及化学吸附，分解成氢原子；

③ 氢原子向合金晶格间隙扩散形成固溶体（α 相）；

④ 固溶体向金属氢化物（β 相）转变及金属氢化物长大。

其化学反应式可表示如下：

$$\frac{2}{y-x}MH_x + H_2 \rightleftharpoons \frac{2}{y-x}MH_y + \Delta H \tag{6-1}$$

式中，MH_x 为氢的固溶体（α 相）；MH_y 为氢化物相（β 相）；x 为固溶体中氢的平衡浓度；y 为氢化物中氢的浓度，一般 y 大于 x；ΔH 表示生成焓或反应热。一般来说，金属的吸氢过程为放出热量过程，即 ΔH 小于 0；金属氢化物脱氢过程为吸收热量过程，即 ΔH 大于 0。因此对于金属或合金储氢体系，可调节体系温度或氢压来控制其吸放氢过程。

储氢的热力学性能可用压力-组成等温曲线（PCT）表示，典型的金属合金 PCT 曲线如图 6-8 所示。

从图 6-8(a) 的 PCT 曲线中的实线来看：OA 段对应少量氢原子固溶进入金属或合金的晶格内部而形成固溶体的过程，在此阶段平衡氢压显著上升，而合金吸氢量变化并不是十分明显，这表示合金同氢气反应形成固溶体相，也称为 α 相。AB 段对应反应式(6-1)，即固溶体相与氢气进一步反应形成氢化物相，也称 β 相，此时压力恒定，也称平台区，此时的压力称为平台压。平台区为氢气、α 相固溶体、β 相氢化物三相共存区。在平台区结束后，α 相完全转化成 β 相，随着氢压进一步提高，氢原子会继续固溶到 β 相中，同样随着固溶氢增加，氢压也显著提高，在图中表现为平台的后部分。

随着温度的升高，平衡氢压升高，平台逐渐缩短，当温度达到 T_c 时，平台将会消失，这也意味着降低温度有利于吸氢。根据化学平衡原理，PCT 曲线中吸放氢的温度与对应的平台压的关系可以用 Van't Hoff 方程式表示：

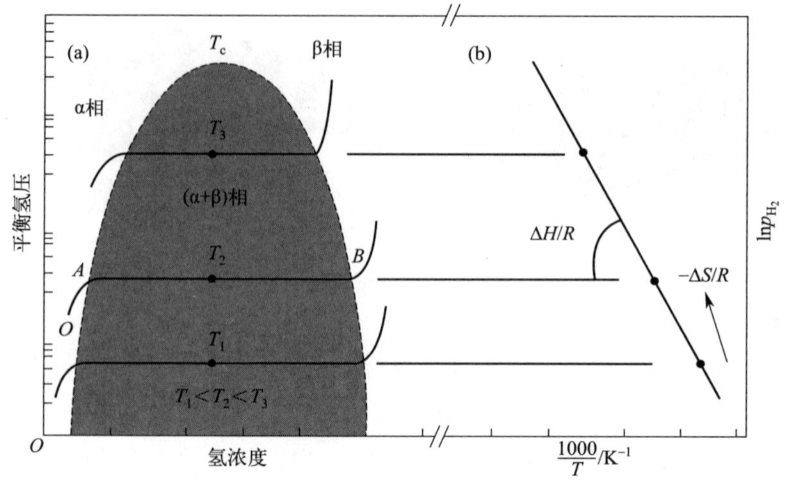

图 6-8　典型的储氢合金吸放氢 PCT 曲线图

$$\ln p_{H_2}=\frac{\Delta H}{RT}-\frac{\Delta S}{R} \tag{6-2}$$

式中，T 为测试温度，K；p_{H_2} 为温度 T 时的等温平台压，atm；ΔH 为反应焓变，kJ/mol；ΔS 为反应熵变，J/(K·mol)。结合 PCT 曲线不同温度下的平台压，拟合出 $\ln p_{H_2}$-$1000/T$ 直线［图 6-8(b)］，根据拟合出的斜率和截距，可以分别计算出氢化物的反应焓变 ΔH 及反应熵变 ΔS。

ΔH 与 ΔS 都是描述氢化物热力学稳定性的重要参数。反应熵主要包括气态熵和组态熵两部分，由于组态熵远远小于气态熵，ΔS 主要来自气态熵的变化，而其气态熵变化不大，因此储氢合金的反应熵基本不变，于是反应焓变 ΔH 便成为表征金属氢化物热稳定性的重要判据。研究发现，ΔH 越正，生成的氢化物越不稳定，越容易放氢。反之，如果氢化物 ΔH 越负，表示氢化物越稳定，越不易放氢。因此，ΔH 是衡量储氢合金热力学稳定性的主要判据之一，ΔH 的绝对值越小，其氢化物越不稳定，越满足实际应用的需要。

（二）金属氢化物动力学特性

对于化学反应来说，热力学性能可预测该反应进行的驱动力大小，但并不能说明该反应进行的速率，而反应速率是属于动力学性能问题。因此吸放氢动力学性能同样是储氢合金性能的一个重要的评价指标，只有具有良好的动力学性能的储氢材料才能实现快速吸放氢，以满足实际应用的要求。以储氢合金为例，其气固反应吸氢过程如图 6-9 所示，大致可分为三个步骤：

① 氢的表面吸附和分解。氢分子在储氢合金表面解离成为活性氢原子，该活性氢原子被合金表面吸附并进一步形成化学吸附，此过程的反应速率取决于储氢合金表面的催化活性。

② 氢的扩散。即氢被吸附越过气-固界面后，在储氢合金基体中的扩散。该过程的速率受合金颗粒表面氧化膜的厚度及致密性、合金的颗粒尺寸及氢在合金和氢化物中的扩散系数等因素影响。

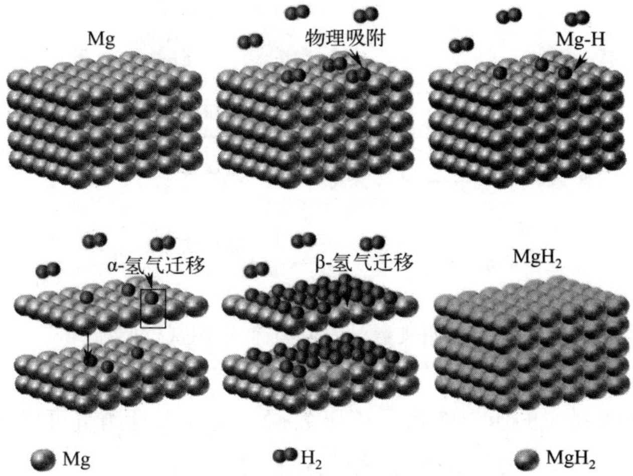

图 6-9　储氢合金的吸氢机理图

③ 相变。当储氢合金表面的 α 相氢浓度 c_{α} 升至高于 β 相氢浓度 c_{β} 时（即 $c_{\alpha}>c_{\beta}$），在过饱和度的作用下，α 相开始逐渐转变为 β 相并不断吸氢，此过程的速率主要受 β 相的形核与生长速率制约。

衡量储氢材料吸放氢反应速率的一个重要参数是激活能（E_a），又称活化能。激活能反映了反应物分子从初始态转变为过渡态所需克服的能量障碍。一般来说，激活能越低，反应进行得越快；激活能越高，反应越慢。因此，为了提高储氢材料的吸/放氢动力学性能，需要通过催化、纳米化等手段降低体系的激活能。

三、储氢合金性能测试

储氢合金目前主要被应用于氢燃料电池电极材料。因此，对于储氢合金而言，除了测试其吸放氢性能以外，通常还会对其电化学性能进行测试。

（一）吸放氢性能测试

储氢材料吸释氢性能的测试手段主要有压力-组成-温度（PCT）循环测试、差示扫描量热法（DSC）测试等。

1. PCT 循环测试

储氢材料的 PCT 曲线测试仪的工作原理如图 6-10 所示。

（1）高压热天平法

① 原理：在氢气氛围中直接测定试料质量的变化。

② 优点：容易通过程序控制实现自动测试。

③ 缺点：由于天平的精度不够高，在测量金属中的含氢量时误差较大。

（2）用 Sievelts 装置定温测定法

① 原理：在一定容积中使气体与恒温金属试样接触，压力达到平衡后，从气体压力的

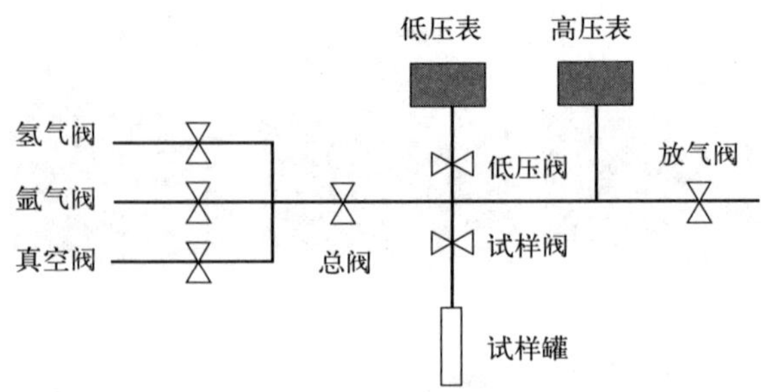

图 6-10　储氢材料的 PCT 曲线测试仪原理

变化计算吸氢量，此时对应的压力作为平衡压数据，这样反复测量可以得出全部的吸氢量。

② 优点：测试时操作方便，是目前最普遍使用的方法。

③ 缺点：氢含量是由氢气的压力、温度、体积再结合状态方程计算得出的，产生误差的因素较多。减小误差是该测定技术的关键。

储氢合金理想的 PCT 曲线如图 6-11 所示：

① 吸氢曲线的平台压总是比放氢曲线的平台压高。

② 两个平台压之间的差值称为压力滞后，这种现象称为滞后效应（一般认为这与合金氢化过程中金属晶格膨胀引起的晶格应力有关）。对实际应用材料来说，压力滞后越小越好，这可以降低电池内压，提高电池的电化学容量；对于能量转换材料，降低压力滞后可以减少能量损失。

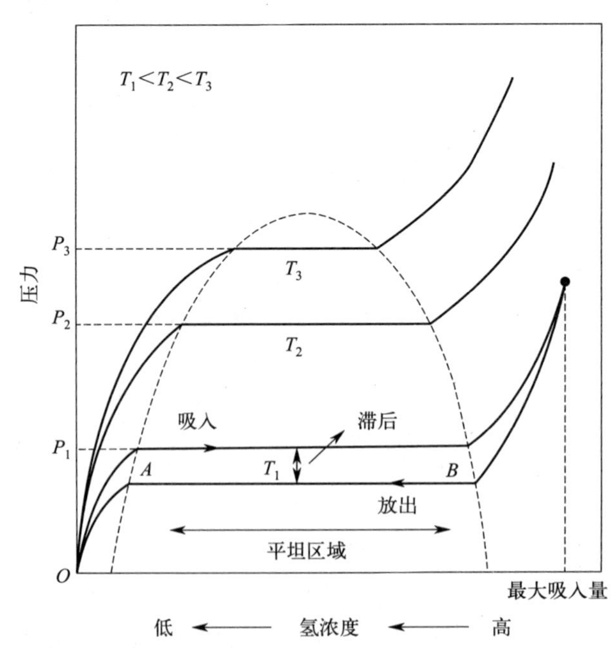

图 6-11　储氢合金理想的 PCT 曲线

③ 曲线平台越宽、越平坦，说明材料吸放氢性能越好。

④ 平台的高低直接反映材料吸放氢的难易程度。曲线吸氢过程平台越高，吸氢需要的氢压力越大，这对吸氢过程是不利的；曲线放氢过程平台越高，说明材料越容易放氢。因此，在实际设计材料时应该综合考虑这两方面的因素。

⑤ 明确曲线上任意一点的物理意义为恒定温度下压力与氢含量的对应关系。

由上述可知，储氢合金的 PCT 曲线能够很好地说明该储氢合金的吸放氢性能以及储氢合金的部分电化学性能。

2. 差示扫描量热法测试

差示扫描量热法（DSC）测试是在程序控制温度下，测试样品随温度变化的热效应，从而可以得到材料的初始和峰值放氢温度，并且根据 Kissinger 方程[式(6-3)]拟合出表观活化能等信息。

$$\ln\left(\frac{\beta}{T_p^2}\right)=-\frac{E_a}{RT_p}+A \tag{6-3}$$

式中，β 为升温速率；T_p 是峰值放氢温度；E_a 为放氢表观活化能；R 摩尔气体常数，8.314J/(mol·K)；A 是常数。将各数据代入公式，再对 $1000/T_p-\ln(\beta/T_p^2)$ 进行拟合作图，得到的斜率乘以 R 即为表观活化能 E_a。

（二）电化学性能测试

1. 电化学放电容量测试

放电容量是指单位质量负极材料在恒定的电流密度下所能释放的最大电能，单位是 mA·h/g。显然，放电容量与放电电流密度相关，放电电流密度越大，放电容量越小。氢化物电极的放电容量取决于金属氢化物 MH_x 中的氢含量 X（X=H/M，原子比）。根据法拉第电解定律，吸氢量为 X 的 AB_n 型储氢电极材料的理论放电容量为：

$$C=XF/(3.6M_W) \tag{6-4}$$

式中，F 为法拉第常数，F=96485C/mol；M_W 为储氢材料的分子量。而在知道了储氢材料理论放电容量 C_{th} 的前提下，如果已知充放电电流密度为 i（单位：mA/g），则可以应用下式计算充电时间：

$$t=C_{th}/i \tag{6-5}$$

2. 循环寿命测试

除了上述所说的电化学性能外，循环寿命（电化学循环稳定性）也是电极材料最主要的性能指标之一。在电化学循环过程中，放电容量会随循环次数的增加而降低。一般将容量衰减至初始容量一定比例（常见的是 60%、70%、80%）时的循环次数定义为合金的循环寿命。通常，容量保持率 S_n 用下式表示：

$$S_n=\frac{C_n}{C_{max}}\times 100\% \tag{6-6}$$

式中，C_n 为第 n 次循环的放电容量；C_{max} 为初始放电容量或最大容量。

储氢合金用于电池负极时，以反复充放电循环次数来衡量合金的循环寿命。具体来说，在一定充电制度下，电池容量降至某一特定值之前，电池能承受的充放电循环次数同样可以用容量保持率来表征。所以，寿命越长，电池性能越好。而对于气态吸氢材料，当材料的吸/放氢量下降至最大吸/放氢量的约 90%（即容量衰减 10%）时，其对应的吸放氢循环次数即定义为该材料的循环寿命。

3. 高倍率放电性能测试

高倍率放电性能表征了合金的动力学性能。动力电池要求合金具有很好的动力学性能。一般来说，合金的放电容量随放电电流密度的增加而减小，减小的幅度越小，合金的倍率放电性能越好。合金的高倍率放电性能与合金的晶粒大小及表面状态相关。凡降低氢扩散系数的因素，均使合金的倍率放电性能下降。

随着放电电流密度的增加，合金的高倍率放电能力逐渐降低，这符合正常的实验规律。这种现象出现的原因是：随着放电电流密度的增加，由合金内部通过扩散方式到达合金颗粒表面的氢原子来不及参加电化学反应而直接形成氢分子逸出，使得参加电化学反应的氢原子减少，进而造成放电能力降低。

4. 交流阻抗测试

交流阻抗测试是以小振幅的正弦波电压信号（或电流信号），使电极系统产生近似线性关系的响应，测量电极系统在很宽频率范围内阻抗变化曲线的方法。

通常人们通过研究实部和虚部构成的复阻抗平面图、频率与模的关系图、频率与相角的关系图（即 bode 图）来获得研究体系内部的有用信息。

第四节　氢气的运输与加氢站

按照输送时氢气所处状态的不同，氢气的运输方式可分为：气态氢气（GH_2）输送、液态氢气（LH_2）输送和固态氢气（SH_2）输送。前两者通过将氢气加压或液化后再利用交通工具运输，是目前加氢站正在使用的方式。固态氢气输送通过金属氢化物进行输送，迄今尚未有固态氢气输送方式，但随着固氢技术的突破，这种方便的输配方式预期可得到使用。目前应用的运输方式主要有三种，包括：

① 气态氢或者氢气/天然气混合气体的管网输送和拖车运输。

② 低温液态氢的卡车、铁路、船舶运输。

③ 高能量密度氢载体（如乙醇、甲醇或者其他来自可再生生物质的有机液体）运输，这类载体便于运输，且可在使用时重整为氢气。

一、氢气的运输

（一）氢气车船运输

氢的车船运输方式主要有气态氢运输、液态纯氢运输、液氨运输、有机液态氢化物运输，以及固态氢运输几种。

1. 气态氢运输

目前，气态氢的短途运输主要是通过长管拖车和管道运输 2 种方式。其中，长管拖车运输技术较为成熟，中国常以 20MPa 长管拖车运氢，单车运氢量约为 250～350kg，目前正在积极发展 35MPa 运氢技术；国外则采用 45MPa 纤维全缠绕高压氢瓶长管拖车运氢，单车运氢可提至 700kg。长管拖车由车头和拖车组成，长管拖车到达加氢站后，一般通过使车头与长管拖车分离，将长管作为加氢站的储氢容器，如图 6-12 所示。目前常用的管束一般由直径约为 0.5m、长为 10m 左右的无缝钢瓶组成，长管拖车的设计压力在 20MPa 左右，其氢气储量一般为 $3500m^3$。在国内，加氢站氢气储运的主要方式为长管拖车，通过车头将长管拖车内的氢气由产地运往加氢站，经站内的压缩系统、冷却系统、加注系统等实现对车辆的加注。运输过程中对安全性要求较高，存在着高压气氢运输效率低、成本较高等问题，在距离 200km 时运氢成本高达 10～13 元/kg 左右，与煤制氢成本相当。长管拖车适用于运输距离较近、输送量较低的情况。

图 6-12　管束式集装箱氢气长管拖车

2. 液态氢运输

（1）低温液态氢运输

液态氢具有极高的体积能量密度，1 辆液氢槽车所运输的氢气量约相当于 20 辆高压气态氢长管拖车所运输的氢气量，因而非常适合远距离运输，尤其是在不具备铺设管道条件的场合。液氢的沸点为 20.38K，汽化潜热为 0.91kJ/mol。由于液氢与环境之间存在巨大的温差，即使采用真空绝热技术，也难以完全避免汽化损失。液氢的蒸发损失（boil-off gas，BOG）是储运过程中的主要挑战之一。当氢气产量约为 450kg/h、储存时间为 1 天、运输距离超过 160km 时，液氢运输方式成本最低；而在运输距离达到 1600km 时，液氢运输成本约为金属氢化物运输的1/5、压缩氢运输的1/8，显示出显著的经济性优势。按运输方式分类，低温液氢运输可分为：汽车液氢罐车（储量可达$100m^3$）、铁路液氢罐车（单罐容量120～$200m^3$）、专用液氢驳船（单罐容量可达$1250m^3$，单船运载总量约$2500m^3$）、液氢管道运输（适用于近距）。液氢槽车一般为水平放置的圆筒形低温绝热容器，是液氢运输的关键设备。俄罗斯开发的液氢储罐容量范围为25～$1437m^3$，其中$25m^3$与$1437m^3$储罐的自重分别约为19t与360t，储氢量分别为1.75t与100.59t，储氢质量分数分别为9.2%与27.9%，日蒸发损失率分别约为1.2%与0.13%。可以看出，液氢的损失率与储罐体积密切相关，大容量储罐的绝热效率明显优于小罐体的绝热效率。液氢驳船运输具有运载量大、能耗低的优势，特别适用于远洋运输。现代化液氢运输船（如日本的"Kawasaki Suiso Frontier"）已成为多国氢能战略的重点发展方向。

（2）有机液态储运技术

利用有机液体作为储氢介质可实现氢气的化学储存与运输，这一技术被称为有机液态储氢（liquid organic hydrogen carrier，LOHC）技术。典型的储氢介质包括烯烃、炔烃、芳烃等不饱和有机化合物，如甲苯-甲基环己烷体系、联苯-联环己烷体系、*N*-乙基咔唑-十二氢*N*-乙基咔唑体系等。有机液态储氢的最大优势在于：化学稳定性高、安全性好、储氢密度较大、可循环使用、运输与储存安全可靠。其物理性质接近汽油或柴油，因此可以直接利用现有的石化运输与储存设施，大幅降低基础设施投资成本。目前，LOHC技术的主要瓶颈在于脱氢温度较高（通常在180～300℃）、能耗较大、反应效率有限、催化剂寿命不足。为此，开发新型有机储氢介质和高效催化剂已成为研究热点。由于具备高安全性与良好基础设施兼容性，有机液态储氢被认为是未来氢能远距离运输与大规模储存的重要技术路线之一。

3. 固态氢运输

用金属氢化物（metal hydride，MH）进行固态储氢，可实现与液氢相当甚至更高的储氢密度。与高压气态氢和低温液态氢相比，金属氢化物储氢系统安全性高、能量密度大、可实现常温常压储运，因此是一种安全而经济的氢能储运方式。

根据用途不同，固氢（SH_2）输送主要可分为固定式和移动式两类。固定式储氢装置一般采用不锈钢列管结构，内装复合储氢材料。迄今为止，研制的最大容量的储氢容器是由德国制造的$2000m^3$的$TiMn_2$型多元合金氢储存装置。移动式储氢装置要兼顾储存与运输，因而要求储氢容器一方面要轻，另一方面储氢量要大。日本基于$LaNi_5$系合金，已开发出一种商用金属氢化物氢集装箱。该集装箱放置于一辆4.5t的卡车上，由6台储氢容器并联组成，每台储氢容器的储氢量为$70m^3$。该容器的设计工作压力为5MPa，共输氢$420m^3$。与高压钢瓶相比，采用这种集装箱输送氢不但使输送能力大为提高，而且降低了运输成本，并保证了安全。

目前，金属氢化物储氢主要用于交通工具的气源，其储氢性能还无法完全满足交通工具对气源的要求，新型储氢合金等储氢材料正在进行研究，并有望在近几年内达到商业化应用技术水平。

虽然氢气输送与其他可燃气体如天然气、煤气等相似，但是，考虑到氢气的一些自身特性，在使用过程中需要注意：

① 氢特别轻，与其他燃料相比，在运输和使用过程中单位能量所占的体积特别大，即使是液态氢也是如此。

② 氢特别容易泄漏。以氢作燃料的汽车行驶试验证明，即使是真空密封的氢燃料箱，也存在泄漏的问题。因此对储氢容器和输氢管道、接头、阀门等都要采取特殊的密封措施。

③ 液氢的温度极低，只要有一滴掉在皮肤上就会造成严重的冻伤，因此，在运输和使用过程中应特别注意采取各种安全措施。

（二）氢气管道运输

1. 氢气管道运输的形式

相较于氢气的车船运输，管道运输氢气是最经济、最节能的大规模长距离运输氢气的方式。除了气态氢气可用于管道运输以外，液氢以及液态有机氢化物也可以采用管道运输的方式。

气态氢气管道主要分两类：第一类用于厂区内氢气的输送，特点是压力高、直径小；第二类是长距离输送氢气，有些会与天然气混输，这些管道的设计压力为 2.0～20.0MPa，直径为 300～1000mm。氢气自身体积能量密度小，使得管道输送效率比天然气低。同时需要注意的是，氢气的发热量为 10.05MJ/m^3，约为天然气的 1/3，要输送相同能量，只能加粗管道或提高压力，同时还需要采取措施预防氢脆所带来的腐蚀问题。与天然气管道输送相比，氢气的管道输送成本要高出 50%，主要原因是压缩含能量相同的氢气所需要的能量是天然气的 3.5 倍。经过压力电解槽或天然气重整中的 PSA 工序，可获得压力为 2～3MPa 的氢气，最多可使压缩过程的成本为原来的 1/6。

在特定场合，液氢也可通过管道运输，由于管道容器的绝热要求高、管道结构复杂，液氢管道仅适合短距离输送。

有机氢化物可以通过改建现有的石油管道实现运输。其相对于上述两种方式的管道运输更为经济。但受限于有机氢化物的发展，该方法目前发展较为缓慢。

2. 氢气管道运输的经济性

与车船、飞机等运输氢的方法相比，氢气管道输送不管从技术上，还是经济上考虑都更具优势。然而，新的管道设计和建设费用的一次性投资高昂，这是新建输氢管道的主要障碍，因此需要在价格降低和技术验证方面展开大量的研究工作。此外，氢气管道与天然气管道相比，成本更高。以美国氢气管道和天然气管道为例，来比较两者的差异：

① 管线长度。美国现有氢气管道长度为 1600km，而天然气管道却长达 208 万千米，两者相差 1300 倍。

② 管道造价。美国氢气管道的造价为 31 万～94 万美元/km，而天然气管道的造价仅为 12.5 万～50 万美元/km。

③ 输气成本。由于气体在管道中输送能量的大小取决于输送气体的体积和流速，而氢气在管道中的流速大约是天然气的 2.8 倍，但是同体积氢气的能量密度仅为天然气的 1/3。因此用同一管道输送相同能量的氢气和天然气，用于压送氢气的压缩机功率要比压

送天然气的压缩机功率大 2.2 倍，导致氢气的输送成本比天然气输送成本高。

3. 氢气管道运输的展望

从技术和经济性角度综合考虑，采用管道大规模、长距离输送氢气的优势比车船等运输方式更显著。然而，为了达到更高的经济性，以推动氢能社会的良性发展，需要开发 20MPa 以上的管道输送技术，这需要从新材料、氢气泄漏的在线监测、氢气的安全压缩等多方面开发新的配套技术。此外，不论采用哪种输氢技术，合理利用地方优势资源都是首要考虑的因素

二、加氢站系统及工作原理

（一）加氢站的核心设备

加氢站的三大核心设备为压缩机、高压储氢系统和加氢机。加氢站的加注能力和储氢能力取决于这三大设备的性能参数。

压缩机将上游 H_2 压缩，储存至储氢容器内。压缩机主要有隔膜式压缩机、液驱式压缩机以及离子压缩机。目前，国内隔膜式压缩机的技术最为成熟，在已建或在建的加氢站内应用较广。液驱式压缩机则适用于频繁启停的场景，新型离子压缩机已实现商用。鉴于液驱式压缩机节能高效的特点，未来也有应用前景。

加氢机的功能是为燃料电池汽车的车载储氢瓶充装 H_2，其组成包括加氢枪、计量设施、取气控制和冷却设施等。加氢机通常在压力为 75MPa、流量为 $50m^3/min$、管道流速不大于 15m/s 的工况条件下使用。在加氢过程中，当高、中、低压储气瓶组系统中任意 1 个储氢瓶压力低于 35MPa 时，压缩机启动，对储气瓶组内的 H_2 进行增压，增压钢瓶顺序依次为高压储气瓶组、中压储气瓶组、低压储气瓶组。此外，为了实现本质安全，通常在压缩系统前设置紧急切断阀，出现紧急情况时，通过紧急切断阀关闭系统。

储氢容器将上游氢源储存至站内，并为下游加注提供缓冲，有移动式和固定式两种。移动式为长管拖车，固定式为储氢瓶组（或罐）。35MPa 加氢站储氢瓶组设计压力为 45MPa，70MPa 加氢站储氢瓶组设计压力为 90MPa。

除了上述设备以外，加氢站还有个很重要的设备——卸气柱。卸气柱设置有氮气吹扫管线和过滤精度不大于 10μm 的过滤器，每次卸氢前需要对管线进行吹扫置换，确保卸氢质量。卸车软管端设置有拉断阀，以防止因长管拖车溜车或错误操作引起卸车软管断裂而造成氢气泄漏。当上游发生超压时，通过打开设置在卸气柱上的安全泄压阀，将压力降低至设计压力以下。设置紧急切断阀的目的是当出现紧急情况时可以自动切断氢源，降低事故影响程度。另外，卸气柱还设有氢气取样口，通过取样分析即可掌握进站氢气的品质情况。

（二）加氢站的工作原理

加氢站采用外供氢模式，外供氢系统主要由 H_2 长管拖车、卸气柱、增压装置（压缩机）、储氢瓶组、加氢机、冷却系统组成。H_2 通过长管拖车输送至站内，气源压力为 20MPa，H_2 纯度不低于 99.97%。压缩机从长管拖车取气，增压储存至储氢容器，车辆需要加氢时，再由压缩机从储氢容器取气，通过加氢机计量后为车辆加注。

为提高加注效率，加氢机和容器一般采用多级取气，先将容器分组，再设定各组不同

压力，然后按压力由低至高的顺序为汽车加注。储氢容器一般为 6～15 瓶或 1～3 罐，分三级，有 1∶1∶1 或 2∶3∶4 等划分形式。

加氢站工艺流程具体如下：

① 卸车流程。H_2 长管拖车进入站区停车位，进行固定并连接卸车软管。通过卸氢柱将 H_2 从管束内卸载并输送至压缩机，当长管拖车内 H_2 压力低于设定值时，断开卸车软管，移走车辆限位卡，驶离车辆。

② 增压流程。来自卸气柱的 H_2 在压缩机内进行压缩，从压缩机出来的气体去往储氢瓶组。

③ 加氢流程。从储氢瓶组来的 H_2 由管道输送至加氢机，经加氢机加注到燃料电池车氢瓶内。加氢机上安装压力传感器、温度传感器、过压保护装置、软管拉断保护装置等。

（三）加氢站的分类

高压压缩氢气加氢站按氢源的不同，可以分为外供氢（off-site）加氢站和内供氢（on-site）加氢站，如图 6-13 所示。根据建站方式的不同，加氢站分为加氢单站和加氢合建站。前者站内只具备加氢功能，可以是外供氢加氢站，也可以是内供氢加氢站；而后者指在原有或新的加油站、加气站、充电站的基础上再加入加氢功能设施，加氢功能设施与外供氢和内供氢加氢设施相同，使站具有加油、加气、充电和加氢的多种功能。加氢合建站的主要优势就是利用现有加油、加气站的土地，不占用新的土地资源，节约成本，其将成为未来的发展趋势。

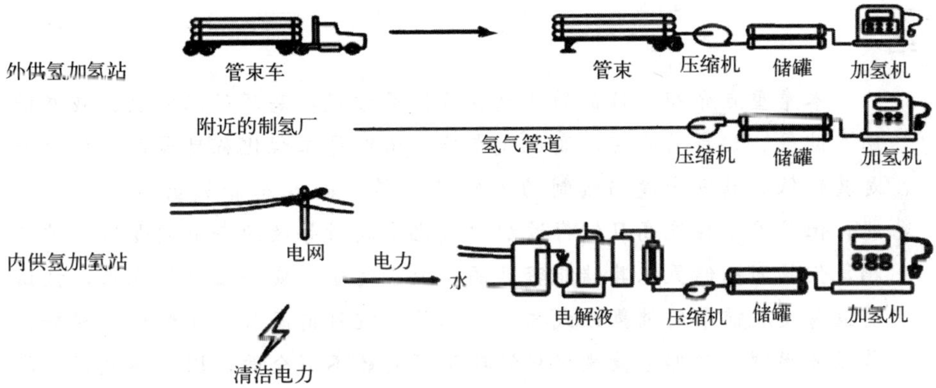

图 6-13　内供氢加氢站和外供氢加氢站

根据储氢相态的不同，加氢站主要分为气态压缩氢和液态氢加注站。根据 H_2stations.org 的最新数据，截至 2024 年底，全球已有约 1160 座氢气加注站投入运营，较前几年显著增长。亚洲是目前增长最快的区域，其中中国约 384 座，韩国约 198 座，日本约 161 座；欧洲在 294 座左右。尽管液氢在理论上因储量大、加注快速等优点被视为面向未来大规模加氢需求的优选，但在目前全球加氢基础设施中，气态压缩氢仍占主流。中国液氢工厂尚未规模化，是制约液氢加氢站推广的重要瓶颈之一。

（四）加氢站的模式选择

随着中国石化和中国石油等传统能源企业的加入，加油、加氢、充电“一站式”汽车综合服务站将会成为未来的趋势之一。加氢站依托已有加油站而建，被认为是目前比较好的建设方式，原因如下：

① 一线城市规划用地大都趋于饱和，很难再去建设独立的加氢站。

② 很多既有的加油（气）站具备合建加氢站的土地面积和安全间距要求，可减少规划用地审批流程。

③ 氢能和成品油同属于危化品行业，便于监管部门和运营企业理顺相关规范和流程。

（五）加氢站的建设前景

目前我国的加氢站数量少，但是随着我国燃料电池汽车产业的逐步发展以及国家对燃料电池政策方面的倾斜，各个地区也开始规划加氢站的建设。据不完全统计，2017 年我国在建的和规划建设的加氢站有 20 座以上，如张家口、上海、广东等地都正在建设加氢站。根据《〈中国制造 2025〉解读之：推动节能与新能源汽车发展》对燃料电池汽车产业发展的规划，燃料电池汽车运行规模进一步扩大；到 2025 年，制氢、加氢等配套基础设施基本完善，燃料电池汽车实现区域小规模运行。预计 2025 年后国内燃料电池汽车产业将进入快速发展阶段，到 2030 年国内燃料电池汽车年销量规模可达百万以上，配套加氢站数量将在 4500 座以上。预计未来 10 年我国加氢站的建设将进入快速发展期，同时混合加氢站的建设将成主流。

小　结

本章重点介绍了目前的三大主流储氢方式：高压气态储氢、液态储氢以及固态储氢。就目前而言，高压气态储氢依旧是工程化程度最高的储氢手段，但是其较低的储氢密度仍然制约着它的发展。而液态储氢虽然有良好的储氢性能，但是液化耗能高且储存过程中汽化率高所导致的安全问题依然严峻。而金属氢化物固态储氢以其储能密度高、便于运输、安全性好等优点，被认为是目前最有发展前景的储氢方式之一。但是，就目前而言，固体储氢材料仍然存在着很多问题：对部分储氢材料的理论研究还不够全面，固体储氢材料的研究还处于改进和探索的阶段，想要实现规模化的应用仍然面临着巨大的挑战。今后的研究重点应该集中于解决原料成本较高、材料制备工艺复杂、储氢容量高与工作条件适宜难以同时满足等问题。同时，对目前综合性能最好的金属基储氢材料应该尝试更多的制备方法，如掺杂改性的方法，在提供大量理论的基础上将固体储氢材料进行改良，从而将固体储氢材料用于实际生产中。

而氢气的车船运输方式主要有高压气态氢运输、液态纯氢运输、液氨运输、有机液态氢化物运输，以及固态氢运输等。具体应该采用哪种运输方式，需要综合考虑运输距离、运输的规模（或者加氢站的需求）、氢的应用场景等有关问题，从而做全流程的设计和经济性测算。而目前来说，以高压气态储氢为主的氢气储运方式可以满足我国氢能产业起步阶段的氢能供应需求。然而，由于其储氢密度较低、远距离运输经济成本较高，不能满足将来大规模氢气储运的需求。根据氢能发展规模，开展相应规模的氢气管道运输项目，做好大规模管道运输的技术储备；制定相应的液氢民用标准，通过液氢民用示范项目积累经验，推进液氢民用发展；开发新型有机储氢介质和新型催化剂，降低有机液态储氢介质脱氢温度；开发同时满足高储氢密度和低脱氢温度的固态储氢材料等，是大规模氢气储运技术发展的重要方向，是我国实现“碳中和”目标、推动能源转型的必要保障，对提升我国能源安全意义重大。

参考文献

[1] 吴朝玲，李永涛，李媛，等．氢气储存和输运［M］．北京：化学工业出版社，2021.

[2] 蔡颖．储氢技术与材料［M］．北京：化学工业出版社，2018.

[3] 中国汽车工程学会．世界氢能与燃料电池汽车产业发展报告 2019[M]．北京：机械工业出版社，2020

[4] 全国勘察设计注册工程师公用设备专业管理委员会秘书处．全国勘察设计注册公用设备工程师动力专业执业资格考试教材［M］．4 版．北京：机械工业出版社，2019.

[5] 朱国辉，郑津洋．新型绕带式压力容器［M］．北京：机械工业出版社，1995.

[6] 李建，张立新，李瑞，等．高压储氢容器研究进展［J］．储能科学与技术，2021，10（5）：1835-1844.

[7] 毛宗强，毛志明，余皓，等．制氢工艺与技术［M］．北京：化学工业出版社，2018.

[8] Ananthachar V，Duffy J J. Efficiencies of hydrogen storage systems onboard fuel cell vehicles［J］. Solar Energy，2005，78（5）：687-694.

[9] 张媛媛，赵静，鲁锡兰，等．有机液体储氢材料的研究进展［J］．化工进展，2016，35（9）：2869-2874.

[10] 刘红梅，徐向亚，张蓝溪，等．储氢材料的研究进展［J］．石油化工，2021，50（10）：1101-1107.

[11] 马通祥，高雷章，胡蒙均．固体储氢材料研究进展［J］．功能材料，2018，49（4）：4001-4006.

[12] Hou Q H，Yang X L，Zhang J Q. Review on hydrogen storage performance of MgH_2：Development and trends［J］. Chemistry Select，2021，6（7）：1589-1606.

[13] Xu C，Lin H J，Wang Y L，et al. Catalytic effect of in situ formed nano-Mg_2Ni and Mg_2Cu on the hydrogen storage properties of Mg-Y hydride composites［J］. Journal of Alloys and Compounds，2019，782：242-250.

[14] Zhang Y，Zhang H R，Ding X L，et al. Microstructure characterization and hydrogen storage properties study of $Mg_2Ni_{0.92}M_{0.08}$（M = Ti，V，Fe or Si）alloys［J］. Progress in Natural Science：Materials International，2018，28（4）：464-469.

[15] Zhong H C，Xu J B，Jiang C H，et al. Microstructure and remarkably improved hydrogen storage properties of Mg_2Ni alloys doped with metal elements of Al，Mn and Ti［J］. Transactions of Nonferrous Metals Society of China，2018，28（12）：2470-2477.

[16] 朱黎明，丁鑫，黄锋，等．$Mg_2Ni_{0.9}Co_{0.1}$ 合金微观组织与储氢性能研究［J］．特种铸造及有色合金，2021，41（9）：1128-1132.

[17] Zhai T T, Yuan Z M, Hu F, et al. Influence of melt spinning and annealing treatment on structures and hydrogen storage thermodynamic properties of $La_{0.8}Pr_{0.2}MgNi_{3.6}Co_{0.4}$ alloy [J]. Journal of Iron and Steel Research International, 2020, 27 (1): 114-120.

[18] Zhai T T, Xu S, Yang T, et al. Hydrogen storage properties of $La_{1-x}Pr_xMgNi_{3.6}Co_{0.4}$ (x = 0-0.4) alloys with annealing treatment [J]. Rare Metals, 2019, 38 (9): 871-876.

[19] Yong H, Guo S H, Yuan Z M, et al. Phase evolution, hydrogen storage thermodynamics and kinetics of ternary $Mg_{90}Ce_5Sm_5$ alloy [J]. Journal of Rare Earths, 2020, 38 (6): 633-641.

[20] Zhang Y H, Sun H F, Zhang W, et al. Improvement of substituting La with Ce on hydrogen storage thermodynamics and kinetics of Mg-based alloys [J]. International Journal of Hydrogen Energy, 2021, 46 (56): 28719-28733.

[21] Zhang Y H, Gong P F, Li L W, et al. Hydrogen storage thermodynamics and dynamics of La-Mg-Ni-based $LaMg_{12}$-type alloys synthesized by mechanical milling [J]. Rare Metals, 2019, 38 (12): 1144-1152.

[22] 董金剑，张秋雨，邹建新，等．机械合金化法制备非晶 $Nb_{60}TM_{40}$-MgH_2（TM = Ni，Fe）复合储氢材料的吸放氢性能 [J]．有色金属工程，2020，10（10）：7-15.

[23] Ding Y J, Zhu Y F, Zhang Y, et al. Electrochemical hydrogen storage properties of Mg-Al-Mn-Ni quaternary alloys [J]. International Journal of Hydrogen Energy, 2019, 44 (16): 8384-8391.

[24] Nowak M, Balcerzak M, Jurczyk M. Effect of substitutional elements on the thermodynamic and electrochemical properties of mechanically alloyed $La_{1.5}Mg_{0.5}Ni_{7-x}M_x$ alloys (M = Al, Mn) [J]. Metals, 2020, 10 (5): 578

[25] Lu C, Ma Y L, Li F, et al. Visualization of fast " hydrogen pump" in core-shell nanostructured Mg @ Pt through hydrogen-stabilized Mg_3Pt [J]. Journal of Materials Chemistry A, 2019, 7 (24): 14629-14637.

[26] Lu C, Zou J X, Zeng X Q, et al. Hydrogen storage properties of core-shell structured Mg@TM (TM=Co, V) composites [J]. International Journal of Hydrogen Energy, 2017, 42 (22): 15246-15255.

[27] Lu C, Zou J X, Zeng X Q, et al. Enhanced hydrogen sorption properties of core-shell like structured Mg@$NaBH_4$/MgB_2 composite [J]. Journal of Alloys and Compounds, 2019, 810: 151763.

[28] Xiao X Z, Xu C C, Shao J, et al. Remarkable hydrogen desorption properties and mechanisms of the Mg_2FeH_6@MgH_2 core-shell nanostructure [J]. Journal of Materials Chemistry A, 2015, 3 (10): 5517-5524.

[29] 赵栋梁，尚宏伟，李亚琴，等．钛铁基储氢合金在车载储能领域的应用研究 [J]．稀有金属，2017，41（5）：515-533.

[30] 张旭，王利，周淑娟，等．$AB_{3.3}$ 型 $La_{3-x}Y_xNi_{9.1}Mn_{0.5}Al_{0.3}$（$x$ = 1.0～2.2）合金的储氢性能 [J]．金属功能材料，2020，27（5）：6-13.

[31] 郑坤，杨倩，杨洋，等．$La_{0.7}Y_{0.3}Ni_{3.4-x}Mn_xAl_{0.1}$)（$x$ = 0～0.5）储氢合金微观结构和电化学性能 [J]．金属功能材料，2020，27（1）：16-23.

[32] 陈思，张宁，阚洪敏，等．$LaNi_5$ 系储氢合金的研究现状及展望 [J]．化工新型材料，

2017，45（9）：26-28.

［33］ 吴聪．Mg-M（M ＝ Ga、Ba）基储氢合金的制备及性能［D］．广州：华南理工大学，2013.

［34］ 李珊珊．PCT 试验机吸氢量计算方法的研究［D］．沈阳：沈阳工业大学，2020.

［35］ 何婷．镁基复合储氢材料的制备及其吸放氢性能研究［D］．杭州：浙江大学，2020.

［36］ 刘云，景朝俊，马则群，等．固体储氢新材料的研究进展［J］．化工新型材料，2021，49（9）：11-14.

［37］ 汪云华，王靖坤，赵家春，等．固体储氢材料的研究进展［J］．材料导报，2011，25（9）：120-124.

［38］ 陈思安，彭恩高，范晶．固体储氢材料的研究进展．船电技术，2019，39（9）：31-35.

［39］ 马建新，刘绍军，周伟，等．加氢站氢气运输方案比选［J］．同济大学学报（自然科学版），2008（5）：615-619.

［40］ 曹军文，覃祥富，耿嘎，等．氢气储运技术的发展现状与展望［J］．石油学报（石油加工），2021，37（6）：1461-1478.

［41］ 冯成，周雨轩，刘洪涛．氢气存储及运输技术现状及分析［J］．科技资讯，2021，19（25）：44-46.

［42］ 孙延寿，李旭航，王云飞，等．氢气储运技术发展综述［J］．山东化工，2021，50（19）：96-98.

［43］ 陈志丽，赵竞池，曲艳慧．加氢站的工艺设计研究［J］．能源与节能，2022（5）：12-14.

［44］ 陈楚粤．有关氢站及氢气运输方式的选择［C］//中国市政工程华北设计研究总院有限公司，中国建设科技集团有限公司．2021 供热工程建设与高效运行研讨会论文集，2021：894-897.

［45］ 韩雅芳，潘复生．走近前沿新材料 2［M］．北京，中国科学技术大学出版社，2020.

［46］ Yang H，Guo S H，Yuan Z M. et al. Phase evolution，hydrogen storage thermodynamics and kinetics of ternary $Mg_{90}Ce_5Sm_5$ alloy［J］. Journal of Rare Earths，2020，38（6）：633-641.

［47］ Nowak M，Balcerzak M，Jurczyk M. Effect of substitutional elements on the thermodynamic and electrochemical properties of mechanically alloyed $La_{1.5}Mg_{0.5}Ni_{7-x}M_x$ alloys（M ＝ Al，Mn）［J］. Metals，2020，10（5）：578.

第七章
氢燃料电池

氢能作为可存储废弃能源并推动由传统化石能源向绿色能源转变的清洁能源，其能量密度是石油的3倍、煤炭的4.5倍，被视为未来能源革命的颠覆性技术方向。氢能产业将是我国能源领域的战略性新兴产业，氢燃料电池技术是实现氢能利用的先决条件。

第一节　氢燃料电池简介

氢燃料电池是以氢气为燃料，通过电化学反应将燃料中的化学能直接转变为电能的发电装置，具有能量转换效率高、无噪声、零排放等优点，相应技术进步可推动氢气制备、储藏、运输等技术体系的发展升级。在新一轮能源革命的驱动下，世界各国高度重视氢燃料电池技术，以支撑实现低碳、清洁发展模式。

一、氢燃料电池的由来与发展趋势

燃料电池的概念最先是G. R. Grove在1839年提出的，是一种将存在于燃料和氧化剂中的化学能转换为电能的发电装置，又称电化学发电器。燃料电池将燃料与电池友好地结合在一起，与热机相比，能量转换不受卡诺循环限制。因高效、环保、低噪声、环境友好等优势，燃料电池被誉为21世纪最具前景的发电技术之一。其在欧美等国家被深入研发，广泛应用于航空航天领域、船舶领域、军用领域，并开始覆盖民用公交系统、汽车和通信等领域。

20世纪30年代初，英国工程师F. T. Bacon花费二十年，陆续完成了5kW中温(200℃)“培根型”碱性燃料电池的构建和优化。在Apollo登月飞行中，采用的就是中温碱性燃料电池。20世纪50年代，人们首先使用甲醇作为燃料电池的燃料。在研究开始时，人们仍然使用碱性溶液作为反应溶液，所产生的二氧化碳使溶液碳化，从而大大降低了效率。这使DMFC的研究停滞了一段时间。20世纪60年代初，美国通用电气公司研制出以离子交换膜为电解质隔膜，采用高铂黑担载量电催化剂的质子交换膜燃料电池

(PEMFC)，并于 1960 年 10 月首次将燃料电池用作双子星（Gemini）飞船的主电源。1966 年，通用汽车公司就开发了世界上第一辆燃料电池公路车辆（Chevrolet Electrovan），该车使用 PEMFC 为动力源，输出功率为 5kW，行驶里程约为 193km，最高车速可达 113km/h。

进入 20 世纪 70 年代，由于燃料电池在航天飞行中的成功应用和世界范围内能源危机的出现，提高燃料有效利用率的呼声日高。人们认识到，化石燃料经过重整或气化转化为富氢燃料之后也可用于燃料电池发电，提高了燃料有效利用率。在这一时期，各国研究和发展的重点是以净化重整气为燃料的磷酸燃料电池和以易得的净化煤气、天然气为燃料的熔融碳酸盐燃料电池。90 年代，M-C 动力公司在美国加州建立了 250kW 熔融碳酸盐燃料电池（MCFC）发电厂，之后又在加州的圣地亚哥建造了由 250 节单电池构成的 250kW MCFC 电站。

在各国科学家的努力下，相继解决了电极结构立体化与大幅度降低催化剂的铂用量、膜电极组件（membrane electrode assembly，MEA）的热压合，以及电池内水传递与平衡等一系列技术问题。2005 年，德国的燃料电池辅助动力潜艇正式服役。日本丰田汽车于 2014 年 12 月正式推出民用商业化的燃料电池汽车 Mirai，这成为燃料电池商业化的里程碑。目前质子交换膜燃料电池电堆的质量比功率和体积比功率已分别达到或超过 2kW/kg 和 3kW/L，比如丰田的 Mirai 燃料电池汽车、现代汽车的 Nexo 燃料电池汽车，成为商用电动汽车的代表性产品。日本是氢燃料电池技术的最主要来源国，其申请的专利数量占总体的 52.25%。美国、韩国、欧洲等主要技术来源国的相对优势技术领域差别较大，研发重点各有差异。

在国内，燃料电池的研究始于 1958 年由原电子工业部天津电源研究所开展的关于 MCFC 的研究。20 世纪 70 年代，在航空航天事业发展的促进下，中国的燃料电池事业达到第一个高潮；20 世纪 90 年代，中国科学院长春应用化学研究所领导 DMFC 研究，并开发了 100W 的 DMFC 原型机。在“双碳”背景下，氢燃料电池作为氢能应用的核心技术和产品，以其清洁的特点保持较高的增长速率。按功率计，2020 年全球交通用燃料电池出货量占全部燃料电池出货总量的 75.3%，如上海汽车集团股份有限公司采用新源动力股份有限公司的 HyMOD®-50 电堆产品，开发了荣威 e950 氢燃料电池车，并于 2016 年 10 月获得工业和信息化部公告认证。此外，该公司采用新源动力电堆（体积比功率 2kW/L）推出的大通 V80 燃料电池商用车率先商业化，已开始小批量销售。

氢燃料电池具有高效率、环境友好、可靠性高及便于控制等优点，有望大规模应用在汽车、航空航天飞行器、船舶推进系统、便携式发电站和固定发电站等领域。但是氢燃料电池面临低生产成本（电解质、催化剂等基础材料）、结构紧凑性、耐久性及寿命三大挑战。

二、氢燃料电池的分类与特点

根据温度对燃料电池进行分类：

① 低温（工作温度通常低于 100℃）燃料电池，包括碱性燃料电池、质子交换膜燃料电池以及阴离子交换膜燃料电池；

② 中温（工作温度通常在100～300℃）燃料电池，包括“培根型”碱性燃料电池和磷酸燃料电池；

③ 高温（工作温度通常在600～1000℃）燃料电池，包括熔融碳酸盐燃料电池和固体氧化物燃料电池。

根据所使用的电解质进行分类：

① 固体氧化物燃料电池（SOFC）；

② 质子交换膜燃料电池（PEMFC）；

③ 熔融碳酸盐燃料电池（MCFC）；

④ 磷酸燃料电池（PAFC）；

⑤ 碱性燃料电池（AFC）。

全球范围内燃料电池的主要技术路线目前以采用高纯氢气作燃料的PEMFC和可以采用粗氢和碳氢燃料的固体氧化物燃料电池为主。低温运行的PEMFC在以新能源汽车为代表的交通领域有广阔的发展空间。高温固体氧化物燃料电池的燃料适应性强、不要求高纯度氢气，特别是可直接使用各种含碳燃料（天然气、生物质气、汽油、柴油、乙醇等），发电效率高，因此其应用前景广泛，如今在固定式发电应用领域表现突出。

本节将介绍碱性燃料电池（AFC）、磷酸燃料电池（PAFC）、熔融碳酸盐燃料电池（MCFC）、直接甲醇燃料电池（DMFC）这四种燃料电池的工作原理及关键部件。固体氧化物燃料电池和质子交换膜燃料电池将分别在第七章第三节、第四节介绍。

（一）碱性燃料电池

碱性燃料电池（alkaline fuel cell，AFC）是最早发现的燃料电池之一，是以强碱（如KOH、NaOH）为电解质的燃料电池，其中应用最广泛的为30% KOH溶液。此电池最早用于太空项目，目前主要应用于航天飞行器用动力电源、军事装备用电源、电动汽车用的动力电源和民用发电装置。

1. 碱性燃料电池的工作原理

碱性燃料电池以强碱为电解质，其基本结构如图7-1所示，主要包括阴/阳电极、催化剂、电解质溶液。其中，燃料为氢气，氧化剂为氧气或空气，阳极催化剂材料为Ni或Pt/C等，阴极催化剂材料为Ag或Pt/C等，双极板一般采用无孔碳板、镍板等，隔膜采用饱浸碱液的多孔石棉。

在工作温度范围内（室温～100℃），其发生的总反应为：

$$2H_2+O_2 = 2H_2O \tag{7-1}$$

其中阴极（氧电极）发生还原反应，得到电子，生成OH^-。反应式为：

$$O_2+2H_2O+4e^- \longrightarrow 4OH^- \tag{7-2}$$

阳极（氢电极）发生氧化反应，失去电子，生成水。反应式为：

$$2H_2+4OH^- \longrightarrow 4H_2O+4e^- \tag{7-3}$$

在发生反应的过程中，阳极产生的电子会通过外电路负载转移到阴极，形成电流通路而给负载通电。阴极产生的OH^-会穿过电解质溶液，与阳极处的氢气发生反应，反应产物为水，同时会产生一定的热量。一般通过循环电解质将水和热量带出，使用冷却剂降

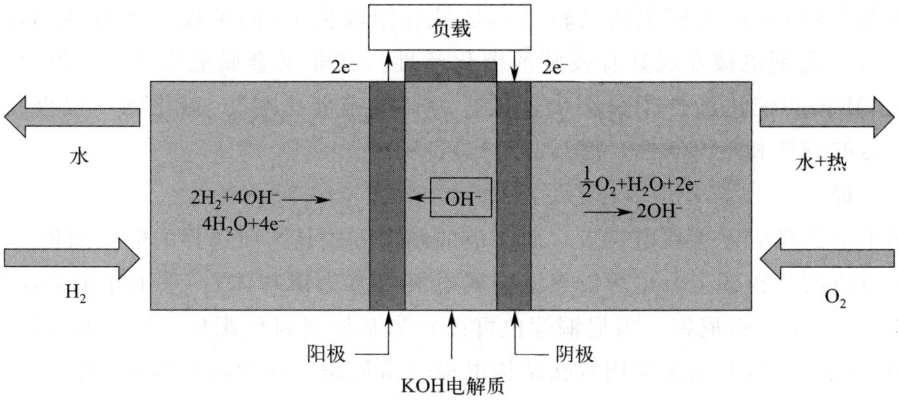

图 7-1 碱性燃料电池工作原理

温，通过蒸发除去产物水。

2. 碱性燃料电池的关键材料

(1) 电解质

碱性燃料电池以强碱为电解质。目前为止，使用最多的电解质是 KOH 水溶液，浓度为 6～8mol/L，质量分数一般为 30%～45%。必须使用高纯度的 KOH 溶液，否则会使催化剂中毒。燃料电解质可以采用循环式和固定式两种方式。固定式电解质是指将电解质放在两个电极之间的隔膜材料里。循环式电解质是指电解质溶液被泵入燃料电池的碱腔，并在碱腔中循环使用。

(2) 电催化剂

在燃料电池中，催化剂是重要的组成部分，其性能对燃料电池的工作性能具有决定性的影响。阳极催化剂 Pt、Pd、Au 等贵金属催化剂具有催化活性高的特点，是碱性燃料电池催化剂的最佳选择。然而，贵金属的价格昂贵，造成碱性燃料电池的成本过高，对碱性燃料电池应用产生限制，研究人员致力于研发新型催化剂，降低成本。在碱性燃料电池中，通过掺杂金属、金属氧化物或非金属制备合金催化剂，通过不同元素的协同作用，可以提高金属的利用率和燃料电池阳极催化剂的电催化活性、稳定性。目前存在的贵金属合金催化剂主要有 Pt-Pd、Pt-Ni、Pb-Ru、Pt-Ni-Co、Pb-Au 等。另外，将贵金属材料负载到高比表面积、高导电性的载体（如碳）上，将提高催化剂的利用率。因此，阳极催化剂 Pt/C、Pd/C、Au/C 等材料成为碱性燃料电池普遍使用的催化剂。对于非贵金属材料，主要以 Ni 和 Ni 合金为主。其中，典型的材料为雷尼镍（Raney Ni），这是一种由带有多孔结构的镍铝合金的细小晶粒组成的固态异相催化剂。该催化剂具有比表面高、氢氧化催化活性高、成本低的特点，成为最广泛应用的碱性燃料电池阳极催化剂。Ti、Cr 等元素掺杂的雷尼镍近年来也崭露头角。

对于阴极催化剂，碱性燃料电池的阴极发生氧化还原反应（ORR），由于在碱性体系中氧化还原反应的速率比酸性体系中快，因此碱性燃料电池的阴极催化剂选择范围更广泛，包括 Pt 基、Ag 基、Pd 基及非贵金属催化剂，使用较广泛的为碳载铂。Ag 基催化剂在碱性体系中对 ORR 的催化活性较高，是最有望取代 Pt 的碱性燃料电池阴极催化剂。其中 Ag-Ni 催化剂也被发现具有较好的催化活性。在非贵金属催化剂中，氮化物在碱性体系中对 ORR 的催化活性十分突出，被誉为“准铂催化剂”。氮化物不仅催化活性高，还具有一定的磁性和抗 CO 性，但其成本也较高。

（3）电极

燃料电池的反应发生在电极上，而电极的制作方式是与所选择的催化剂相关的，铂和铂合金既可以沉积在碳上，也可以组成金属电极（多为镍基体）。采用非贵金属时通常以雷尼（Raney）镍（雷尼银、雷尼铜等也可以）为基体材料作阳极，以银基催化剂粉作阴极。目前的碱性燃料电池多采用双孔结构电极（雷尼镍）和含有聚四氟乙烯等防水剂的黏合型电极。双孔结构电极采用具有高比表面积的雷尼金属（属于金属电极，也叫亲水电极），因此低温下具有较高的催化活性。黏合型电极是通过在催化剂材料中加入适量的黏合剂，以形成双网络体系结构的气体扩散电极。黏结剂一般采用聚四氟乙烯等防水剂，因此黏合型电极也可以认为是疏水电极。这种电极通常有两层结构，其中一层为疏水层，用来进行反应气体的扩散，另一层则沾满电解液，用来进行电极反应。

（4）隔膜

碱性燃料电池的隔膜最早采用石棉膜，其主要成分为氧化镁和氧化硅，具有均匀的多孔结构。但是，石棉膜在碱性溶液中具有腐蚀性，并且对人体有害，现在已经开发出钛酸钾微孔隔膜。另外，聚苯硫醚和聚四氟乙烯材料在碱性溶液中也具有与石棉非常接近的热性，即允许液体穿透而有效阻止气体的通过，具有较好的抗腐蚀性和较小的电阻，其中聚苯硫醚甚至还优于石棉，并且对人体没有伤害，有望代替石棉成为碱性燃料电池隔膜材料。近几年，使用碱性阴离子交换膜（AAEM）制备的碱性阴离子交换膜燃料电池因氧化还原动力学快、可使用非 Pt 催化剂、成本低等优点迅速发展成燃料电池领域的一支劲旅，碱性阴离子交换膜也成了碱性燃料电池最主要的隔膜材料。

3. 碱性燃料电池性能的影响要素

影响碱性燃料电池性能的因素主要包括燃料电池工作过程中产生的水的排出、催化剂中毒、氧化剂、燃料电池的工作温度以及工作压力。

（1）排水

燃料电池在工作过程中需要不断消耗燃料，进行反应。想要使电池能够平稳地工作，就要控制好电池的燃料供应，保证电池能够连续不断地进行反应。与此同时，反应产生的水也必须及时排出，否则没有排出的水分会稀释电解质，降低电解质的浓度，从而影响燃料电池的工作效率。

（2）催化剂中毒

催化剂中毒是指反应环境中含有的杂质使催化剂的活性、选择性明显下降或丧失的现象。碱性燃料电池催化剂中毒主要包括电解质 CO_2 中毒、催化剂氧化、催化剂 CO 中毒。电解质 CO_2 中毒是指电解质溶液中的 OH^- 与 CO_2 反应生成碳酸盐，造成微孔堵塞，使电解质中载流子 OH^- 浓度降低，进而影响电池的工作效率。因此，在碱性燃料电池的使用过程中，解决 CO_2 中毒问题是十分重要的。催化剂氧化问题是指碱性燃料电池所使用的碳载型催化剂具有较高的电位，高电位使得碳电极氧化速率增加，降低了燃料电池的使用效率。CO 中毒主要是由于 CO 会吸附在催化剂的表面，占据催化剂的活性位点，减少催化剂的使用面积。

（3）氧化剂

碱性燃料电池一般采用氧气或空气作为氧化剂。空气作为氧化剂具有廉价、安全的特点，但是空气中含有的 CO_2 会造成中毒，并且碱性燃料的电极无法适应空气中的氮气，以及其他杂质也会对燃料电池的性能造成影响。

（4）燃料电池的工作温度

碱性燃料电池的电解质 KOH 在低温下具有良好的离子电导率，因此碱性燃料电池在低温下就能良好地工作，使用温度范围为室温到 100℃。而在电池工作过程中，会产生热量，这些热量会影响电池的工作效率，因此要及时排出废热。排热可以通过气体循环或 KOH 的循环实现。

（5）工作压力

工作压力对燃料电池的性能也具有一定的影响，在目前开发的燃料电池中，有一部分燃料电池是在加压的情况下工作的。例如，美国国际燃料电池公司为航天飞机制造的碱性隔膜型燃料电池的工作压力为 0.41MPa。

4. 碱性燃料电池的优缺点

（1）优点

① 能量转换效率高。碱性燃料电池的转化效率在 60%～70%之间，是氢燃料电池中最高的，这是由于在碱性电解质中，氧化还原反应在相同催化剂（如铂、铂/炭）下比在酸性电解质中更容易。

② 成本低。碱性燃料电池可以使用非铂催化剂，如雷尼金属、硼化镍等，既可以降低成本，也不受铂资源的限制，并且碱性燃料电池的结构可以使用塑料、石墨，或者非贵金属与稀有金属等较为便宜的材料。

③ 启动快。碱性燃料电池可以实现瞬间启动，并且在低温下（结冰温度）仍然能够正常运行。

④ 热管理方便。碱性燃料电池可以通过循环电解质的方式对电池进行排热，方便管理。

（2）缺点

① CO_2 毒化。碱性燃料电池只能用纯氢作为燃料，因为 CO 和 CO_2 都可以使电解质中毒。

② 使用寿命短。碱性电解质的腐蚀性强，导致电池寿命为 5000h。

③ 电解质循环增加成本。电解质循环会使系统的体积增大，在实际应用中，会增加成本且不利于存放。

④ 排水、排热问题。碱性燃料电池在反应过程中产生的水必须及时排出，否则会影响电解质溶液的浓度；同时为了控制燃料电池工作温度，也必须及时排出废热。

（二）磷酸燃料电池

磷酸燃料电池（phosphoric acid fuel cell，PAFC）通常采用储存于碳化硅材质中的高浓度（约 100%）磷酸作为电解质，是第一种实现大规模商业化应用的燃料电池。

1. 磷酸燃料电池的工作原理

磷酸燃料电池工作压力一般为 0.7～0.8MPa，操作温度通常介于 180～210℃之间。图 7-2 为磷酸燃料电池工作原理图。

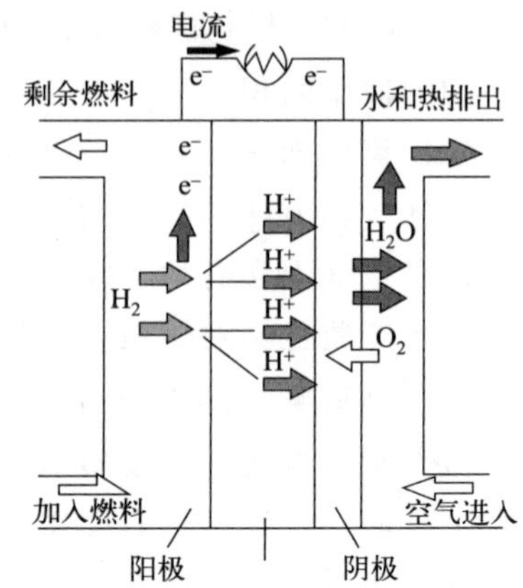

图 7-2 磷酸燃料电池工作原理

阳极反应：

$$H_2 \longrightarrow 2H^+ + 2e^- \qquad (7\text{-}4)$$

阴极反应：

$$\frac{1}{2}O_2 + 2H^+ + 2e^- \longrightarrow H_2O \qquad (7\text{-}5)$$

总反应：

$$H_2 + \frac{1}{2}O_2 = H_2O \qquad (7\text{-}6)$$

氢气燃料被加入阳极发生的是氢气的氧化反应，氢气在催化剂作用下被氧化成为氢质子，并且释放出两个自由电子，电子向阴极运动。氢质子通过液态磷酸电解质迁移到阴极，在阴极上发生的是氧气的还原反应，电子、氢质子和氧气在催化剂的作用下生成水分子。

2. 磷酸燃料电池的关键材料

（1）阳极催化剂

磷酸燃料电池同质子交换膜燃料电池一样，必须使用贵金属催化剂，因为贵金属催化剂催化电极反应的可逆性较好，催化活性较高，能耐燃料电池中电解质的腐蚀，因而具有长期的化学稳定性。在 PAFC 中，为了促进电极反应，最开始一般采用贵金属（如铂黑）作为电极催化剂，铂黑用量为 9mg/cm^2，成本较高。但随着引入具有导电性、耐腐蚀性、高比表面积、低密度的廉价炭黑（如 X-72 型炭）作为电催化剂的载体后，铂催化剂的分散度和利用率得到极大的提高，这使电催化剂中的铂用量大幅度降低，现在 PAFC 阳极铂的负载量已降至 0.1mg/cm^2，阴极为 0.5mg/cm^2。阳极催化剂详情见表 7-1。

表 7-1 PAFC 所用的阳极催化剂对比

类型	优点	缺点
铂或铂合金	耐电解质腐蚀、催化活性较高、化学性质稳定	成本高
铂＋炭黑(如 X-72 型炭)	提高铂催化剂分散度和利用率，降低铂金属用量	催化性能有所下降

（2）阴极催化剂

在酸性介质中，酸的阴离子吸附等反应会影响电催化剂上氧的电还原速度，导致电池中的电化学极化主要由氧电极产生，因此阴极的电催化剂用量较大。阴极一般使用贵金属作为催化剂，为了降低电池成本，有人研究代替纯 Pt 或 Pt 合金催化剂的其他金属大环化合物催化剂，如采用 Fe、Co 的卟啉等大环化合物作为阴极催化剂，这种催化剂的成本较低，但是它们会出现活性下降的问题，只能在 100℃的浓磷酸电解质条件下工作。后来，研究人员结合贵金属催化剂 Pt 与大环化合物的优点，制备了 Pt 与过渡金属的复合催化剂。采用 Pt 与 Ni、V、Cr、Co、Zr、Ta 等的合金作为催化剂，能够提高氧的还原反应的电催化活性，如 Pt-Ni 阴极催化剂的性能比 Pt 提高了 50%。阴极催化剂详情见表 7-2。

表 7-2　磷酸燃料电池阴极催化剂对比

类型	优点	缺点
铂或铂合金	耐电解质腐蚀、催化活性较高、化学性质稳定	成本高
金属大环化合物(Fe、Co 的卟啉等大环化合物)	成本低	稳定性差
铂与过渡金属的复合催化剂	催化活性较高、化学性质稳定	成本高

（3）电极

电极由载体和催化剂层组成。用化学吸附法将催化剂沉积在载体表面，电化学反应就发生在催化剂层上。催化剂层的主要成分包括碳载体、高度分散的铂催化剂及疏水介质[如聚四氟乙烯（PTFE）]。催化剂层的厚度约 0.1mm。在寻求新型高效电催化剂的同时，为提高铂的利用率、降低铂的用量、延长电池寿命，人们对 PAFC 的电极结构进行改进并取得进展，成功研制出了多层结构的多孔气体扩散电极。电化学反应发生在电极表面的三相界面上，三相是指液相（磷酸）、固相（铂催化剂）和气相（双体 H_2、O_2）。为了增大电流密度，必须尽可能提高反应物接触的数量、增加反应气体分压、缩短扩散路径，并使催化层具有较高的导电性，以减小电极的欧姆损失。另外，电极的亲水性必须适当，以获得最大的气体扩散及控制电极的润湿性。“酸淹”现象会阻碍反应气体扩散，而气体扩散不充分则会限制磷酸到达反应界面，这两种情况均会抑制电化学反应。实验表明，磷酸在反应层中的占比维持在 40%～80%时，不仅有利于形成大面积的三相界面，且此时阴极、阳极的过电位均较低。为预防酸淹，可利用聚四氟乙烯（PTFE）的疏水性，具体方法是将负载催化剂的 PTFE 浸渍于碳载体层中，从而优化其润湿性能。通常，阳极和阴极的最佳 PTFE 质量分数分别为约 30%和 40%～60%。防止气体过渗透的做法是将多孔电极中与基质相邻的层设计成具有良好毛细作用的层，使电解质被牢固地吸附在微孔内。电极的另一作用是能排出在阴极生成的水。在较高的工作温度下，水可以以蒸汽形式从多孔电极中蒸发出来而被最终排出。虽然在工作温度下，水比酸的蒸气压要高，但酸也会多少被水蒸气带出一些。

（4）电解质

选择磷酸作电解质基于以下原因：可在高温下工作；可耐 CO_2；低蒸气压；高的氧溶解度；高温下良好的离子导电性；高温下的低腐蚀速度；大的接触角（大于 90°）。

磷酸是无色、黏稠、有吸水性的液体。在 PAFC 中，它不是以自由流体形式使用的，而是包含在 SiC 制成的多孔基质（matrix）中。100%的磷酸（含 72.43% P_2O_5，20℃时密度为 1.863g/cm^3）具有较高的凝固点（42℃），因而被用在 PAFC 电池堆中。若电池堆在环境温度下使用，基质内的磷酸会固化，体积也会随之增加，在有负载和无负载时会发生磷酸的体积变化。而频繁的体积变化会引起电极及基质的损耗，导致电池性能的降低。因而，即使在无负载的条件下，也必须将电池堆的温度至少保持在 45℃，这是 PAFC 的不足之处。

磷酸的固化温度与其质量分数有很大关系。对于质量分数在100%附近的较浓的磷酸，其固化温度较高；磷酸质量分数降低时，其固化温度也迅速下降。例如，质量分数为62.5%的磷酸的固化点是−85℃，75%的磷酸为−20℃，而85%的磷酸则为21℃。通常为避免固化，从工厂到电厂之间的运输采用低质量分数的磷酸，在输入电池前将其转化为高浓度磷酸。电池堆一旦启动，就必须保持一定温度，包括在无负载时。因此，必须对其装配适当的加热设备。目前已经研制出一些合成酸，它们显示出优于磷酸的性能，但尚在开发阶段。

(5) 隔膜

早期PAFC的隔膜主要使用经过特殊处理的石棉膜和玻璃纤维纸，但是，石棉和玻璃纤维中的碱性氧化物会和电解质浓磷酸发生反应，从而对电池的性能造成损害。现在工业上均选用在PAFC工作条件下具有化学稳定性和电化学稳定性的碳化硅（SiC）作为隔膜材料。磷酸燃料电池隔膜详情见表7-3。在PAFC中，碳化硅隔膜与其两侧的氢、氧多孔气体扩散电极构成氢电极/膜/氧电极“三合一”的组件。一般先将小于1pm的碳化硅与2%～4%聚四氟乙烯和少量（<0.5%）的有机黏合剂（如环氧树脂胶黏剂）配成均匀的溶浆，然后在氢、氧多孔气体扩散电极的催化层一侧制备厚度为0.15～0.2mm的碳化硅隔膜，将其在空气中干燥，于270～300℃烧结。

表7-3 磷酸燃料电池隔膜

序号	类型	优点	缺点
1	石棉膜和玻璃纤维纸	化学稳定性和电化学稳定性	电池性能降低
2	碳化硅	优异的化学稳定性和电化学稳定性	自然界中存在少,需人工合成

饱浸磷酸的碳化硅隔膜可以起到两点作用。一是起离子传导作用，为了减少其电阻，它一般必须具有50%～60%的孔隙率；同时为了确保磷酸优先充满碳化硅隔膜，其平均孔径应小于电极的孔径。二是起隔离氧化剂和燃料的作用。

(6) 双极板

由于磷酸的强腐蚀性，不能采用一般金属材料，而只能采用石墨作为双极板。起初通过2700℃的热处理，使石墨粉和树脂的混合物接近完全石墨化，该双极板稳定性达到预期目标，但费用太高。为了降低双极板的成本，目前一般采用复合双极板，其中间一层为无孔薄板，起着分隔气体的作用，薄板两侧再加置带气体分配孔道的多孔碳板作为流场板，以构成一套完整的双极板。在PAFC中，这种多孔流场板还可储存一定容量的磷酸，当电池隔板中的磷酸因蒸发等因素损失时，被储存的磷酸就会依靠毛细力的作用迁移到电解质隔膜内，以延长电池的工作寿命。双极板类型如表7-4所示。

表7-4 磷酸燃料电池双极板类型

序号	类型	优点	缺点
1	石墨粉和树脂的混合物(在900℃制得)	成本低	工作条件下会发生降解
2	石墨粉和树脂的混合物(在2700℃制得)	稳定性好	成本高
3	复合双极板	成本低、工作寿命强	制作条件复杂

3. 磷酸燃料电池的影响因素

影响PAFC性能的因素主要包括燃料电池工作温度、工作压力，以及燃料气体中的杂质。其中温度、压力等对电极活性及电池电压的影响，还与电池结构、催化剂类型、电流密度、反应气体的利用率及其他因素有关。

（1）温度

增加温度可提高传质速率，导致反应速率的提高、电池电阻的降低，并减少极化，从而改善电池性能。电压变化与温度变化之间的关系取决于电池设计、电极类型、操作参数等。PAFC的工作温度峰值为220℃，连续工作时不宜超过210℃，否则会对电池产生不利影响。

（2）反应气体

增加燃料电池的操作压力，可提高其性能。这主要是因为阴极上氧浓度增加和水蒸气分压的降低加强了电池反应。增加反应气体利用率或降低入口浓度都会因增加浓差极化和能斯特损失而使电池性能降低，这些与反应气体的分压有关。

（3）燃料气体中杂质

进入PAFC的杂质浓度与稀释成分或反应气体相比相当低，但其作用很大。某些杂质，如硫化物，是从燃料气体带到重整过程，又被带进燃料电池系统的。而另一些杂质，如CO，是燃料里重整过程产生的。典型重整气体的组成为：H_2，78%；CO_2，20%；CO，小于1%；H_2S、Cl_2、NH_3，小于$1mg/m^3$。CO能强烈吸附在Pt催化剂表面而使其中毒。硫化物来自燃料本身，燃料蒸气和煤气中的硫通常以H_2S的形式存在。H_2S能强烈吸附在Pt催化剂表面，占据催化活性中心，并被氧化为单质硫而覆盖在Pt粒子表面，使Pt催化剂失去对氢氧化的电催化功能，其脱附后，Pt催化剂又会恢复其催化活性。当燃料气体中同时含有CO时，H_2S对电极的毒化作用会加强，将这种影响称为协同效应。来自燃料重整过程中的一些氮化物，如NH_3、NO_x、HCN等对电池的性能都有影响。而氮气除了起到稀释剂的作用，并没有太大的毒害作用。燃料气体或氧化剂中如果含有NH_3，会使氧还原性能下降，从而影响电池的性能。

4. 磷酸燃料电池的优缺点

（1）优点

① PAFC对燃料气体及空气中CO_2耐受性强，无须对气体进行除CO_2的预处理，所以系统简化、成本降低。

② 电池的工作温度在180～210 ℃，工作温度较温和，所以对构成电池的材料要求不高。

③ PAFC在运行时可产生热水，即可以实现热电联供。

④ 稳定性比较好。

⑤ 排气清洁，对环境污染小。

⑥ 低噪声，低振动。

（2）缺点

① 发电效率低，仅能达到40%～45%。

② 成本较高：由于采用酸性电解质，所以必须使用稳定性较好的贵金属催化剂，如

价格高的铂催化剂。

③ 寿命短：磷酸具有腐蚀作用，使得电池的寿命很难超过 55000h。

④ 由于采用贵金属 Pt 作为催化剂，所以为了防止 CO 对催化剂的毒化，必须对燃料气进行净化处理。

⑤ PAFC 电堆的启动时间较长，需要几个小时，因此不适合作为快速启动装置的电源，如汽车用等移动电源，应用范围受到限制。

⑥ 不适合中小型移动电源。

（三）熔融碳酸盐燃料电池

1. 熔融碳酸盐燃料电池的工作原理

熔融碳酸盐燃料电池（MCFC）是一种高温燃料电池，可直接将燃料的化学能转换为电能。MCFC 如图 7-3 所示，将锂/钾/钠碳酸盐的混合物作为电解质，放置到多孔陶瓷基质中，典型电解质为 62% Li_2CO_3 + 38% K_2CO_3（摩尔分数），工作温度为 599～699℃，其反应机理如下：

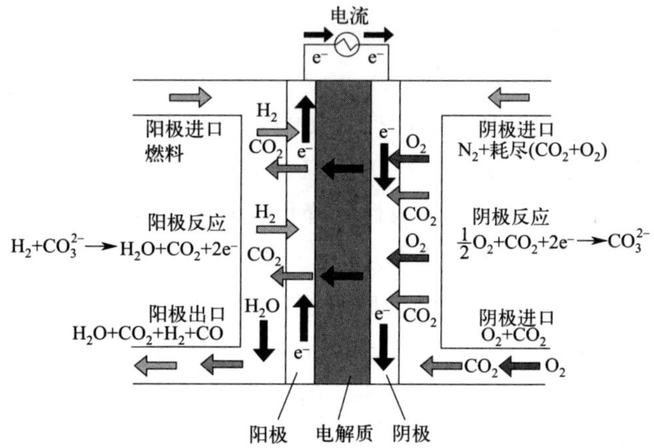

图 7-3 熔融碳酸盐燃料电池工作原理示意图

阳极反应：

$$H_2+CO_3^{2-}\longrightarrow CO_2+H_2O+2e^- \tag{7-7}$$

阴极反应：

$$\frac{1}{2}O_2+CO_2+2e^-\longrightarrow CO_3^{2-} \tag{7-8}$$

总反应：

$$H_2+\frac{1}{2}O_2 = H_2O \tag{7-9}$$

工作时，阴极上氧气和二氧化碳与从外电路输送过来的电子结合，生成碳酸根；阳极上的氢气则与从电解质隔膜迁移过来的碳酸根发生化学反应，生成二氧化碳和水，同时将电子输送到外电路。

2. 熔融碳酸盐燃料电池的关键材料

（1）电极

MCFC 工作时，在阳极发生氢的氧化反应，阴极发生氧的还原反应。由于其工作温度高并且有电解质（CO_3^{2-}）的参与，故要求电极材料有很高的耐腐蚀性和电导率。MCFC 的电极催化活性高，通常使用非贵金属 Ni 作为 MCFC 的电极材料。由于燃料和氧化剂均为气体，因此电极均为多孔气体扩散结构，而且要确保电解质在隔膜和电极之间的良好分配，增大电化学反应面积，减少电池的活化与浓差极化。

在 MCFC 中，阳极早先采用多孔烧结纯 Ni 板。但在高温和电池组装压力下，纯 Ni 阳极易产生蠕变。所谓阳极蠕变就是在高温和压力下，金属晶体结构产生微形变。蠕变破坏了阳极结构，减少电解质的储存量，导致电极性能衰减。因此需要对纯 Ni 阳极进行改性，克服其蠕变应力，即在 Ni 中掺杂其他元素(如 Cr、Al 及 Cu 等)，在还原气氛中形成合金阳极。这些元素加入量一般为 10%(摩尔分数) 左右，对电极起加固作用，对蠕变应力起分散作用。阳极催化剂的详情见表 7-5。

表 7-5　MCFC 的阳极催化剂

序号	类型	优点	缺点
1	银和铂	材料易得	成本高，电导性与电催化性能差
2	镍	电导性与电催化性能良好	发生阳极蠕变现象，导致电极性能的衰减
3	镍合金	对电极起加固作用，对蠕变应力起分散作用	催化活性低，寿命短

MCFC 的阴极材料必须具有良好的电子传导率与高的结构强度，而且在熔融碳酸盐中具有低的溶解率。NiO 阴极表现出良好的导电性和结构强度，其制作方法是：首先将镍粉在 700～800℃、氮气保护下预烧结成镍电极，随后该电极在电池运行过程中原位氧化形成 NiO 阴极。为了提高 NiO 的导电性，通常在 NiO 中掺杂部分 Li 元素，但 NiO 在电解质中会发生溶解，产生的沉淀物会导致电池性能降低和寿命缩短。特别是在加压运行时，阴极溶解是影响 MCFC 寿命的主要因素。在高温熔盐的长期作用下，NiO 中的镍逐步被溶解析出，进入熔融盐后在电场作用下向阳极迁移，并被阳极中渗透过来的氢气还原为金属镍。金属镍不断沉积而加速镍离子的产生与扩散，进一步促进阴极的溶解。最终，溶解的镍在电解质板中沉淀并形成桥接，导致电池内部短路。镍溶解的程度受到电解质组成、CO_2 分压、水分压和温度等影响。

为了解决阴极溶解问题以提高阴极的性能和长期稳定性，可以在 NiO 阴极中加入少量 Co、Ge 等，如添加质量分数为 0.3%的 Ge 到 NiO 中，可使 NiO 的溶解速率降低一个数量级；也可以改变操作条件，如降低反应气 CO_2 分压，或在电解质中加入碱土类碳酸盐如 $BaCO_3$、$CaCO_3$ 等以抑制 NiO 的溶解，或开发新型材料以代替 NiO 材料。近年来，$LiCoO_2$ 成为新阴极材料探索的重点，经过半导体掺杂 Mg，再进一步掺杂 La 和 Ce 等稀土元素后制得的阴极材料，其性能优于 NiO 阴极。用 $LiCoO_2$ 材料作为阴极是较好的选择，但是需要解决的另一个问题是如何提高 $LiCoO_2$ 的导电性能。LiFeO 作为阴极材料在 MCFC 工作条件下几乎不溶解，但其在常压下的催化活性低、电极极化大，并不适用于燃料电池。对于加压 MCFC，$LiFeO_2$ 的活性有所改善，其中掺 Co 的 $LiFeO_2$ 值得深入研究。此外还有一些钙钛矿和尖晶石结构的材料，它们既有较高的电导率和交换电流密度，又有较低的溶解速率，但此类材料组成复杂、制备难度大，阴极成型对其也是一个难题。阴极催化剂详情见表 7-6。

表 7-6　MCFC 的阴极催化剂

序号	类型	优点	缺点
1	多孔 NiO	电导率高，电催化活性高，制备方便	长期的运行中，NiO 易溶解于熔盐电解质，导致电极性能下降
2	$LiCoO_2$	溶解速率低	交换电流密度明显低于 NiO，需要进行掺杂
3	$LiFeO_2$	溶解速率低	交换电流密度较低，电性能也较低
4	掺杂型 NiO 多孔阴极(加入碱土元素)	有效降低熔盐中 Ni 的溶解性，有利于提高阴极的稳定性	制备困难

(2) 隔膜

隔膜是 MCFC 的核心部件，要求其耐高温、耐熔盐腐蚀、浸入熔盐电解质后能阻气并具有良好的离子导电性能。早期的 MCFC 隔膜由氧化镁制备，然而氧化镁在熔盐中微弱熔解并容易开裂。偏铝酸锂（$LiAlO_2$）具有很强的抗碳酸熔盐腐蚀的能力，目前被广泛采用。$LiAlO_2$ 有三种结构形态，见表 7-7。γ-$LiAlO_2$ 在 MCFC 工作环境中是最稳定的结构形态，在高温下具有良好的化学稳定性、热稳定性和机械稳定性。偏铝酸锂粉料的合成方法很多，通常有固相合成法、溶胶-凝胶法、共沉淀法等。后两者的制备过程复杂，成本高，反应周期较长，且反应后存在副产物。

表 7-7　$LiAlO_2$ 的三种结构形态

晶体类型	晶系	颗粒外形	粒子细度	密度/(g/cm^3)	比表面积	稳定性
α-$LiAlO_2$	六方	球形	高	3.400	大	高压稳定性
β-$LiAlO_2$	正交	针状	中	2.610	中	亚稳
γ-$LiAlO_2$	正方	片状、双锥	低	2.615	小	高温稳定

国内开发了流铸法制膜技术。用该技术制膜时，浆料的配方与带铸法相似，但是加入的溶剂量大，配成的浆料具有很大的流动性。制备方法：将制备好的浆料脱气至无气泡，均匀摊铺于一定面积的水平玻璃板上，在饱和溶剂蒸气中控制膜中溶剂挥发速率，让膜快速干燥，然后将数张这种膜叠合，热压成厚度为 0.5～1.0mm 的电池隔膜。

（3）电解质

MCFC 中的电解质通常包含 60%（质量分数）的碳酸盐。MCFC 以 62%（摩尔分数）Li_2CO_3＋38% K_2CO_3 的混合物为标准电解质，这是一个低共熔混合物，熔点为 487℃。Li_2CO_3-K_2CO_3 体系还有一个低共熔混合物，即 43% Li_2CO_3 ＋ 57% K_2CO_3，其熔点为 499.85℃。富锂电解质的离子电导率高，欧姆极化低。如 Li_2CO_3 的离子电导率比 Na_2CO_3 和 K_2CO_3 高，因此在电解质中增加 Li 的比例有利于提高电导率，但在 Li_2CO_3 中气体溶解度小，扩散系数低，腐蚀速率快。因此，为了缓解阴极溶解，创造较为温和的电池环境，通常向电解质中加入能够增加其碱性的添加剂。但是，添加剂量不能过大，否则会影响电池性能。

（4）双极板

双极板通常用不锈钢和镍基合金钢制成。目前使用最多的还是 316L 不锈钢和 310L 不锈钢双极板。对于小型电池组，其双极板采用机械加工方法进行加工；对于大型电池组，其双极板采用冲压方法进行加工。在高温电解质的环境中，双极板产生腐蚀，这种腐蚀作用对电池产生了以下三种影响：

① 双极板的腐蚀，消耗了电解质，同时在密封面的腐蚀易引起电解质外流失。若不及时补充电解质，电池性能会加快衰减。

② 由于腐蚀作用，双极板的电导降低，使双极板上的 IR（欧姆极化）增加。

③ 双极板的厚度，一般为 0.5～1.0mm，由于腐蚀作用，双极板机械强度降低，这对电池非等气压操作产生一定的危险。

为了提高双极板的防腐性能，已采用具有更好防腐性能的材料制备双极板以代替目前的 316L 不锈钢双极板，如 30%Cr-45%Ni-1%Al-0.03%Y-Fe 合金，这种材料可以代替目前的 316L 不锈钢，无论在阴极还是在阳极环境都有很好的防腐性能。其防腐机理是：在腐蚀过程中，形成富 Cr 氧化物层，该氧化物层为致密保护层，它阻止了氧从外向里扩散，也阻止了 Fe 和 Cr 向外扩散。另一种比 316L 不锈钢有更好耐腐蚀性能的特种钢，其含有 Fe、Ni、

Cr、Mn 等元素，在高温和氧气中形成类似尖晶石结构，不仅能够很好地防止双极板被电解质腐蚀，还有良好的导电能力。316L 不锈钢双极板的表面防腐处理如下：双极板加工成型后，在阳极侧镀镍、在密封面镀铝等，提高防腐性能。在双极板密封面镀铝时，会在电解质作用下生成致密的 $LiAlO_2$ 绝缘层，此绝缘层对双极板密封面有一定的保护作用。

3. 熔融碳酸盐燃料电池的影响因素

（1）压力

根据能斯特方程，MCFC 的可逆电动势依赖于压力。随着气体压力的提高，反应气体分压增加，电极交换电流密度提高，电化学反应速度加快，电极极化减小，电池电压增加。增加 MCFC 工作压力将提高气体溶解度和传输率，这也会导致电池电压升高。此外，压力增加将引起碳沉积作用和甲烷化作用并可能促进甲烷的分解。碳沉积和甲烷化作用是有害的，前者阻塞阳极的气体通路，通过提高 H_2O 的分压，能够避免碳沉积。而甲烷化作用中每生成 1mol 甲烷将消耗 3mol H_2，因而导致反应物的大量损失，降低发电效率。在燃料气中添加 H_2O 和 CO_2 可调节平衡气体成分，减少甲烷化作用。

（2）温度、组成和利用率

温度的变化将影响燃料气体的平衡组成，进而改变可逆电动势。大多数碳酸盐在低于520℃时不为熔融状态。在 575～650℃之间，电池性能随温度的上升而提高。而当高于650℃时，增益随温度的上升而减小，而且高温下蒸发和材料的腐蚀会造成电解质的损失增加。因此，将工作温度设为 650℃，可以得到最佳性能和最高电堆寿命。

MCFC 电压与反应气体（氧化剂气体，燃料气体）的组成有关。当反应物气体消耗时，由于极化和气体组成的变化，电池电压将下降。这些影响与反应物气体的分压有关，一方面是由于阳极的迁移反应，另一方面是由于阴极 CO_2 和 O_2 的消耗。而提高反应物的利用率通常会降低电池的性能。

（3）燃料中的杂质

在 MCFC 发电技术中，如果以大型发电系统的发展为目标，则设想将煤气化气体用作燃料气体。煤气化气体中含有硫成分和卤化物等各种杂质。硫成分在还原环境下易生成硫化氢。据报告，即使是微量的硫化氢，也与电极中的镍及碳酸盐具有很高的反应性，会对电池性能造成影响。此外，燃料气中的卤素化合物（如 HCl、HF 等）和硫化物不仅会毒化电极催化剂，还可能加速电池堆金属构件（如双极板、集流板等）的腐蚀，缩短系统寿命。从能源利用和环境政策的角度看，煤气化合成气以煤炭为原料，碳排放量较高，不利于实现低碳能源转型，因此其在未来大规模商业化 MCFC 系统中的应用受到一定限制。

4. 熔融碳酸盐燃料电池的优缺点

（1）优点

① 燃料易得。CO、天然气、合成气柴油中提取的合成气都可以作为它的燃料。

② 总的热效率高。单独发电效率可达 45%～55%，经余热综合利用后，总热效率可达约 80%。

③ 环保。MCFC 的污染物排放指标低，可以满足环保方面的要求。

④ 可用非贵金属催化剂。MCFC 的阳极催化剂可用镍，阴极催化剂可用氧化镍。

⑤ 用空气冷却。不需要用水冷却，节约成本。

（2）缺点

① 电解质高度腐蚀。MCFC 电解质的腐蚀和高温对各种电池材料的长期耐蚀性有非常严格的要求，因此在一定程度上影响电池寿命。

② 电池密封难度大。电池边缘的高温湿密封难度大，尤其是在阳极区，会遭受严重的腐蚀。

③ CO_2 循环增加了系统结构的复杂性。电池系统需要 CO_2 循环，并且将阳极析出的 CO_2 重新输送到阴极，这增加了系统机制的复杂性。

（四）直接甲醇燃料电池

1. 直接甲醇燃料电池的工作原理

直接甲醇燃料电池（DMFC）由阳极、离子交换隔膜（PEM）、阴极和电解质溶液等组成，它是直接使用甲醇为阳极活性物质的燃料电池，是质子交换膜燃料电池的一种，只是燃料不是氢而是甲醇而已。

在酸性介质中，DMFC 系统运行过程为：阳极发生甲醇氧化反应，甲醇不断进入阳极室，在催化剂作用下与水发生反应，产生 CO_2、电子和质子。产生的 CO_2 气体从阳极排气口逸出，而电子定向移动通过外部电路形成电流。同时，阳极室中的自由质子（H^+）通过 PEM 由阳极向阴极室迁移，最终到达阴极催化剂表面，参与氧化还原反应。反应方程式如下：

阳极反应：

$$CH_3OH + H_2O \longrightarrow CO_2 + 6H^+ + 6e^- \tag{7-10}$$

阴极反应：

$$6H^+ + \frac{3}{2}O_2 + 6e^- \longrightarrow 3H_2O \tag{7-11}$$

总反应：

$$CH_3OH + \frac{3}{2}O_2 \longrightarrow CO_2 + 2H_2O \tag{7-12}$$

在碱性介质中，DMFC 系统运行过程为：阳极区的 CH_3OH 分子在催化剂的辅助下与 OH^- 反应生成 CO_2、H_2O 和 e^-，阴极区的 O_2 与 H_2O 和外电路的 e^- 反应生成 OH^-，OH^- 通过电解质膜回到阳极继续参与反应。由于 OH^- 和燃料的移动方向相反，因此可以显著降低甲醇的交叉渗透问题。

阳极反应：

$$CH_3OH + 6OH^- \longrightarrow 5H_2O + 6e^- + CO_2 \tag{7-13}$$

阴极反应：

$$\frac{3}{2}O_2 + 3H_2O + 6e^- \longrightarrow 6OH^- \tag{7-14}$$

总反应：

$$CH_3OH + \frac{3}{2}O_2 \longrightarrow 2H_2O + CO_2 \tag{7-15}$$

图 7-4 为酸性介质中直接甲醇燃料电池的工作原理图。

2. 直接甲醇燃料电池的关键材料

（1）阳极催化剂

具有优异催化活性的阳极催化剂直接关系到甲醇燃料电池的能量转换效率，低成本、高活性的阳极电催化剂的开发对于促进甲醇燃料电池的发展具有重要意义。阳极催化剂主要集中在两个方面，一是降低贵金属催化剂的使用成本，二是保证其电催化效率。铂催化剂对甲醇的氧化具有很高的活性，但随着极化过程的不断进行，CO 的毒化作用会使铂的催化活性极大地降低，为此必须研制出适合 DMFC 的新型催化剂。

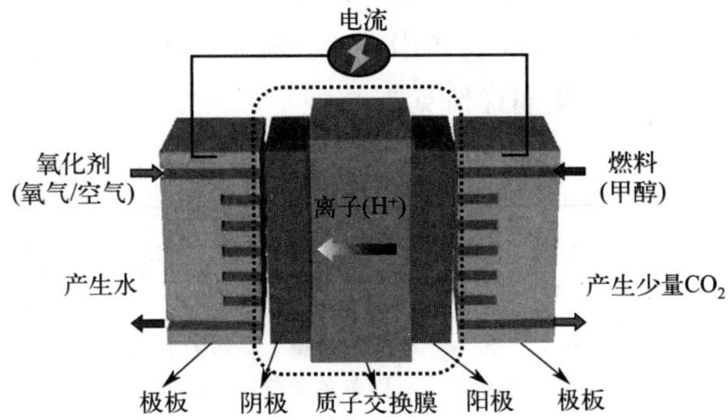

图 7-4 直接甲醇燃料电池工作原理

① 铂基合金催化剂。贵金属 Pt 催化剂对于甲醇氧化的活性是最高的，但是贵金属催化剂的成本过高并且容易出现 CO_{ads} 中间产物中毒现象。首先，在保证其催化活性的基础上，将 Pt 与过渡金属相结合形成二元或者多元催化剂，可以通过金属元素之间的电子相互作用降低 CO_{ads} 中间产物在 Pt 位点上的吸附能，并且形成 OH_{ads} 活性含氧物种来促进 CO_{ads} 中间产物的氧化。其次，非贵过渡金属可以作为 CH_3OH 分子的吸附活性中心，并且通过组分协同作用有效地促进 CH_3OH 的氧化。在各种 Pt 基金属催化剂中，Pt-Ru 合金催化剂已被证明拥有最高的催化活性，并且由于其增加的共耐受性而常被用作 DMFC 的阳极材料。在 Pt 与 Ru 形成合金后，会相应地产生配体效应和双功能效应。在配体效应作用下，向 Pt 中添加 Ru 会改变 Pt 的电子结构，从而削弱 Pt 和 CO_{ads} 中间产物之间的相互作用。此外，Pt 和 Ru 之间的尺寸失配同时也会产生应变效应。在双功能效应中，Pt 位点主要发生甲醇的氧化。在 Pt 位点发生中间体中毒后，Ru 以较低的电位提供 OH_{ads} 物种，进而加速 CO_{ads} 中间产物向 CO_2 的转化。

② 复合催化剂。为降低贵金属铂（Pt）的使用量，常将其负载于具有良好导电性和高比表面积的基底材料上。常用载体包括导电聚合物（如聚苯胺、聚吡咯等）以及碳材料（如石墨烯、碳纳米管和介孔碳等）。这些载体能够有效分散 Pt 颗粒，提高其利用率与催化活性。然而，在燃料电池长期运行过程中，催化层会受到热、湿及电化学环境的影响，导致催化剂与载体之间的界面结合力下降，从而增加电子与离子传输阻抗。同时，碳载体在高电位下易发生电化学氧化反应，生成 CO 或 CO_2，使载体结构破坏并可能引发 Pt 颗粒脱落或中毒，最终造成催化性能的衰减。此外，由于制备过程中难以实现 Pt 的均匀沉积，部分区域存在团聚现象，也会降低催化剂的整体活性与稳定性。

③ 金属氧化物催化剂。通过将 Pt 材料与氧化物等助催化剂复合，也是一种常用的方法。常见的助催化剂包括氧化铈（CeO_2）、氧化镍（NiO）、氧化钒（V_2O_5）等金属氧化物，以及氢氧化物［如 $Ni(OH)_2$、Ce(OH) CO_3］和部分磷化物（如 CoP）。当加入这些助催化剂时，一方面通过改变 Pt 的电子结构和几何构型来减弱 Pt 对 CO_{ads} 的吸附。另一方面，这些助催化剂在较低电位下形成更多的含氧物种 OH_{ads}，为 CO_{ads} 的氧化去除提供充足的氧化

源，以加快甲醇氧化反应(MOR) 过程。因此，加入助催化剂能，有利于 Pt 通过上述的双功能效应在 MOR 过程中去除含碳中间体，进而提高 Pt 的催化活性和抗中毒能力。

阳极催化剂详情见表 7-8。

表 7-8 阳极催化剂

序号	类型	优点	缺点
1	铂基合金催化剂	Pt-Ru 合金催化剂对甲醇氧化有很好的催化活性	Ru 的氧化物在酸性介质中易溶解，稳定性不好
2	复合催化剂	导电聚合物作为 Pt 催化剂的载体，可以避免碳载体的弊端，并且可以降低 Pt 的用量	容易出现“反极”现象，导致碳被氧化生成 CO，进而使 Pt 催化剂中毒；碳载铂的制备工艺很难保证 Pt 在碳载体上均匀分布
3	金属氧化物催化剂	Pt 对甲醇氧化具有很高的电催化活性	缺少含氧组分时，易被吸附的 CO 所毒化

（2） 阴极催化剂

在直接甲醇燃料电池（DMFC）中，阴极通常采用碳载铂催化剂（Pt/C）。其主要问题在于氧还原反应（ORR）动力学缓慢，以及甲醇通过质子交换膜渗透至阴极后引起的催化剂中毒和混合电位效应，从而导致电池性能下降。因此，当前的研究重点在于提高用于氧化还原的催化剂的电催化活性和耐甲醇性。此外，非铂催化剂，例如过渡金属大环化合物、过渡金属原子簇、金属氧化物和其他催化剂也是降低成本的研究方向。但相对于 Pt 基催化剂而言，非 Pt 催化剂对氧化还原的电催化活性偏低或者稳定性较差。此外，将金属卟啉或酞菁类化合物（以 Cr、Ni 或其他过渡金属为中心）用于修饰 Pt 催化剂或形成复合结构，可通过电子结构调控和界面效应改善 Pt 的氧还原活性，并增强其对甲醇渗透的抗干扰能力。总体而言，Pt 基催化剂仍是 DMFC 阴极的主要催化体系。

（3） DMFC 质子交换膜

DMFC 的质子交换膜主要用于阻断阴、阳极成分，转移质子并使电子绝缘。当前，大多数 DMFC 采用杜邦的 Nafion 115 系列和 Nafion 117 系列。但是，Nafion 膜的选择性渗透性差，在某些工作条件下甲醇交叉率可达 20%～40%，这不仅导致甲醇燃料的大量损失，而且使甲醇渗透到阴极后发生反应，导致阴极催化剂中毒，从而会降低燃料电池的效率和寿命。对目前主要使用的 Nafion 膜而言，主要通过在 Nafion 膜的基础上利用掺杂修饰离子、修饰原子(如 Pd、SiO、ZrO，等) 或者覆盖其他膜做成复合膜(如磺化聚醚醚酮-Nafion 膜等) 等方式对其进行优化，以改进 Nafion 膜的性能。

具有优异的热稳定性、低甲醇渗透性、优异的化学稳定性、高质子传导性、大的机械强度和低成本的阻醇膜成为 DMFC 研究的热点。目前开发的新型交换膜有聚芳烃类膜材料［聚醚醚酮(PEEK)、聚醚砜(PES)、聚砜(PS)、聚酰亚胺(PI) 等］、磺酸化及磷酸浸渍的聚苯并咪唑、聚磷氮化合物、有机-无机复合型质子交换膜等。

3. 直接甲醇燃料电池的影响因素

（1） 催化剂的颗粒尺寸

对于 Pt 基催化剂而言，颗粒尺寸对甲醇电催化氧化反应具有显著影响。在相同的反应条件下，催化剂颗粒越小，其比表面积和电化学活性面积（ECSA）越大，可提供更多反应活性位点，从而提升表观电流密度与催化活性。然而，当颗粒过小（通常低于 2nm）

时，晶格畸变与团聚现象可能导致催化剂稳定性下降。因此，Pt 基催化剂通常具有 2～5nm 的最佳粒径范围，以兼顾活性与耐久性。

（2）催化剂的表面形貌和晶体结构

表面形态越粗糙，催化剂的拐角、边缘和缺陷就会增加，原子在这些位置上具有更强的解离和吸附能力，因此催化剂的特定活性中心的数量也会增加，催化活性也有所提高。

Pt 基催化剂的晶体结构会影响催化剂的催化活性和稳定性。面心立方铂金单晶的三个基本晶面(低折射率晶面）是(111)（100）和(110)。Pt(111）面对甲醇分子的解离吸附活性较低，而 Pt(100）与 Pt(110）面具有较高的脱氢和吸附能力，但同时更容易形成 CO 吸附中间体，导致表面被覆盖、活性降低。因此，在设计催化剂时，需综合考虑不同晶面的暴露比例，以平衡活性与抗中毒性能。

4. 直接甲醇燃料电池的优缺点

（1）优点

① DMFC 由于具有结构简单、方便灵活，以及工作时间只取决于燃料携带量而不受限于电池的额定容量的特点，近年来备受产业界青睐。

② 与传统化石能源相比，DMFC 在发电过程中，甲醇不需经过内燃机燃烧，也无须经过卡诺循环，这使得 DMFC 具有能量转化效率较高（通常可达 20%～40%)，运行安静、无机械振动等优点。

③ 与其他醇基燃料相比，因为甲醇只有一个碳原子，不需要打破存在于其他醇类燃料中键能较大的 C—C 键。因此，MOR 过程在动力学上更容易进行。另外，因为甲醇只有一个碳原子，MOR 过程的含碳中间产物 CO_{ads} 相对较少。

④ 与氢氧燃料电池相比，呈液态的甲醇在生产、运输、储存和应用等方面比极易爆炸的 H_2 安全和方便；甲醇的体积能量密度较高(4820W・h/L)，远远大于高度压缩的氢气(180W・h/L)。

⑤ DMFC 电池结构简单，采用液体甲醇储能，燃料供给方式更为方便。

⑥ 与传统锂离子电池(LIB）相比，在 DMFC 中，不仅燃料的供给方便，而且原则上只要燃料和氧气持续供应，DMFC 就可以持续不断地产生电量；甲醇具有 600W・h/kg 的质量能量密度，比传统的 LIB(200W・h/kg）高，这意味着在相同质量下，DMFC 持续运行的时间更长；DMFC 可以更方便快速地补充燃料，这比通常需要几个小时甚至更长充电时间的 LIB 快得多。

（2）缺点

① 成本问题。DMFC 所用催化剂的量远高于 PEMFC，导致电池成本高，而且从长远来看，DMFC 的资源问题比 PEMFC 更严重。此外，DMFC 使用的全氟磺酸树脂膜也非常昂贵。

② 电池组长时间运行的稳定性问题。目前 DMFC 在性能和成本上还与 PEMFC 有所差距，近期内用来代替 PEMFC 作为电动车的动力源仍有较大困难。

③ 甲醇渗透问题。甲醇能够从阳极室穿过交换膜进入到阴极室，由于阴极一般使用 Pt 作催化剂，氧化还原反应(ORR）和 MOR(甲醇氧化反应）会同时发生，产生混合电位，造成短路，这会降低燃料的效率和电池的输出功率。

④ 气液两相管理问题。DMFC 运行时，阳极室内的甲醇传输和 CO_2 排出过程中，CO_2 在阳极室内累积会影响甲醇的传输，带来气体阻塞问题。在阴极室中，反应产物水以液体的形式积累，如果积累量较多，会造成系统水淹问题，这不仅危及电子设备，还会造成短路。

三、氢燃料电池的工作原理

（一）电极过程动力学

1. 法拉第定律

法拉第定律又叫电解定律，是电化学中最基本的定律。它又分为两个子定律，即法拉第第一定律和法拉第第二定律。

（1）法拉第第一定律

法拉第第一定律：在电解过程中，燃料与氧化剂在电池内的消耗量与所通过的电流强度和通电时间成正比。

$$\Delta m = k_e It \tag{7-16}$$

式中，Δm 代表化学反应物质的消耗量；k_e 代表比例因子，表示产生单位电量所需的化学物质量；I 代表电流强度；t 代表通电时间。

电流强度和通电时间相乘为电量，电量的单位是库仑(C)，1C=1A·s，电量的单位可用法拉第(F）表示，1F=26.8A·h=96485C。当以库仑为电量单位时，氢的比例因子 $k_e^H = 1.04\times10^{-5}$g/(A·s)，而氧的比例因子 $k_e^O = 8.2910^{-5}$g/(A·s)。

与化学反应速率定义一样，电化学反应速率 v 也同样定义为单位时间内物质的转化量，如式(7-17）所示：

$$v = \frac{d(\Delta m)}{dt} = k_e \frac{dQ}{dt} = k_e I \tag{7-17}$$

即电流强度 I 可用来表示任何电化学反应的速率，包括燃料电池。

燃料电池工作时在电极与电解质的界面上进行电化学反应，因此电化学反应速率与界面的面积有关，将电流强度 I 除以反应界面的面积 S：

$$i = \frac{I}{S} \tag{7-18}$$

式中，i 代表电流密度，即单位电极面积上的电化学反应速率。

燃料电池均采用多孔气体扩散电极，反应可在整个电极的立体空间内的三相界面(气、液、固）上进行，但对于任何形式的多孔气体扩散电极，均以电极的几何面积除电流强度（称为表观电流密度）表示燃料电池的反应速率。

（2）法拉第第二定律

法拉第第二定律：本质上表示的是燃料和氧化剂消耗量与其本性之间的关系，物质的 k_e 同该物质的摩尔质量 M 与其化合价的比值成正比：

$$k_e = \frac{M}{Fn} \tag{7-19}$$

式中，n 代表化合物中正或负化合价总数的绝对值；F 代表法拉第常数，是阿伏伽德罗常数 $N = 6.02214\times10^{23}\,mol^{-1}$ 与元电荷 $e = 1.602176\times10^{-19}$C 的积，即 $F = Ne = 96485$C/mol。

对于氢燃料电池，每输出 $1F$(26.8A·h 或 96485C/mol) 电量，消耗 0.5mol 氢气和 0.25mol 氧气，即消耗 1.008g 氢气和 8.000g 氧气。

2. 电化学反应速率

电化学反应产生的电流是一种电化学反应速率的直接度量。燃料电池从化学反应到输出电能的过程包括反应物传输、电化学反应、离子(电子) 传导、生成物排出等。电池工作开始于足够的反应物输送，反应物一旦到达电极即发生电化学反应。电荷从电解质向电极迁移时所需克服的活化能垒，对电荷转移步骤的速率具有决定性作用，从而影响整体电化学反应速率。

燃料电池的反应过程当中存在多个连续和并行的步骤。电化学反应既包括电荷转移过程，也包括 Gibbs 自由能的变化。降低电荷从电解质迁移到固体电极所克服的活化能垒，能够有效提高电化学反应速率。电极表面进行的电化学反应速率等于反应进行时单位时间内释放或者消耗电子的速率，即电流(I)，或者采用电流密度(i) 来表示。电流密度是指单位面积上的电流。由法拉第定律可知，电流密度与电荷转移和单位面积消耗的反应物量成正比。

$$i=nFj \tag{7-20}$$

式中，nF 代表转移电荷量，C/mol；j 代表单位面积的反应物通量，mol/(s·cm^2)。

电化学反应一般包括氧化反应和还原反应两个半反应：

$$\mathrm{Red} \longrightarrow \mathrm{Ox}+n\mathrm{e}^- \tag{7-21}$$

$$\mathrm{Ox}+n\mathrm{e}^- \longrightarrow \mathrm{Red} \tag{7-22}$$

可逆反应的净反应速率 J_{net} 是正向反应(氧化反应) 与逆向反应(还原反应) 的差值。

$$J_{\mathrm{net}}=k_{\mathrm{f}}c_{\mathrm{Red}}-k_{\mathrm{b}}c_{\mathrm{Ox}} \tag{7-23}$$

式中，J_{net} 代表净反应速率，mol/(s·cm^{-2})；k_{f} 代表氧化反应平衡常数；k_{b} 代表还原反应平衡常数；c_{Ox} 代表氧化物浓度；c_{Red} 代表还原物浓度

将式(7-23) 代入式(7-20)，则用电流表示反应速率如下：

$$i=nFJ_{\mathrm{net}}=nF(k_{\mathrm{f}}c_{\mathrm{Red}}-k_{\mathrm{b}}c_{\mathrm{Ox}}) \tag{7-24}$$

当 $i>0$ 时，说明体系以氧化反应为主；当 $i<0$ 时，说明还原反应占主导地位。实验中通过测量电流的方向与大小，可直接判断电化学反应的方向和速率。

3. 反应活化能与反应速率的关系

根据阿伦尼乌斯方程可知，反应平衡常数与活化能有关。

$$k=k_0\exp\left(-\frac{\Delta G}{RT}\right) \tag{7-25}$$

式中，ΔG 代表反应的活化能；k_0 代表频率因子；T 代表反应温度。

氧化反应与还原反应的碰撞频率不同：

$$k_{\mathrm{f}}=k_{0,\mathrm{f}}\exp\left(-\frac{\Delta G_{\mathrm{f}}}{RT}\right) \tag{7-26}$$

$$k_{\mathrm{b}}=k_{0,\mathrm{b}}\exp\left(-\frac{\Delta G_{\mathrm{b}}}{RT}\right) \tag{7-27}$$

考虑到电极电位对活化能有影响，则有：

$$\Delta G_{\mathrm{f}}=\Delta G_{\mathrm{f}}^{\ominus}+\alpha_{\mathrm{f}}F(\varphi-\varphi_{\mathrm{r}}) \tag{7-28}$$

$$\Delta G_b = \Delta G_b^{\ominus} + \alpha_b F(\varphi - \varphi_r) \tag{7-29}$$

式中，α_f，α_b 为电荷转移系数，即氧化(还原) 反应转移电子数目占总电子数目之比。

$$\alpha_f + \alpha_b = 1 \tag{7-30}$$

根据电化学反应动力学理论，可得交换电流密度：

$$i_0 = nFk_f c_{Red} = nFk_b c_{Ox} \tag{7-31}$$

考虑特殊条件下，反应物和产物浓度相同时，$c_A = c_B = c$，且反应速率也相同时，$k_f = k_b = k$，则可以得到式(7-32)，即巴特勒-沃尔玛(Butler-Volmer) 公式，简称 B-V 方程：

$$i = i_0 \left\{ \exp\left[\frac{\alpha_f nF(\varphi - \varphi_r)}{RT}\right] - \left[\frac{\alpha_b nF(\varphi - \varphi_r)}{RT}\right] \right\} \tag{7-32}$$

式中，i_0 代表电流密度，A/cm^2

B-V 方程也被称为单电子电极反应的稳态极化方程。根据之前的推导过程，均假设反应为基元反应，即单电子转移反应。稳态是由于净反应速率为正/逆反应速率之差，如果是瞬态，这个公式并不完整。

$\varphi - \varphi_r \gg 0$ 时，$\exp\left[\frac{\alpha_f F(\varphi - \varphi_r)}{RT}\right]$ 可忽略不计，可得下式：

$$i = i_0 \left[\frac{\alpha_b nF(\varphi - \varphi_r)}{RT}\right] \tag{7-33}$$

两边同取对数，即

$$\varphi = \varphi_r - 2.3\frac{RT}{\alpha_b F}\lg i_0 + 2.3\frac{RT}{\alpha_b F}\lg|i| \tag{7-34}$$

式(7-34) 为塔菲尔(Tafel) 方程，$\varphi - \varphi_r$ 为过电位。当 $\varphi - \varphi_r \ll 0$ 时，有：

$$\varphi = \varphi_r + 2.3\frac{RT}{\alpha_f F}\lg i_0 - 2.3\frac{RT}{\alpha_f F}\lg|i| \tag{7-35}$$

当 $\varphi = \varphi_r$，电池反应处于平衡电位时，交换电流为零。

Tafel 方程可简写为经验公式：

$$\begin{aligned} \eta = \varphi - \varphi_r = a + b\lg i\,[\text{阳极方向}(\eta > 0)] \\ \eta = \varphi - \varphi_r = a - b\lg i\,[\text{阴极方向}(\eta < 0)] \end{aligned} \tag{7-36}$$

式中，$a = -2.3 \times \frac{RT}{\alpha nF}\lg i_0$，$b = 2.3 \times \frac{RT}{\alpha nF}$。

塔菲尔方程表示过电位 η 与电流密度 i 的对数成正比，b 即是塔菲尔公式的斜率，反映了电化学反应偏离平衡所需的能量大小，斜率越小，说明反应动力学越快、活化能垒越低。通过对过电位和电流密度的对数作图(图 7-5)，可以获得交换电流密度 i_0 和塔菲尔斜率 b，从而计算出传递常数 a。

在做电解水的时候，Tafel 斜率越小，说明促进电化学反应偏离平衡达到同等程度时，所需过电位越小。

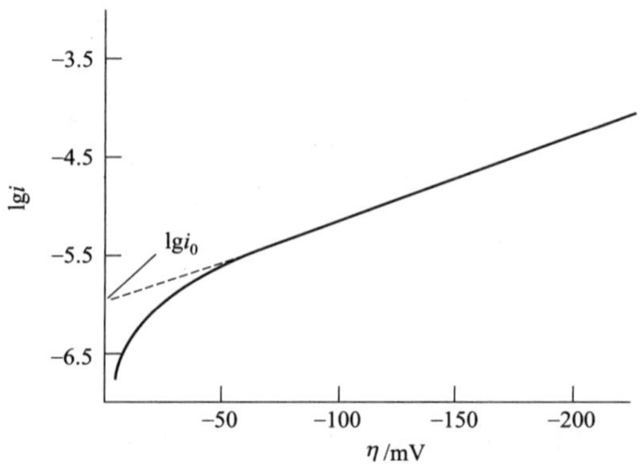

图 7-5 活化过电位与电流密度的函数关系

在过电位 η 数值较大时，B-V 公式中的两个相减项相差数值较大，可简化为 Tafel 公式。实际上，电化学中有一个规定，即以任意方式推导出的任何形式的动力学方程，经过简化在一定条件下必须符合 Tafel 公式，否则推导出的动力学方程不可靠。

综上，电池反应速率与电极表面积，以及活化能及触媒或反应机制有关。

4. 燃料渗透和内电流

PEMFC 电池开路电压与膜电极采用的质子交换膜有关，其原因是质子交换膜并不能完全阻隔两侧反应气的穿透，会有少量反应气通过膜相互渗透，即氢到达氧电极，氧到达氢电极，这两个过程均产生短路电流。因此，质子交换膜越薄，开路电压越低。通常情况下，阳极氢电极交换电流密度较大，在 $10^{-3}\sim10^{-2}mA/cm^2$ 级别，这一毫安级的短路电流对氢电极电位几乎无影响；而阴极氧还原的交换电流密度相对很小，在 $10^{-8}\sim10^{-6}mA/cm^2$ 级别，这一毫安级的短路电流能导致氧电极电位下降，产生混合电位，进而导致电池开路电压下降，如图 7-6 所示。图中，$i_{H_2}=\dfrac{Q_{H_2}}{2F}$，$Q_{H_2}$ 为单位时间通过每平方厘米膜渗透到氧电极的氢量，此时的电压称为开路电压。

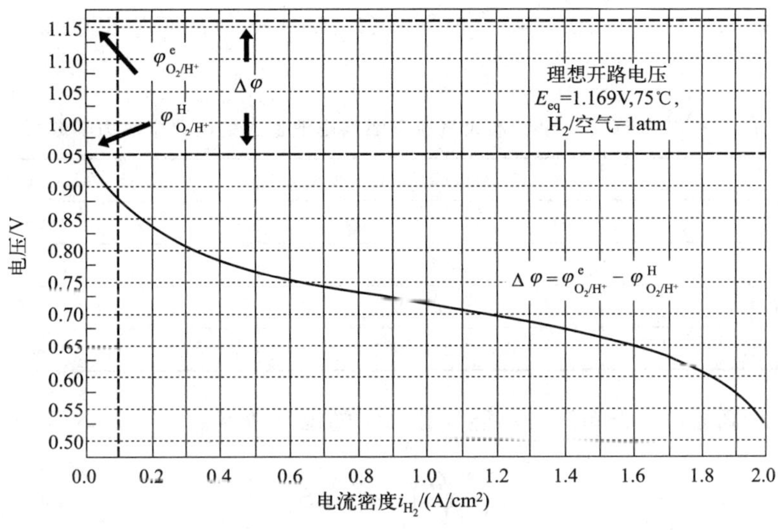

图 7-6 膜渗透氢、氧电极产生混合电位的原理图(1atm=101325Pa)

燃料电池处在每平方厘米几百毫安以上的状态运行时，燃料穿透率、短路电流远低于电极上氢气的消耗速率，以及外电路中生成的电流，所以不会对电压造成显著影响。由于氢气的渗透量远大于氧气的渗透量，故通常只考虑渗氢量的影响，而忽略渗氧量造成的影响。

燃料穿透主要受质子交换膜的阻气性、膜的厚度，以及膜两侧的氢气分压差的影响。当开路电位过低(通常低于 0.9V) 时，通常意味着氢气穿透量过大，或者膜短路。

(二) 电池热力学

对于一个氧化还原反应，由化学热力学可知，该过程的可逆电功为：

$$\Delta G=-nFE=\Delta H-T\Delta S \tag{7-37}$$

式中，E 代表电池电动势，V；ΔG 代表反应的吉布斯(Gibbs) 自由能变化，kJ/mol；F 代表法拉第常数($F=96485$C/mol)；n 代表反应转移的电子数；ΔH 代表反应的焓变；ΔS 代表反应的熵变；T 代表反应温度 K。

此式是电化学和热力学联系的桥梁。

以氢氧反应为例：

阳极：

$$H_2 \longrightarrow 2H^+ + 2e^- \tag{7-38}$$

阴极：

$$2H^+ + \frac{1}{2}O_2 + 2e^- \longrightarrow H_2O \tag{7-39}$$

总反应：

$$H_2 + \frac{1}{2}O_2 = H_2O \tag{7-40}$$

反应过程中转移的质子数为 2。如反应在室温(25℃)、1 个标准大气压下，由表 7-9 可算出 Gibbs 自由能变化。若反应生成液态水，则反应 Gibbs 自由能变化为－273.13kJ；若反应生成气态水，则为－228.6kJ。根据式(7-37)，电池的可逆电动势分别为 1.229V 和 1.190V。

表 7-9　在 25℃、1 个标准大气压下燃料电池反应的电化学热力学数据

物质	ΔH/(kJ/mol)	ΔS/[kJ/(mol·K)]
H_2	0	0.13066
O_2	0	0.20517
液态水	－286.02	0.06996
水蒸气	－241.98	0.18884

由化工热力学可知，吉布斯自由能变化 ΔG 随温度改变：

$$\left(\frac{\partial \Delta G}{\partial T}\right)_p = -\Delta S \tag{7-41}$$

代入能斯特方程，可得：

$$\left(\frac{\partial E}{\partial T}\right)_p = \frac{\Delta S}{nF} \tag{7-42}$$

其中$\frac{\Delta S}{nF}$被称为电池电动势的温度系数。当 $T\Delta S>0$ 时，电池在等压可逆工作时为吸热反应，电池电动势随温度升高而增加；当 $T\Delta S=0$ 时，电池在等压可逆工作时为绝热反应，电池电动势不随温度变化；当 $T\Delta S<0$ 时，电池在等压可逆工作时为放热反应。对于电池反应而言，电动势的温度系数小于 0，电池电动势随温度升高而降低。

由电化学热力学可知，当反应过程随温度变化，并且反应物与产物在变化范围内均无相变时，有：

$$\Delta S=\int \frac{\Delta C_p}{\mathrm{T}}\mathrm{d}T \tag{7-43}$$

$$\Delta H=\int \Delta C_p \mathrm{d}T \tag{7-44}$$

C_p 为反应的定压热容，其与温度 T 的函数关系式可写为：

$$C_p=a+bT+cT^2 \text{ 或 } C_p=a+bT+cT^{-2} \tag{7-45}$$

根据以上公式，即可求出任一温度下的电池电动势、热力学效率等参数。

对于任一电池反应：

$$k\mathrm{A}+l\mathrm{B}\longrightarrow m\mathrm{C}+n\mathrm{D} \tag{7-46}$$

吉布斯自由能变化可写为：

$$\Delta G=\Delta G_0+RT\ln\left(\frac{a_{\mathrm{C}}^{m}a_{\mathrm{D}}^{n}}{a_{\mathrm{A}}^{k}a_{\mathrm{B}}^{l}}\right) \tag{7-47}$$

式中，ΔG_0 为标准 Gibbs 自由能变化，即反应各物质浓度或压力均为 1 时的 Gibbs 自由能变化；a 表示物质 A 的活度，其中上标为化学反应数。对于理想气体，其活度可以用该气体分压(p_i) 除以标准压力(p，即 1 个大气压) 表示：

$$a=\frac{p_i}{p} \tag{7-48}$$

对于氢氧燃料电池，将式(7-47) 和式(7-48) 代入式(7-37) 中，可得：

$$E=E_0+\frac{RT}{nF}\ln\left(\frac{a_{\mathrm{H_2}}a_{\mathrm{O_2}}^{0.5}}{a_{\mathrm{H_2O}}}\right) \tag{7-49}$$

$$E=-\left(\frac{\Delta H}{nF}-\frac{T\Delta S}{nF}\right)+\frac{RT}{nF}\ln\left[\frac{p_{\mathrm{H_2}}(p_{\mathrm{O_2}})^{0.5}}{p_{\mathrm{H_2O}}}\right] \tag{7-50}$$

式(7-50) 即为反映电池电动势与反应物、产物活度或压力关系的 Nernst 方程。式中 E_0 称为电池标准电动势，其仅是温度的函数，与反应物浓度、压力无关。各种燃料电池的 Nernst 方程式如表 7-10 所示。

表 7-10　各种燃料电池的电化学反应式的 Nernst 方程式

燃料电池反应式	Nernst 方程
$H_2 \longrightarrow 2H^+ + 2e^-$	$E=E_0+\frac{RT}{nF}\ln\left[\frac{p_{\mathrm{H_2}}(p_{\mathrm{O_2}})^{0.5}}{p_{\mathrm{H_2O}}}\right]$
$CO+\frac{1}{2}O_2 \longrightarrow CO_2$	$E=-E_0+\frac{RT}{nF}\ln\left[\frac{p_{\mathrm{CO}}(p_{\mathrm{O_2}})^{0.5}}{p_{\mathrm{CO_2}}}\right]$
$CH_4+2O_2 \longrightarrow 2H_2O+CO_2$	$E=-E_0+\frac{RT}{nF}\ln\left[\frac{p_{\mathrm{CH_4}}(p_{\mathrm{O_2}})^{2}}{p_{\mathrm{H_2}}^{2}p_{\mathrm{CO_2}}}\right]$

（三）燃料电池的实际效率

燃料电池通过电化学反应将燃料的化学能直接转化为电能，不需要经过热机的卡诺循环过程，因此其热力学效率可远高于传统热机。在以燃料的低热值（LHV）为基准计算时，理论热效率甚至可能超过 100%；但若以高热值（HHV）为基准，则仍低于 100%。燃料电池的实际能量转换效率受到多种因素影响，包括电极极化、内阻、燃料利用率和副反应等，其实际效率通常低于热力学理论值。燃料电池的实际能量转换效率 ε 可以用式(7-51) 计算。

$$\varepsilon=\varepsilon_T\varepsilon_V\varepsilon_C \tag{7-51}$$

式中，ε_T 代表燃料电池的热力学理论效率；ε_V 代表燃料电池的电压效率；ε_C 代表燃料电池的库仑效率。

氢氧燃料电池在实际工作时，如果工作温度为 25℃，电池反应产物为液态水，燃料电池的实际效率约为 50%，明显低于它的热力学理论效率。

当燃料电池在一定电流密度下工作时，由于各种极化的存在，它将偏离热力学平衡状态，工作电压 V 将低于燃料电池的电动势 E，所以燃料电池的电压效率 ε_V 可以表示为：

$$\varepsilon_V=\frac{V}{E} \tag{7-52}$$

由式(7-52) 可知，提高燃料电池的实际效率，就是要提高燃料电池的工作电压，也就是减少极化和内阻、燃料利用率等带来的电压损失。

此外，当燃料电池工作时，作为燃料电池反应物的燃料很难全部得到利用。

$$\varepsilon_C=\frac{I}{I_{\mathrm{m}}} \tag{7-53}$$

式中，I 代表实际通过燃料电池的电流；I_{m} 代表理论上反应物全部按燃料电池反应转变为产物时燃料电池输出的最大电流。

四、氢燃料电池的主要应用领域

氢燃料电池技术作为未来颠覆性技术的重要技术方向，其发展将稳定和改善能源供应，调整能源结构，促进低碳发展，提高科技创新实力和增强国际竞争力，促进生态文明建设等。氢燃料电池产品主要应用在车用领域、固定式电源领域以及便携式电源领域。氢燃料电池堆/系统、燃料电池乘用车和商用车、氢气车载储存和加氢站产业化初现端倪。

1. 军事应用

军事装备所用的电源是非常重要的动力来源，也是许多电子系统的供电电源，因此，寻求高能量电池则是装备研发中的至关重要的环节。燃料电池比普通电池具有更大的容量、更长的使用时间，加之燃料添加的方便性，意味着战场装备无须大量、频繁的电池备品供应。海军部门的水下无人作战平台、机器人中使用质子交换膜燃料电池，同时也可作为潜艇的动力源。比如德国在质子交换膜燃料电池驱动下，研制出常规动力组成较为先进的潜艇“U31”号。用氢燃料电池作为能源系统的潜艇，不仅能够实现远距离勘察的动力需求，还能凭借自身体积小、热信号低等优势，制作无人侦察机。美国陆军希望用燃料电池取代目前使用的多种电源。美国陆军自 20 世纪末就进行了燃料电池及混合电驱动装备的实验研究，例如在高机动多用途轮式车与 M113 平台上开展能量系统验证。

2. 移动装置应用

近年来，笔记本电脑、手机、数码相机等便携式电子产品发展迅猛，其外形、功能、能耗的要求都日益复杂，且要求电池能量密度高、使用时间长。目前市场上的主流产品锂离子电池，其能量密度已相当接近理论极限值 600W·h/L，容量已没有太大的提升空间，而质子交换膜燃料电池和直接甲醇燃料电池则是顺应当今小型化、轻型化潮流的最佳选择。其充电步骤仅仅是向电池中添加液体燃料，不需要长时间地将电源插头插在外部的供电电源上。

3. 居民家庭应用

日本在家用燃料电池研究方面处于世界领先地位。数据显示，到 2008 年底，日本家庭中已安装燃料电池热电联供装置 3000 台以上，减少家庭主要能源用量 24%，减少 CO_2 排放量 39%。与以往的燃气热水供暖机相比，全年可减少 1.9tCO_2 排放量。截至 2023 年已安装约 45 万台，可显著降低家庭能耗和 CO_2 排放。另外，美国、韩国也分别安装了大型固定式燃料电池装置，为用户提供分布式电源和 MCFC 发电系统。可见，燃料电池作为家用能源，已经得到了各国政府的重视，随着燃料电池技术的不断进步和成熟，高效清洁的燃料电池将走进千家万户。

4. 空间领域应用

燃料电池具有质量轻、供电供热可靠、噪声轻、无振动，以及产物为饮用水等优点，所有这些优点均是其他能源不可比拟的，十分适用于航天领域，其中最早的是美国 GE 公司为双子星载人飞船开发的聚苯磺酸膜燃料电池(为早期的 PEMFC)。在 20 世纪 50 年代后期和 60 年代初期，美国政府致力于为载人航天飞行寻找更安全可靠的替代能源，因此加大了对燃料电池研究的资助，使燃料电池的发展取得了长足的进步。美国 GE 公司为双子星飞船研制了碱性燃料电池（AFC)，这是燃料电池首次在航天飞行中应用。

5. 交通领域应用

汽车尾气一直是环境污染的重要来源之一，在交通运输领域开发新型、清洁、高效的能源一直是各国关注的焦点。目前燃料电池在汽车整车领域主要集中在公交车和物流车两大类示范运营，未来还将拓展到冷链车、环卫车、混凝土搅拌车、工程车、应急电源车以及特种车等车辆。船舶、轨道车辆也将成为燃料电池技术应用的重要场景，因此燃料电池具有广阔的市场前景。比如，燃料电池重卡将是未来燃料电池在车用领域最快实现产业化的突破口，配套燃料电池重卡的大功率燃料电池发电系统、车用模块、车用电堆等标准的制定将会是未来的发展方向。在有轨电车方面，阿尔斯通公司成功研制的时速为 140 公里的燃料电池动力列车已在德国运行。目前，国内主要的示范线路包含中车四方佛山高明氢能源有轨电车线路、中车唐山燃料电池/超级电容混合动力100%低地板有轨电车项目、中车大同锦白铁路燃料电池混合动力机车线路等。

第二节　燃料电池用氢标准与氢气纯化

随着化石能源的不断开采，以及环境保护压力的进一步加剧，氢能利用得到快速发展和进步。作为燃料的氢气的纯度是氢燃料电池汽车产业链中的关键技术之一，氢气质量对该行业发展有着相当大的制约作用。燃料电池车辆用氢通常要求纯度在99.97%～99.999%以上。氢气提纯的需求与日俱增，技术手段亟待改进。由于自然界没有纯净氢，氢总是以其化合物如水、碳氢化合物等形式存在于大自然中。因此在制备氢时，特别是利用碳氢化合物制氢时就不可避免地带入杂质，从而降低氢气的纯度。氢的纯化是利用物理或化学的方法除去氢气中杂质的方法总称，也就是将氢中包含的杂质“过滤”出去的方法。但是，原始制氢气体纯度通常不足以直接用于燃料电池。对于氢燃料电池，直接通入CO、CO_2、H_2O、氮氧化物及硫化物会对燃料电池性能造成危害，因此必须对氢气进行纯化。氢的纯化有多种方法，按机理可分为化学方法和物理方法两大类。其中，化学方法包括催化纯化等；物理方法包括变压吸附、低温分离等。

一、氢燃料电池用氢气标准

氢气中杂质的种类和含量水平对于加氢站关键设备、氢燃料电池汽车供氢系统、燃料电池核心部件的性能和寿命有着重要的影响。国际标准化组织（ISO）以及各国标准化机构依据技术发展趋势和产业化进程特点，研制构建了系统逐步完善、指标要求合理的燃料电池用氢质量标准体系，此标准体系在氢能和燃料电池汽车技术发展中起到了基础支撑作用。表7-11是国家标准中对于质子交换膜燃料电池所用燃料氢气品质的技术指标要求。

表7-11　质子交换膜燃料电池用燃料氢气品质标准

项目名称		指标
氢气纯度(摩尔分数)		99.97%
非氢气体总量		300μmol/mol
单类杂质的最大浓度	水(H_2O)	5μmol/mol
	总烃(按甲烷计)[①]	2μmol/mol
	氧(O_2)	5μmol/mol
	氦(He)	300μmol/mol
	总氮(N_2)和氩(Ar)	100μmol/mol
	二氧化碳(CO_2)	2μmol/mol
	一氧化碳(CO)	0.2μmol/mol
	总硫(按H_2S计)	0.004μmol/mol
	甲醛(HCHO)	0.01μmol/mol
	甲酸(HCOOH)	0.2μmol/mol

续表

项目名称		指标
单类杂质的最大浓度	氨(NH_3)	0.1μmol/mol
	总卤化合物(按卤离子计)	0.05μmol/mol
	最大颗粒物浓度	1mg/kg

① 当甲烷浓度超过 2μmol/mol 时，甲烷、氮气和氩气的总浓度不准许超过 100μmol/mol。

上述就是氢气品质标准，是燃料氢气提纯技术的最终目标，对原料氢气提纯具有指导意义。工业制氢是我国应用氢气的主要来源，而表 7-12 是国家标准中对工业氢技术产品的指标要求(GB/T 3634.1—2006)。根据表 7-12 中的信息可知，工业氢中优等品、一等品以及合格品的氢气纯度分别为 99.95%、99.50%以及 99.00%。其中，优等品不仅在氢气纯度上远低于燃料电池用氢标准（≥99.999%），氧以及总氮和氩的含量标准也远远高于质子交换膜燃料电池的标准，所以需要进行提纯处理。此外，工业氢技术指标要求中仅规定了主要气体杂质指标，未涉及 CO、CO_2、硫化物等对燃料电池有害的杂质，而工业氢中还存在其他杂质会影响质子交换膜燃料电池性能。

表 7-12 工业氢技术产品指标要求

项目名称	指标		
	优等品	一等品	合格品
氢气(H_2)的体积分数/10^{-2}	≥99.95	≥99.50	≥99.00
氧气(O_2)的体积分数/10^{-2}	≤0.01	≤0.20	≤0.40
氮加氩(N_2+Ar)的体积分数/10^{-2}	≤0.04	≤0.30	≤0.60
露点/℃	≤−43	—	—
游离水/(mL/40L 瓶)		无游离水	≤100

二、氢气中杂质对燃料电池的危害

绝大多数用于制氧的原料都含有 C、O、H 这三大基本元素，在进行一系列转化制备氢气的过程中会产生 CO、CO_2、H_2O 等杂质气体，甚至是甲烷等小分子烃类。除此之外，部分制氢原料中还存在 N 和 S 元素，在进行反应时，会有氮氧化物(NO、NO_2)、硫化物(SO_2、H_2S) 等杂质气体产生。同时，空气中含量最多的氮气也会不可避免地掺入其中。常用作高纯氢提纯原料气的主要是天然气重整尾气、甲酸加工尾气、合成氨弛放气和炼油厂含氢尾气。其中有的工业含氢尾气中的氢气浓度还是相当高的，可达 90%。以往这些尾气会直接进行燃烧处理，这导致大量氢气资源被浪费。为提高可再生能源消纳利用水平，许多企业也开始对含氢工业尾气进行回收，将氢气提纯，并用于其他领域。

1. 氢气中一氧化碳对质子交换膜燃料电池性能的影响

现存的大部分制氢工艺所制成的氢气中总会掺杂 CO，与 H_2 相比，CO 与 Pt 的结合能更高，当 H_2 中存在 CO 时，CO 在 Pt 表面会优先吸附，见式(7-54) 和式(7-55)。

$$CO + Pt = Pt\text{-}CO_{ads} \tag{7-54}$$

$$2CO + 2P\text{-}H_{ads} = 2Pt\text{-}CO_{ads} + H_2 \tag{7-55}$$

CO 占据 Pt 活性位点，阻碍 H_2 的吸附和氧化过程。CO 还会取代 Pt 表面吸附的 H 原子(Pt-H 上的 H)，导致反应活化位点进一步减少，降低 H_2 在催化剂上的吸附量。

同时，质子交换膜燃料电池阳极 HOR 对 H_2 中 CO 含量的耐受性，受到操作温度和电流密度的影响，应依据典型工况条件规范车用燃料电池氢气中 CO 含量限值。

2. 氢气中 H_2S 对质子交换膜燃料电池性能的影响

H_2S 对质子交换膜燃料电池阳极 HOR 的毒化机制尚有争议，一般认为，当质子交换膜燃料电池阳极 H_2 中含有 H_2S 时，将在 Pt 表面发生解离吸附，生成 Pt-S_{ads} 物种；由于 S 在 Pt 表面更强的吸附作用，Pt-H_{ads} 也会被竞争取代生成 Pt-S_{ads}，导致 HOR 可利用的 Pt 活性位点占比大幅减少。

$$H_2S + Pt = Pt\text{-}S_{ads} + H_2 \tag{7-56}$$

$$H_2S + Pt\text{-}H_{ads} = Pt\text{-}S_{ads} + \frac{3}{2}H_2 \tag{7-57}$$

燃料电池中 H_2S 的浓度、电池工作温度、电流密度、电池中毒时间也影响着 H_2S 对电池的毒化程度，并且 H_2S 对电池的损害是逐步积累且不可逆的。

3. 氢气中 SO_2 对质子交换膜燃料电池性能的影响

SO_2 不仅影响电池阳极催化剂性能，也会影响阴极性能。SO_2 强烈地吸附在催化剂表面，对电池性能造成不可逆的损害。在阴极上，SO_2 会吸附在 Pt 上，生成 Pt-S 和中间产物 Pt-SO，影响阴极燃料 O_2 在 Pt 表面的催化还原效率。

4. 氢气中 NH_3 对质子交换膜燃料电池性能的影响

NH_3 进入质子交换膜燃料电池阳极后，在 Pt 表面发生吸附，与离子聚合物中的 H^+ 反应生成NH_4^+，使得电极和隔膜的质子传导能力大幅下降，导致质子交换膜燃料电池欧姆极化增大、性能下降，可表示为式(7-58) 和式(7-59)。

$$NH_3(g) \longrightarrow NH_3(膜) \tag{7-58}$$

$$NH_3(g) \longrightarrow NH_3(膜) + H^+ \longrightarrow NH_4^+ \tag{7-59}$$

目前的研究结果表明，NH_3 对燃料电池的毒化行为主要是对质子电导有影响，对催化剂的影响尚不明晰。NH_3 对质子交换膜燃料电池性能的影响程度随 NH_3 浓度增大而加剧，Nafion-211 质子交换膜的离子电导率均随铵离子浓度的增加而降低，降低比例为 66%～98%，且离子电导率与相对湿度有关，高相对湿度可增加质子交换膜燃料电池对 NH_3 的耐受性。当含有 10μL/LNH_3 的 H_2 通入质子交换膜燃料电池时，电池性能快速下降，与纯 H_2 条件下相比，下降速率升高至 5 倍。在高电流密度下运行质子交换膜燃料电池，可减轻 NH_3 引起的膜电导率下降程度，但 NH_3/NH_4^+ 会从阳极向阴极扩散或迁移，影响阴极离子电导和电极反应。NH_3 中毒过程缓慢，需要很长时间才能达到稳定状态。含有 NH_3 的 H_2 通入质子交换膜燃料电池阳极，若长期运行后(如 15h) 切换至纯 H_2，则即使数天也不能恢复燃料电池性能，但对于短期运行(1～3h) 的质子交换膜燃料电池，性能可恢复。

氢气中 CO、H_2S、NH_3 三种杂质对 PEMFC 性能影响均非常显著。H_2S 和 CO 与 H_2 发生竞争吸附，覆盖在 Pt 催化剂表面，导致 HOR 反应活性位点占比大幅下降，引起电化学极化增加。CO 毒化过程快，但可以完全恢复；H_2S 毒化机制复杂，不可完全恢复；NH_3 与电极和隔膜中的离子聚合物发生质子化反应，导致电导率下降，中毒后无法完全恢复。

三、氢气纯化

氢的纯化有多种方法，按机理可分为化学方法和物理方法两大类。其中，化学方法包括催化纯化等；物理方法包括变压吸附、低温分离等。本节将主要介绍膜分离法、变压吸附法、深冷分离技术以及其他纯化方法。

（一）膜分离法

膜分离法原理是基于混合气体各组分在膜层的吸附或溶解-扩散的差异，利用膜对特定气体的选择透过性实现气体分离的目的。该方法具有无相变、能耗低、设备简单、操作方便和运行可靠等优点。膜分离法纯化氢气的关键点在于分离膜的材料性能，理想的用于膜分离的高效氢分离膜应该具有高氢渗透性、高选择性、低膨胀、高耐热性、良好的耐腐蚀性、高强度等特性。目前，经过研究人员的长期探索，用于氢气分离的膜可分为有机聚合物膜、金属膜、碳膜以及陶瓷膜 4 种。由于具有设备简单、投资少、易于操作、能耗低、安全等特点，膜分离提纯氢气技术已经获得工业应用。以下将介绍不同材质的分离膜对氢气纯化的效果以及作用原理。

1. 有机膜分离

有机聚合物膜易于制备、调控，且价格低廉，具有较高的商业价值，常见种类为致密膜。气体在膜中按照溶解-扩散机理传递，上游气体吸附并溶解在膜中，后在推动力作用下从膜的一侧向另一侧扩散，透过膜后从膜上脱附。气体的传递性能由其在膜中的溶解、传递性能共同决定。由于氢气分子动力学直径较小，扩散速率通常高于 CO_2、CH_4 等气体；但后者在膜中的溶解度更高，二者的竞争效应使高选择性的聚合物氢分离膜制备较具挑战性。提高聚合物链段刚性、减小自由体积或引入特定微孔结构，有助于提升膜的气体选择性。玻璃态聚合物（如聚酰亚胺、聚苯并咪唑及其衍生物）因其结构稳定、热性能优异，被广泛用于氢分离膜的研究。近年来，具有本征微孔的聚合物及其热重构材料也成为研究热点。鉴于成本较低、易于制备、可加工性好等优点，有机聚合物膜材质仍是今后一段时间内氢气膜分离过程的主要膜材质。有机聚合物膜因自身结构特性，很难同时具备较高的透气性与选择性，这是未来研究需要着力解决的问题。将无机、高选择性的材料混合到聚合物膜中，提高聚合物的选择性和处理能力，改善耐高温、抗化学腐蚀性能，成为有机聚合物膜材料的主要发展方向。

2. 无机膜分离

可用于氢气分离的无机膜材料主要有金属膜、陶瓷膜、分子筛膜和碳膜等，其中应用最为广泛的是金属钯及其合金膜。无机膜在高温下分离气体非常有效。相比有机高分子膜用于气体分离，无机膜对气体的选择渗透性及在高温下的热膨胀性、强度、抗弯强度、破裂拉伸强度等方面都有优势。同时，对于混合气体中某一种气体的单一选择性渗透吸附，无机膜也有很高的选择渗透性。

（1）金属膜

金属材料可以分为致密金属材料和多孔金属材料。致密金属材料是无孔的，通过溶解-扩散或离子传递等机理让气体通过，对某种气体具有很高的选择性。致密金属材料主要分为两类。一类是以 Pd 及 Pd 合金为代表的能通过氢气的金属及其合金膜。Pd 在常温下可溶解大量的氢，（可以达到自身体积的 700 倍），在真空条件下，当加热到 100℃时，Pd 又把溶解的氢释放出来，在 Pd 膜两侧形成氢分压差，氢就会从压力高的一侧渗透到压力低的一侧。另一类则是以 Ag 为代表的能够通过氧的 Ag 膜，氧在 Ag 表面不同部位发生解离吸附，溶解的氧以原子形式扩散通过 Ag 膜。Ni 膜、Ti 膜、不锈钢膜均是由多孔金属材料制成的。目前，多孔金属膜已经有商品上市，其孔径一般为 200～500nm，厚度为 50～70μm，孔隙率可以达到 60%。但多孔金属膜在工业上常作为微滤膜和动态膜用。

钯可以选择性透过氢气而阻隔其他气体，因此钯及钯合金膜具有较高的氢气渗透率，可制备高纯度的氢气。采用无机膜分离技术中的钯合金膜扩散法可以得到超高纯的氢气（99.9999%以上）。钯或钯银合金膜对氢分子的渗透机制为原子扩散，其步骤如下：

① 氢分子与膜接触。

② 氢分子在膜表面吸附并被催化裂解为氢原子。

③ 氢原子通过膜表面向膜内部渗透。

④ 氢原子在膜中的溶解而产生的浓度梯度使其在膜内垂直扩散到膜的另一侧，此过程一直处于非平衡状态；直至膜中溶解的氢原子浓度梯度沿膜表面垂直方向变成直线时，才达到稳定状态。

⑤ 氢原子从膜的另一表面穿透出去并吸附在其表面上。

⑥ 氢原子在其表面上又重新结合成氢分子并脱附离开膜。

但在低于 300℃时使用纯钯膜，氢在膜中会发生“氢脆现象”，从而导致膜变脆甚至破裂，因此纯钯膜稳定性差，不适合工业化长期运行。为改善钯膜在氢气存在下易发生氢脆现象的问题，研究人员主要采用将钯与其他金属形成固溶体的方式来改善钯金属的晶格稳定性。得益于金属钯的固溶体区域宽，钯能够与多种元素如铌、钼、钌、钽、钨、铼和钒等难熔金属或金、银、锂、镁、铟、铅、锡和铋等低熔点金属形成 10%～30%固溶体，即钯合金。自研究人员验证了钯金属膜对氢气分离提纯的有效性后，对钯膜分离制取高纯氢的研究聚焦于钯膜氢脆改善、化学和热稳定性提升等方面。有研究表明，将特定金属如 Y、Cu、Ag 加入形成固溶体，能够提高钯膜在透氢环境中的晶格稳定性，从而使其不易发生氢脆。同时，钯铜合金膜中 Cu 的加入改善了钯合金膜对 H_2S 毒化的耐受性。在氢的分离与净化中，这些优点使金属钯及其合金膜最具优势与潜力。

（2）陶瓷膜

陶瓷膜又称无机陶瓷膜，是以无机陶瓷材料经特殊工艺制备而形成的非对称膜。陶瓷膜通常由金属氧化物、氮化物或碳化物组成，具有良好的热稳定性和化学稳定性，可以很好地耐有机溶剂，不易被微生物降解，可在高温高压的条件下长期稳定使用，具有突出的高温操作优势。陶瓷膜较差的机械稳定性、可制造性及成本高等，限制了它的大规模推广使用。目前，陶瓷膜主要应用于一些聚合物膜无法使用的高温、高压和强腐蚀环境中。

(3) 分子筛膜

分子筛膜指表观孔径在0.3～0.8nm范围内的膜。由于具有与分子大小相当且均匀一致的孔径，分子筛膜可进行离子交换，具有高温稳定性、优良的选择性催化性能、易被改性以及有多种不同的类型与不同的结构可供选择等优点。分子筛膜是理想的膜分离和膜催化材料，主要类型有X型分子筛膜、Y型分子筛膜、ZSM-5分子筛膜、SAPO-34膜和硅分子筛膜等。

分子筛膜的合成方法有原位水热合成法、晶种法、堵孔法、微波加热法、脉冲激光沉积法和电泳沉积法等，大部分研究集中在多孔载体如氧化铝、不锈钢等上采用原位水热合成法和晶种法合成分子筛膜。

分子筛是一种离子型极性吸附剂，孔道表面高度极化，即沸石晶穴内部有强大的库仑场和极性，使其易于吸附极性较强、极化率较大的分子。当沸石分子筛晶体粉末与黏合剂经挤压成型时，晶体微粒间形成大孔，这些大孔与晶粒自身的微孔构成了双分散二级孔结构，使其更加适合工业气体分离方面的应用。影响沸石分子筛气体吸附分离的因素主要是沸石分子筛的孔道(尤其是孔口）的几何因素和沸石分子筛的骨架外阳离子产生的电子因素。气体分子的大小和极性都较为接近，但是，沸石分子筛能将气体有效分离的奥秘在于沸石分子筛通过离子交换等改善其表面电性和调变其孔口尺寸，从而使具有微小极性差异的气体分子分离开。

分子筛孔径与小分子尺寸相近且均匀一致，可耐高温和化学降解。分子筛每个晶胞结构中都有笼，笼的窗口构成分子筛的孔，孔径可以在0.1nm以下。另外，分子筛中的硅铝比可以调节，且硅或铝原子还可被其他原子代替，因此可以根据不同要求配置不同种类的分子筛膜。分子筛膜具有优良的催化性能和易被改性，有多种不同的型号与结构可以选择等，除广泛用作吸附剂和催化剂外，还被认为是理想的膜材料，成为膜科学与技术领域近期研究的热点之一。目前，连续无缺陷沸石分子筛膜仅能在实验室制备，还难以实现大规模工业生产。

(4) 碳膜

碳材料是无机分离膜材料的一种新型材料，通常是指由碳素材料所构成的材料。例如，碳分子筛膜(CMS)，具有良好的气体选择性、热稳定性和化学稳定性，可用于773～1173K温度范围内的非氧化性环境中。早在1966年人们就研究了气体通过碳膜的表面过程，并发现渗透速率与碳膜的等温吸附量无关，纯气体与混合气体的结果一致。随后，科研工作者利用不同的材料来制备碳分子筛膜，如以纤维素为原料经过碳化和活化过程制备了碳分子筛膜，这是碳膜在气体分离领域发展历史中的一次重大突破。研究表明，该膜的渗透能力远大于传统的聚合物膜，膜的孔径可以通过简单的热化学来调控。有研究者通过碳化不对称聚酰亚胺中空纤维膜制备了中空纤维碳膜，并对其性能进行了研究。尽管如此，当制备面积较大的碳分子筛膜时，碳分子筛膜不易组装和密封，另外碳膜也比较昂贵。当分离气体体系中含有H_2S、NH_3和其他的有机气体时，会引起膜性能迅速下降，限制了其在气体分离中的应用。

碳膜是通过对聚合物进行热解反应制备的，是一种多孔膜，通过孔径筛分的原理实现对氢气的分离纯化，通过对碳膜孔径及孔径分布的调控来实现膜对氢气的高效分离。碳膜质脆、制备价格昂贵且最佳的合成条件仍有待进一步研究。目前，碳膜仍然没有足够的商业可行性。

3. 金属有机骨架化合物分离

近年来，得益于材料科学的巨大进步，具有微孔特性的金属有机骨架化合物(MOF)进入了膜领域科学家的视野。MOF 的主要组成总的来说包括两部分，即金属离子和有机配体，而这种材料之所以被广泛关注是因为使用的金属离子和有机配体的连接具有多样选择性，并且通过它们组装的产物可以结晶成晶体。MOF 的气体分离应用从吸附分离延伸到了膜分离，利用 MOF 孔洞尺寸、形状和表面化学性质的可调节或修饰的特点，赋予 MOF 材料对一些轻气体分子(如 H_2、CO_2、CH_4 等）更加优异的膜分离性能。

2009 年，Liu 等在 α-Al_2O_3 上原位生长制备了无取向、连续致密的 MOF-5 膜材料，并首次进行了气体分离测试。研究者在处理过的铜网上成功制备了致密连续的 $Cu_3(BTC)_2$ 膜，该膜对 H_2 具有好的选择性和渗透量，在 MOF 膜气体分离应用中具有里程碑的意义。而后，沸石咪唑酯框架材料(ZIF）作为一类以咪唑或咪唑衍生物为配体的新型 MOF 材料，由于热稳定性好，在高温气体膜分离等方面体现优异的性能。由于其孔洞尺寸较小，其在气体膜分离中的分子筛效应成为影响分离性能的关键因素，因此，这几种膜对这几种小分子气体的气体分离因子优于以 Knudsen 扩散为主的膜分离性能。尽管目前已经能够在实验室内制备出致密无缺陷且具有优良气体分离性能的 MOF 膜，但是想制备出较大面积的工业化产品仍然是一个巨大的挑战。

膜法分离技术分离纯化的氢气收率高、装置流程简单、自动化程度高、原料适用范围广，此外分离过程不涉及相变、能耗低、无二次污染。分离膜作为该项技术的核心组成部件，直接决定设备的成本、使用寿命，膜的分离性能及制备成本是限制该项技术工业化应用的主要因素。近年来，研究者对氢气分离膜展开了广泛而深入的研究，但真正能够实现工业应用的膜材料却很少。膜法氢气分离技术已于 20 世纪 80 年代在国内实现工业化应用，但目前的膜组件仍然主要依靠进口，未来仍需加大膜材料及组件的研发，深入研究膜结构与性能之间的构效关系，通过结构设计和工艺优化打破膜通量和选择性之间的 Trade-off 效应，进一步提高分离膜的综合性能。

（二）变压吸附法

1. 变压吸附的概述

变压吸附(PSA）分离技术利用固体吸附剂对气体组分在不同压力下吸附量的差异以及对不同组分的选择性吸附，通过周期性地改变吸附床层的压力来实现气体组分分离的目的。

利用变压吸附技术纯化氢气，基于吸附剂对杂质气体的选择吸附性远高于氢气的吸附原理，从而将氢气分离，其中吸附剂的选择是影响变压吸附性能的关键因素。在选择吸附剂的材料时，应结合实际变压吸附要解决的问题，考虑吸附剂对多组分吸附的平衡吸附量、选择吸附性能和吸附热等因素。目前被应用于变压吸附过程的吸附材料有很多，如活性炭、硅胶、沸石分子筛和活性氧化铝等。研究发现，在一个吸附床中采用多种吸附剂可以显著提高系统吸附性能。有研究表明，变压吸附制氢过程中，相比于沸石分子筛，活性

炭对杂质气体 CO_2 有更好的吸附和脱附性能，而 CO 和 N_2 在沸石分子筛上的吸附效果要优于活性炭，甲烷则在活性炭和沸石分子筛上有着接近的吸附性能。吸附剂从吸附方式上可以分为物理吸附和化学吸附。物理吸附是可逆的，脱附较容易，主要缺点是选择性不高，分离系数小；化学吸附的选择性比较高，但是吸附剂解吸困难，因为吸附的结合力比较强，所以很多化学吸附过程是不可逆的。有一种化学吸附的选择性高且可逆，即络合吸附，它可以通过工艺方法使键断裂，从而把吸附质从吸附剂上脱附下来。近几年，CO 络合吸附剂成为研究的一个重点，目前采用的活性组分以铜系吸附剂为主，Cu^+ 可以与 CO 形成络合物，从而对 CO 有选择性吸附的作用。采用分子筛、活性炭负载铜系金属活性组分组成的吸附剂对 CO 有明显的选择吸附效果。通过在 Cu(Ⅰ)-分子筛表面再负载 CuCl 以及在 Cu(Ⅰ)-活性炭表面添加适量稀土化合物的方式，使得吸附效果进一步强化，此研究较为深入，发展较为成熟，已有相关应用，是变压吸附 CO 吸附剂的较好选择。

2. 变压吸附的基本原理

变压吸附是循环区吸附或参数泵吸附分离中的一种。通常固定床吸附操作在常温下进行，加热升温解吸再生。这种变温吸附过程，因吸附剂的热导率较大，升温和降温需要较长的时间，并需要较大的换热面积。而无热源的(变压）吸附利用被吸附气体的压力周期性的变化，在高压力下吸附，在低压或真空下解吸，吸附剂同时再生。为了减少变压吸附使用的吸附剂量，在降压解吸的同时，升温加热冲洗气体，使吸附剂的解吸再生加快。例如对空气脱湿干燥，采用变压吸附法不需要加热设备，在常压常温下即可操作，设备简单，又能同时脱去各种气体杂质，如 CO、CO_2 等杂质气体。PSA 法省去预处理设备，简化了流程，可取得纯度较高的气体产品。

变压吸附法除用于气体的脱水干燥外，适用于环境保护处理污水和中小型需要富氧的工艺。该技术的吸附分离操作在常温吸附等温线与高温吸附等温线之间的垂直区间内进行（图 7-7）。由于吸附剂热导率较低，吸附热与解吸热引起的床层温变有限，该过程可近似视为等温操作。其实际工况沿常温吸附等温线运行：在较高的分压 p_2 下完成吸附，在较低的分压 p_1 下实现解吸。

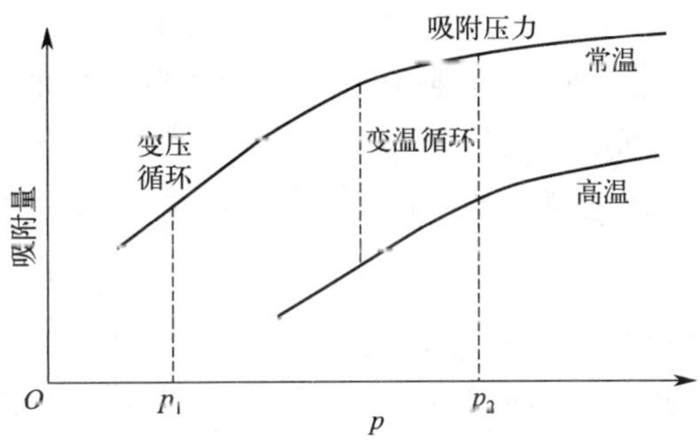

图 7-7 变压吸附及变温吸附原理示意图

所采用的压力变化方式可以是：

① 常压下吸附，真空下解吸。

② 加压下吸附，常压下解吸。

③ 加压下吸附，真空下解吸。

随着吸附剂种类的不同和分离任务的差异，现在工业上常用的变压吸附工艺和最初的 Skarstrom 循环相比，无论是设备的生产能力还是工艺流程都发生了很大的变化，但是它们的基本操作步骤都是相同的。图 7-8 描述了变压吸附中一个吸附塔所经历的基本操作步骤。

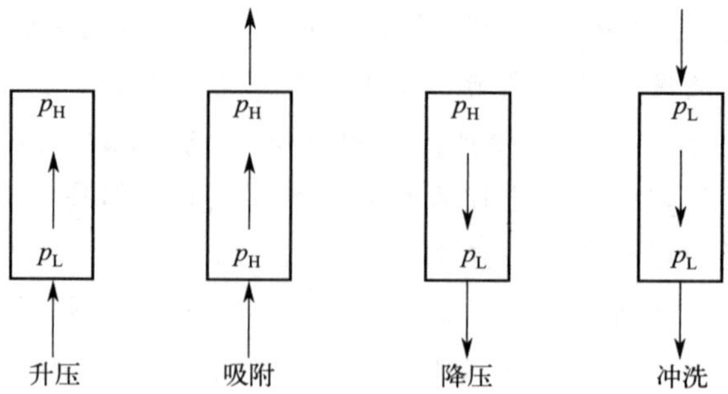

图 7-8　变压吸附基本操作步骤

① 升压：将具有一定压力的气体从吸附塔的一端引入吸附塔（吸附塔的另一端关闭），使吸附塔内的压力达到预定的吸附压力。升压过程中所使用的气体可以是原料气，也可以是产品气，或者是其他在降压阶段放出的气体，只是升压时的气流方向因升压所用气体组成的不同而有所改变。

② 吸附：原料气在预定的吸附压力下进入吸附塔，开始吸附操作。由于易吸附组分从塔的进口端即开始被吸附，因此吸附塔出口端所流出的产品气为不易吸附组分的纯气体。塔内气相组成沿轴向呈现显著梯度变化，其浓度前沿随吸附进程持续迁移。当吸附进行到预定的操作时间时（即床层中关键组分的浓度分布前沿到达床层中的某一预定位置），停止吸附，进入降压阶段。

③ 降压：在吸附阶段部分吸附剂因吸附易吸附组分而饱和，为了使变压吸附循环正常进行，需要对吸附剂进行再生，通常是降低吸附床的压力，从而降低易吸附组分的分压，使其从吸附剂上脱附下来。如果易吸附组分有经济价值，则将降压排出的解吸气当作一种产品气收集，否则作为废气处理。

④ 冲洗：把降压后残余在吸附床内的杂质（产品气以外的其他组分）排出吸附塔，使吸附剂尽可能得以再生。

3. 变压吸附气体分离技术在氢气提纯方面的应用

化工厂在生产初期中采取耗电量较高的电解提取氢气的方式，每生产 1m^3 的氢气每小时消耗 7kW 左右电能，从而导致能源浪费。目前化工厂生产富含丰富的氢气的原料，比如炼油厂尾气、合成氨弛放气等多种气源，并且能够从中提纯氢气，这在一定程度上降低了生产成本，并且在采用变压吸附气体分离技术提取氢气中也降低了耗电量，此方式在生产 1m^3 的氢气时大约每小时消耗 500W 电能。我国的第一套吸附设备是由 1990 年武汉钢铁公司投资生产的，该设备采用变压吸附技术，其生产氢气的能力为每小时 1000m^3，提取纯度高达 99.999%。自武汉钢铁厂后，我国多数钢铁厂陆续采取变压吸附气体分离技术提取高纯度氢气。变压吸附气体分离技术提取氢气时，吸附压力约在 1～2MPa 左右。在变压技术应用的早期阶段，由于缺乏有效的工艺技术，不断回收利用吸附面层上存留的物质。在吸附床结构中，物质在第一个吸附床中被吸附后，从第二张吸附床中再生，在一定时间的相互替换中，吸附床内未能吸附到的部分气体在降压中流失，进而发现吸附物质的流失受压力增大而增多。化工厂通常采取多结构分床变压吸附工艺，其可降低提取物损失，并结合自然循环系统与顺向防压系统两种模式对吸附床中未能吸附到的成分进行回收吸附。

一般情况下，在自然循环次数的增加过程中，产品回收率能够有效提升，采取四层吸附床分层提取成分纯度高达 99.99%，氢气的回收率为 77.5%。除四层吸附床工艺外，可依据设备规模条件采取五床、十床等工艺技术。在上海石油化工厂早期生产时就已引用十床变压吸附气体分离工艺设备，其对原料的能力为每小时生产 $74530m^3$ 氢气，吸附压力约 2.5MPa，氢气提取的纯度高达 99.9%，回收率达 85%。如今国家能源集团（神华集团）在煤制油项目中实现 PSA 提取氢气设备的研发，这意味着我国 PSA 技术处于国际先进水平。该装置采用模块化设计：12 座吸附塔划分为 4 组，可实现 12 塔与 6 塔运行模式的灵活切换。其产能指标为：其氢气产量达到每小时 $280m^3$，处理气体容量每小时 $340m^3$，提取氢气的纯度高达 99.9%，回收利用率超过 90%。变压吸附提纯氢气的影响因素如下：

（1）原料气组成的影响

变压吸附制氢装置的性能高度依赖于原料气的成分与品质。当原料气中氢气浓度较低或含杂质较多时，吸附剂对杂质的负荷增加，导致分离效率和氢气纯度下降。若原料气温度偏离设计值，也会改变吸附平衡，影响装置的运行稳定性。因此，应在装置运行前对原料气成分进行严格监控，以保证吸附剂的有效利用率。

（2）操作压力的影响

吸附压力是决定 PSA 系统吸附容量与能耗的关键操作参数。压力过高虽可提高杂质吸附量，但会增加能耗；压力过低则降低吸附剂的分离能力。实际运行中应通过自动控制系统在合理压力范围内实现吸附与解吸循环，并保持压力稳定。上游反应单元的压力波动也应加以调节，以防影响 PSA 的吸附平衡。

（3）氢气纯度与工艺控制的影响

PSA 装置的密封性、吸附时间及均压程序对氢气纯度具有显著影响。系统泄漏会造成氢气损失；吸附时间过长或均压设计不当则可能导致杂质返混，降低产品纯度。优化吸附/解吸时间与均压步骤是提高氢气纯度与回收率的重要手段。

随着新型吸附材料（如碳分子筛、金属有机骨架材料）的开发，PSA 制氢技术的吸附性能和回收效率将进一步提高。同时，设备结构正向模块化、小型化方向发展，为制氢装置的集成化与高效运行提供新的技术支撑。

（三）深冷法

深冷法利用在低温条件下，原料气组分的相对挥发度差（沸点差），通过部分气体冷凝来达到分离的目的。氢气的标准沸点为－252.77℃，而氮、氩、甲烷的沸点（－195.62℃、－185.71℃、－161.3℃）与氢的沸点相差较远，因此通过冷凝除去沸点较高的组分，使氢气在气相中被分离出来。此外，氢气的相对挥发度比烃类物质高，因此深冷法也可实现氢气与烃类物质的分离。

深冷法的特点：适用于氢含量很低的原料气，即氢含量为 20%的原料气；得到的氢气纯度高，可以达到 95%以上，且氢回收率高，达 92%～97%；但由于分离过程中压缩和冷却能耗很高，其分离适用于大规模气体分离过程。深冷法可对氨厂驰放气、炼油厂废气中的氢气进行纯化分离。

（四）低温吸附法

在低温条件下（通常是在液氮温度下）利用吸附剂对氢气源中杂质的选择吸附作用可

制取纯度达 6N（纯度为 99.9999%）以上的超高纯氢气。为了实现连续生产，一般使用两台吸附器，其中一台处于使用状态，而另一台处于再生阶段。吸附剂通常选用活性炭、分子筛、硅胶等，这要视气源中的杂质组分和含量而定。以电解氢为原料时，由于电解氢中主要杂质是水、氧和氮，可先采用冷凝干燥除水，再经催化脱氧，然后进入低温吸附系统脱除。例如工业上为将 $50m^3/h$ 的原料氢（氢含量为 99.5%的工业氢）纯化到 6N（氢含量 99.9999%）的超纯氢气，以及确保纯氢压力稳定，整套系统由稳压汇流排、常温吸附净化及超低温吸附净化 3 部分组成。

① 稳压汇流排的作用是将原料氢气降压、稳压。在瓶装供氢系统中，可将 14MPa 左右的原料氢气瓶压力减压稳定在 0.3～0.4MPa 的工作压力下。

② 常温吸附净化系统的作用是将 99.5%的工业氢吸附净化到含氧量为 1×10^{-6}～5×10^{-6}、露点为−70℃左右的纯氢。在常温吸附净化系统中，采用多级吸附装置。先经过一级吸附罐对原料氢中的水、碳氢化合物等进行初级吸附，再经过脱氧罐使氢气中的氧在催化剂的作用下转化生成水，然后经过二级吸附罐对脱氧罐生成的水、原氢中的微量水和微量碳氢化合物等进行吸附，最后阶段进一步脱除微量氧、水和烃类杂质。

③ 超低温吸附净化指在液氮状态下，利用特定吸附剂对水、氧、氮、碳氢化合物等的超强吸附性能，将含氧量为 1×10^{-6}～5×10^{-6}、露点为−70℃左右的纯氢先经过深度脱氧罐，使纯氢中的微量氧在催化剂的作用下转化生成水，再经过超低温吸附净化系统，对纯氢中的超微量水、氧、氮和碳氢化合物等进行超强吸附，最后获得含氢量大于 99.9999%的超纯氢气。其工作原理如图 7-9 所示。

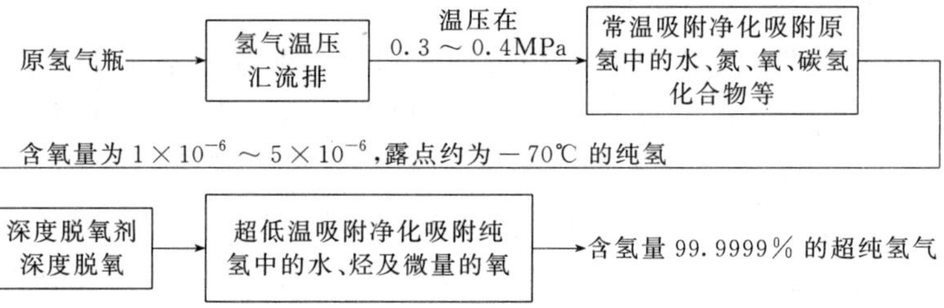

图 7-9　超低温吸附提纯大流量超纯氢气的工作原理

（五）工业化低温分离

低温分离能够在较大氢浓度范围内操作，其含氢量可在 30%～80%，但它局限于气体组成中含有那些在低温下选择性冷凝的气体组分，和低温吸附的最大区别在于本方法是粗放型的，生产量大，但纯度低，成本也低。有研究人员根据乙烯装置深冷分离的需求，提出了混合制冷剂制冷和纯工制冷剂复叠制冷组合的系统，此系统降低了换热过程中不可逆的损失，节省了 14.7%的制冷能耗，提高了经济效益。

第三节　固体氧化物燃料电池

一、固体氧化物燃料电池的工作原理

固体氧化物燃料电池（SOFC）属于第三代燃料电池，其采用固体氧化物膜作为电解

质，工作温度为800～1000℃，可直接采用天然气、煤气和碳氢化合物作为燃料，余热与燃气、蒸汽轮机构成联合循环发电。固体氧化物燃料电池经过外部或内部重整反应和电极内的电化学反应，将燃料的化学能高效率、低污染地转化为电能，被认为在未来会与质子交换膜燃料电池一样广泛应用。

SOFC为薄膜设计，具有“三明治”结构，由多孔阳极层-致密电解质层-多孔阴极层三层沉积后烧结而成（图7-10），空气中的O_2在固体氧化物燃料电池的阴极侧捕获电子变成氧离子（O^{2-}），氧离子通过致密的电解质传导到阳极侧，与燃料发生氧化反应，产物只有H_2O和CO_2。

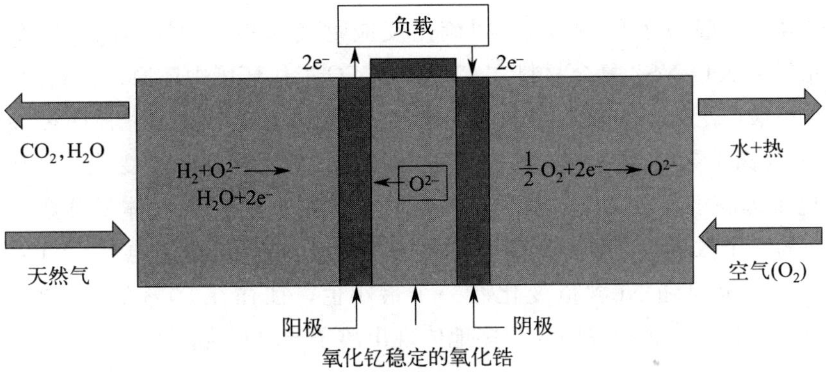

图7-10 SOFC电化学反应原理示意图

不同于普通化学反应，电池中的燃料气和氧化气并不直接接触，而分别发生半电化学反应，二者在空间上互相分隔，通过电极传输电子，通过电解质传输离子。整个工作过程主要有以下步骤：反应物输送到燃料电池、反应物在气道内传输、在电极与电解质交界面上发生电化学反应、离子和电子传导、生成物排出。其电化学反应涉及的氧气存在于电极气孔中，电子通过电子导体相传输，而氧离子通过复合电极内的离子导体相传输。氧离子通过致密电解质传导到阳极侧，与氢气发生反应并对外输出电子电流。

SOFC的结构主要有管式结构和平板式结构两种。管式SOFC结构的优点是不需要进行阳极与阴极密封，然而采用的制作过程与工艺技术相当复杂，制作成本高昂，而且采用圆管设计使得电流通路路线较长，因此电池的欧姆极化较大。平板式SOFC的结构则相对简单，制作成本低，可以将阳极、电解质、阴极堆叠在一起进行烧结，然后用双极板分隔，薄层电极与电解质内的流通路径短且均匀、内电阻低、欧姆极化小，因此可以获得较高的功率密度；而且平板式SOFC的工作温度低，连接板也可以采用相对便宜的合金材料。但平板式SOFC的主要缺点是高温密封困难，导致热循环性能差。因此，高温无机密封材料是平板式SOFC的关键材料之一，用于组装电池时在膜电极组和双极连接板之间的密封。高温无机密封材料必须具备高温下密封性好、稳定性高以及固态电解质和双极连接板材料的热膨胀兼容性好等特点，主要采用的是玻璃和陶瓷的复合密封材料。

二、固体氧化物燃料电池的关键材料

1. 阳极

（1）Ni-YSZ 金属陶瓷

Ni-YSZ 是由金属镍（Ni）与氧化钇稳定的氧化锆（YSZ）构成的金属-陶瓷复合多孔电极。金属镍具有良好的电子传导能力及在化学还原条件下的稳定性，其还可催化内部重整反应直接发生在电极上。金属陶瓷复合材料是通过将具有催化活性的金属分散在电解质材料中得到的，保持了金属阳极的高电子电导率和催化活性。Ni-YSZ 阳极与 YSZ 电解质的热膨胀系数匹配良好，但在长期高温运行中，Ni 颗粒可能发生烧结与团聚，影响阳极稳定性。阳极的孔隙率较高，一般为 20%～40%，以满足反应物气体和产物气体的传质要求。其制备方法如下：先制备 NiO-YSZ 复合材料，然后在 SOFC 工作环境中还原。得到的 Ni-YSZ 金属陶瓷是目前应用最广泛的 SOFC 阳极材料。Ni-YSZ 金属陶瓷电极中存在两种导电机制，即电子导电相 Ni 和离子导电相 YSZ，其整体电导率随 Ni 含量呈 S 形变化，如图 7-11 所示。Ni 的电子导电率远高于 YSZ 的离子导电率，当 Ni 含量超过 30%（体积分数）时，电导率骤增高出以前的 3 个数量级，说明此时起作用的主要是 Ni 中的电子电导。Ni 含量越大，欧姆电阻越小，极化电阻随 Ni 含量变化有一个最小值，往往在 50%左右。当 Ni 含量低于 30%（体积分数）时，金属陶瓷阳极更多地体现出离子导电行为。

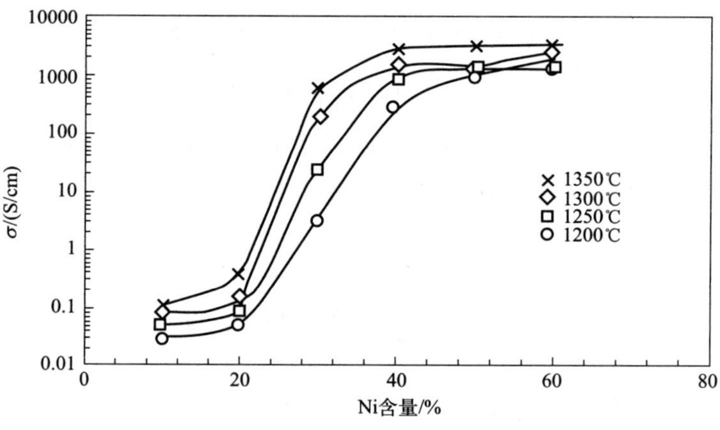

图 7-11　不同的温度时 Ni-YSZ 阳极电导率与 Ni 含量的关系

Ni-YSZ 金属陶瓷阳极的热膨胀系数随组成不同而发生变化。随着 Ni 含量的增加，Ni-YSZ 阳极的热膨胀系数增大。但是当 Ni 含量超过 30%时，Ni-YSZ 金属陶瓷的热膨胀系数将比 YSZ 电解质的高。综合考虑阳极材料的各方面性能，Ni 含量一般取 30%左右。Ni-YSZ 的粒径比会直接影响到阳极的极化和电导率。对于 Ni 含量和孔隙率都固定的阳极，粒径比越大，电导率就越高。粗的 YSZ 颗粒在烧结和还原 NiO 时，更容易收缩，此时产生的应力会造成微裂纹和电池性能的快速衰减。另外，从电催化活性角度考虑，使用粗的 YSZ 颗粒会减小燃料发生氧化反应的三相界面，增加极化电阻。现在，一种新的微观结构被提出，即原始粉料由粗 YSZ、细 YSZ 和 NiO 颗粒构成。这种新型阳极与传统阳极相比，它的优越性主要体现在电池的长期性能上。整个新型阳极由多层具有不同粒径和

Ni 含量的阳极层构成，由里向外，粒径和 Ni 含量逐渐增大，从而使阳极的孔隙率、电导率和热膨胀系数也呈梯度分布。Koide 等的研究表明，采用具有不同 Ni 含量的双层阳极能够有效地降低电池的欧姆和极化电阻。实验结果表明，在 600～800℃之间，其电导率高达 10^3S/cm，适用于中高温（700～1000℃）SOFC 阳极材料。但是，当使用碳氢燃料时，由于炭沉积和硫中毒，Ni 金属陶瓷阳极出现严重的性能退降现象。

（2）Cu 基金属陶瓷

通过改变 Ni 基金属陶瓷的组成和结构可以解决一些积炭、硫中毒问题，但由于 Ni 的固有特性，这些缺点难以克服。解决这些问题的另一个方法是用 Cu 代替阳极中的 Ni。Cu 催化剂对烃类裂解反应几乎没有催化活性，但电子导电率较高，虽略低于 Ni，但足以满足阳极传导要求。用 Cu 基金属陶瓷作 SOFC 的阳极材料可以有效避免使用烃类燃料产生的积炭现象，且比 Ni 基金属阳极更耐硫中毒的产生。Cu-YSZ 阳极在 800℃以下的 SOFC 运行条件下表现出较好的稳定性，几乎无碳沉积。研究发现，Cu、Ni、CeO_2-YSZ 复合阳极对多种碳氢化合物（例如甲烷、乙烷、丁烷、丁烯、甲苯等）的直接电化学催化有良好的催化活性，而且没有积炭现象。有人合成 Cu-CeO_2-YSZ 阳极材料，发现与 Ni-YSZ 相比，其对燃料的适应性更强，还可以得到更加稳定的电池性能。但由于 Cu 氧化物的熔点低（1150°C 以下），不能采用传统的共烧结法制备电池，只能采用费时、能耗高的浸渍法，从而限制了 Cu 金属陶瓷阳极的广泛应用。

（3）CeO_2 基复合材料

寻求提高 Ni 基阳极的抗积炭方法是发展 SOFC 规模化应用的关键。在 Ni 基阳极外表面负载一层对碳氢化合物部分氧化和重整具有高催化活性的催化剂层，被认为是一种可以有效降低阳极积炭的方法，从而提高电池的操作稳定性。Barnett 等最早采用 Ru-CeO_2 催化剂作为阳极催化涂层。该催化层能高效催化碳氢化合物转化为合成气，显著降低镍基阳极直接暴露于碳氢气氛下的积炭风险。同时，Ni-DCO 阳极在中低温工况下展现出优异的综合性能，对碳氢燃料具有更强的催化活性与运行稳定性。CeO_2 具有萤石型结构和高熔点，在高温下易烧结致密化。掺杂和不掺杂的 CeO_2 基材料在低氧分压下都能够表现出混合导体的性能，是很有潜力的 SOFC 阳极材料。氧化铈的电导率也随着掺杂元素的离子大小、价态和掺杂量的变化而变化。在所有三价掺杂元素中，Gd^{3+}、Sm^{3+}、Y^{3+} 的半径与 Ce^{4+} 最接近，因而这三种元素掺杂的氧化铈的阳空位缔合能最低。纯 CeO_2 的电导率并不高，但掺杂碱金属氧化物（如 CaO）或稀土氧化物（如 Y_2O_3、Sm_2O_3、Gd_2O_3）后，其氧离子电导率会大大提高。为了降低采用阳极支撑结构的 SOFC 的成本，研究了钙掺杂的氧化铈（CDC）。结果表明，掺杂 20%钙的材料的电导率最高，850℃时在氢气气氛下的电导率可以达到 1.1S/cm，远大于在空气气氛下的电导率；同样，研究了钆掺杂的氧化铈，在 850℃氢气气氛下，摩尔分数为 20%的 Ca 掺杂样品显示最高电导率，可达约 1S/cm 量级。

（4）钙钛矿型阳极

ABO_3 钙钛矿型氧化物具有特有的几何对称性、混合离子-电子导电性、抗积炭与耐硫性、低的极化阻抗、对燃料的氧化反应有一定的催化作用等特点，因此其具备了作为

SOFC 阳极材料的条件。其中最常用的钙钛矿是 $LaCrO_3$ 和 $SrTiO_3$ 系列。$LaCrO_3$ 基钙钛矿因在氧化和还原条件下均具有良好的稳定性而常被作为 SOFC 的阳极材料。但是，作为 SOFC 的阳极材料，钙钛矿也存在一定的缺点，如钙钛矿材料电子电导率较低，使得欧姆极化严重。另外，钙钛矿对碳氢燃料的催化活性不高，限制了其在直接碳氢燃料 SOFC 中的应用。

2. 双极连接材料

双极连接板在 SOFC 中起到连接阴、阳电极的作用，特别是在平板式 SOFC 中同时起分隔燃料和氧化剂及构成流场与导电作用。双极连接板在高温和氧化、还原气氛下必须具备良好的化学稳定性、电导率和接近 YSZ 的热膨胀系数，目前 $La_{1-x}CaCrO_3$（简称 LCC）和 Cr-Ni 合金材料能满足平板式 SOFC 连接材料的要求。

3. 阴极

为保证氧气还原反应的进行速度并提高电化学反应效率，阴极材料应具有较高的催化活性和优良的气体传质性能。阴极是具有微孔结构的电子导电氧化物或者是电子和离子混合导电的陶瓷材料。贵金属是 SOFC 阴极中最受青睐的材料，然而成本较高。目前应用最广的新型阴极材料为具有 P 型导电特性的锶掺杂钙钛矿型锰酸盐（$La_{1-x}Sr_xMnO_3$，LSM）。在 SOFC 中 P 型钙钛矿结构具有良好的工作性能，这是由于它同时具有对离子和电子的传导能力，而这对低温 SOFC 是很关键的。因为当 SOFC 温度下降时，阴极极化作用明显增强，在 650℃左右时，使用这种混合传导氧化物的优势就很明显了。

4. 电解质材料

对 SOFC 而言，电解质位于电池的中心，连接着阴极和阳极，其主要作用是传导 O^{2-} 或 H^+。因此，电解质材料应具有优异的氧离子传导性，且能长时间保持，还能够在高温的氧化性气氛和还原性气氛下具有足够的化学稳定性和热稳定性。此外，电解质必须为易于隔离燃料和氧化剂的致密的薄膜。下面将介绍三种常用的电解质材料。

（1）萤石型结构

机械性能好、相容性高、导电性低的氧化钇稳定二氧化锆（YSZ）被用作第一种萤石型电解质材料，且使用广泛。但其在中温条件下或者在低温条件下电导率低，且成本高昂。第二种萤石型电解质材料掺杂有 CeO_2，可用作 SOFC 的电解质材料。掺有 Sm_2O_3 或 Gd_2O_3（SDC 和 GDC）的 CeO_2，比掺有其他氧化物的 CeO_2 具有更高的氧离子传导性和更好的稳定性，因此已被广泛使用。在还原气氛中，Ce^{4+} 容易被还原为 Ce^{3+}，导致电子导电成分增加，从而降低了电池的开路电压和效率。第三类萤石型电解质材料掺有 Bi_2O_3，在萤石型电解质材料中电导率最高，但在电池应用中最不稳定。

（2）钙钛矿结构

钙钛矿氧化物化学式可用 ABO_3 表示，具有特有的几何对称性、混合离子-电子导电性、抗积炭与耐硫性、低的极化阻抗、对燃料的氧化反应有一定的催化作用等特点。A 位和 B 位都可以引入价态低的阳离子进行掺杂，在 A 位主要用钡、锶、钙等碱土金属的氧化物进行掺杂，B 位主要用过渡金属铁、镁、铬等或碱土金属和其他氧化物进行掺杂。当前，由于在低温和中等温度下具有很高的氧离子电导率，在 A 位和 B 位掺杂有 Sr 和 Mg 的 $LaGaO_3$

（LSCM）的电解质材料常被用于中低温固体氧化物燃料电池。在中低温范围内，LSGM 作为电解质的电导率比 YSZ 高，与 YSZ 和 DCO 材料相比，LSGM 作为电解质很难薄膜化。由于这些缺点，在中低温范围内，LSGM 电解质还需要进一步研究发展。

（3）磷灰石类

由于萤石型结构和钙钛矿电解质在应用上存在很多问题，所以需要研究新型更适应于 SOFC 的电解质材料。相比于之前介绍的两类电解质材料，磷灰石类氧化物的电导率和机理与它们明显不同，它是一种低对称性、高电导率的材料。磷灰石类氧化物在低温和中温区域具有较高的离子电导率，但如果它们能够广泛用于低温和中温 SOFC，则需要进一步提高化学稳定性和与电极材料的相容性。另外，磷灰石类氧化物也有缺点，如致密的电解质层因为其烧结温度高而很难制备，所以应用受限。

三、固体氧化物燃料电池的优缺点

1. 优点

① 与其他类型的燃料电池相比，SOFC 的电流密度和功率密度相对较高。

② SOFC 工作时不经过中间过程，因此避免了能量损失，使得能量转化率较高。

③ SOFC 系统的电效率通常可达 50％～60％，若与燃气轮机联合循环，可实现 70％以上的综合能量利用效率。

④ 在高温条件下，电解质的欧姆电阻较小，电池性能主要受阴极极化限制。

⑤ SOFC 的主要排放物为水和二氧化碳，不产生氮氧化物或硫氧化物等污染物，具有较好的环境友好性和低噪声运行特性。

⑥ 高品质余热利用：燃料电池将燃料转为电能的同时会释放一部分热能，热电联供能量利用率可达 80％以上，余热利用经济性高。

⑦ 电池寿命长：SOFC 是全固态结构，使得 SOFC 电堆模块化，无电解质的蒸发和泄漏问题，无须考虑液体电解质造成的腐蚀和损失，使用寿命长。

⑧ 随着材料与制造技术进步，SOFC 系统的成本已大幅下降，正逐步接近传统火力发电的成本水平。

⑨ 燃料供应灵活：SOFC 可以使用各种碳氢燃料（H_2、CH_4、CO、汽油、天然气等），且电池的阴、阳极结构为氧化物陶瓷，不采用贵金属作催化剂，降低了贵金属带来的高成本并确保了稳定性。

2. 缺点

① 开机时间长：因为高温运行，SOFC 需要加热至 600～1000℃才能使用，因此启动速度较慢。大型 SOFC 机组启动需数小时之久。

② 产业链长，工程技术难度也大。

四、固体氧化物燃料电池的应用和发展趋势

固体氧化物燃料电池具有燃料选择性广、污染小、全固态、能量转化率高等特点，可以应用在大中型发电站和小型热电联产系统，也可以作为汽车、船舶等的电源。

美国、日本、欧洲已初步实现了基于 SOFC 的大中型发电系统和小型热电联产系统的商业化。全球仅少数公司掌握长寿命、高可靠性电堆的设计和生产技术，最具有代表性的包括美国 Bloom Energy 公司的 SOFC 分布式发电系统、英国 Ceres Power 的金属支撑 SOFC 系统，以及日本京瓷、大阪燃气和东京燃气的小型家用 SOFC 热电联产系统等。Bloom Energy (BE) 的 SOFC 分布式发电系统产品已在多家国际大型数据中心及商业场所中应用。我国对 SOFC 进行研究的单位包括三环集团公司、中国广核集团有限公司、中国海洋石油集团有限公司、西安交通大学、国家能源集团北京低碳清洁能源研究院、潍柴动力股份有限公司等，且不断有企业加入研发，但相比质子交换膜燃料电池的研究尚存在显著差距。我国质子交换膜燃料电池（PEFC）在材料、电池、电堆、系统、集成制造、应用等方面已经形成市场化分工协作，大量企业加入竞争，形成了细分的市场供应上下游生态，而 SOFC 技术门槛比 PEFC 更高，目前上下游供应企业还较少，且大多处于研发、做示范工程的阶段，缺少专业厂家供应相关核心零部件，尚未形成产业链企业的配套和协同。当前我国已建成功率约为 35kW 的 SOFC 发电系统，基本掌握了电极、电解质等关键材料的制备技术，以及大面积单电池量产技术，但在电池结构设计、单电池组装、电池密封和连接、输出功率、发电效率、生产成本、衰减率和使用寿命等方面与国际领先水平还有很大差距。

第四节　质子交换膜燃料电池

质子交换膜燃料电池（PEMFC）是一种应用前景广阔的新能源发电装置，广泛应用于移动电源、家用电源、电动汽车等领域，成为世界各国燃料电池研究的热点。PEMFC 以氢能为主要能源，具有能量转换效率高、对环境友好、工作温度低等优点，但质子交换膜燃料电池技术在成本和性能指标方面还面临着严峻的挑战。

一、质子交换膜燃料电池的结构及工作原理

PEMFC 单元如图 7-12 所示，包括质子交换膜（PEM）、催化剂层、气体扩散层（GDL）、双极板、端板等部件。膜电极（MEA）由 PEM、催化剂层和气体扩散层组成，是保证电化学反应能高效进行的核心，是直接影响电池性能的核心部件，对提高电池比功率与比能量至关重要。PEM 是传导氢质子的介质，通常为全氟矿酸型固体聚合物，是氢燃料电池的最关键部件，其性能直接影响整个电堆的性能。催化剂层的催化剂为 Pt/C 或 Pt-Ru/C，是发生电化学反应的场所，用来加速电化学反应。扩散层是支撑催化剂层并为电化学反应提供电子通道、气体通道和排水通道的隔层。双极板，又叫流场板，是带有气体流动通道的石墨或表面改性金属板，主要起输送和分配氢或净化重整气燃料及空气和纯氧氧化剂、在电堆中隔离阳极与阴极气体及收集电流的作用，它支撑膜电极，且承担整个燃料电池的散热和排水功能。

电极反应如下：

阳极：

$$H_2 \longrightarrow 2H^+ + 2e^- \tag{7-60}$$

阴极：

$$\frac{1}{2}O_2 + 2H^+ + 2e^- \longrightarrow H_2O \quad (7\text{-}61)$$

总反应：

$$H_2 + \frac{1}{2}O_2 = H_2O \quad (7\text{-}62)$$

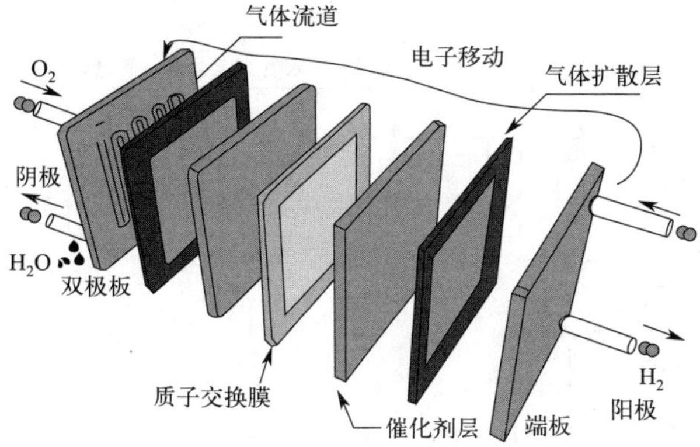

图 7-12　PEMFC 单元构造

阳极为氢电极（负极），阴极为氧电极（正极），H_2 通过扩散到达阳极，在催化剂作用下生成 H^+ 和 e^-，H^+ 直接穿过质子膜到达阴极，而电子由阳极通过外电路形成电流，带动负载做功后也到达阴极，与阴极的 O_2 发生还原反应生成水并排出，放出热量。只要阳极不断输入氢气，阴极不断输入氧气，电化学反应就会连续不断地进行下去，从而持续形成电流带动负载工作。阳极和阴极上都需要含有一定量的催化剂 Pt，用来加速电极上发生的电化学反应。反应机理见图 7-13。

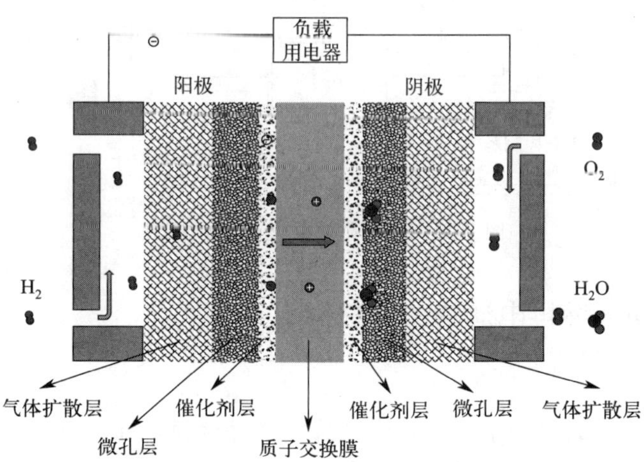

图 7-13　PEMFC 反应机理

当然，单体电池的发电量是有限制的。当电子由阳极通过外电路流向阴极时，产生了直流电。以阳极为参考时，阴极电位为 1.23V，即每一单体电池的发电电压理论上限为 1.23V。接有负载时，输出电压取决于输出电流密度，通常在 0.50～1.00V 之间。为了满足一定的输出功率和输出电压的需求，通常将多个单体电池按照一定的方式组合在一起构成燃料电池堆，并配置相应的辅助系统，在电控单元的控制下，实现燃料电池的正常运行，共同构成燃料电池系统。用作车辆动力源的燃料电池系统称为燃料电池发动机。燃料电池发动机主要分为燃料电池电堆、氢气供应、空气供应、水管理、热管理以及驱动控制6个子系统，其组成结构如图7-14、图7-15所示。

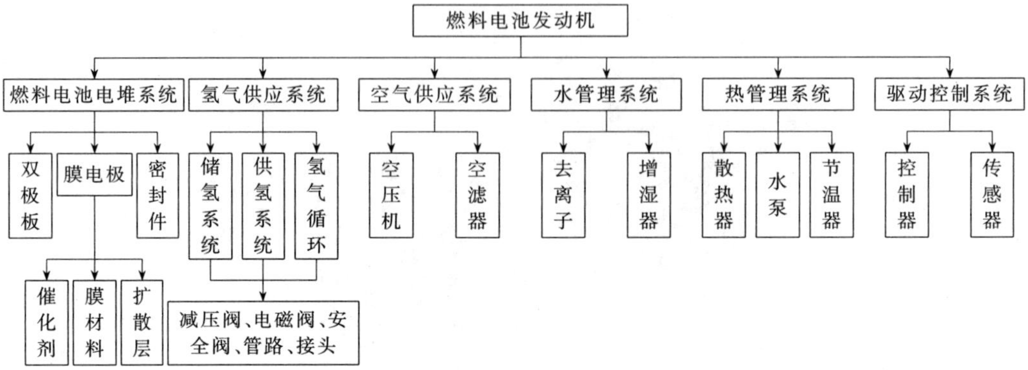

图7-14　燃料电池发动机系统结构树

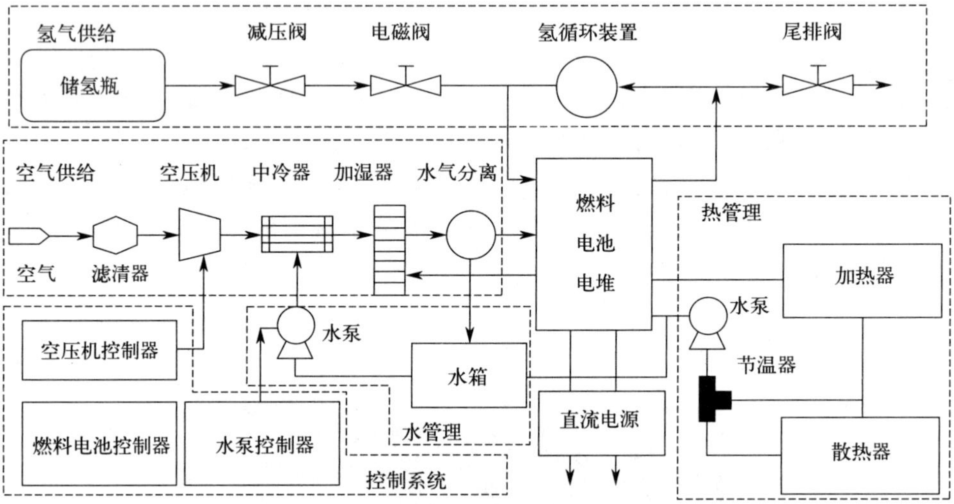

图7-15　燃料电池发动机结构原理

二、质子交换膜燃料电池的关键材料

1. 质子交换膜

质子交换膜是电池的核心组成，是一种选择透过性膜，除具有质子交换功能外，它还是电解质和电催化剂的基底，同时起到隔离燃料气和氧化剂的作用。它也直接影响电池的性能与寿命。因此，用于PEMFC的质子交换膜必须满足以下条件：

① 具有良好的质子电导率：质子膜主要承担质子传导的作用，良好的质子电导率有利于减少欧姆极化的影响，提高电池性能。

② 为了满足使用需求，通常膜电导率应达到0.1S/cm的数量级（在80℃，充分加湿条件下）。

③ 膜具有良好的化学和电化学稳定性，不会在 PEMFC 运行过程中发生降解而使电池性能大幅度下降。

④ 膜应具备电子绝缘性，使得电子无法通过质子膜传导而只能由外电路导出。

⑤ 膜在干态或湿态下均应有低的气体渗透系数，以保证电池具有高的法拉第效率。

⑥ 具有一定的机械强度，适于承受膜电极组件的制备和电池运行过程中的气体背压等。

质子交换膜通常有以下几种。

(1) 全氟磺酸质子交换膜

最早在 PEMFC 中使用的质子交换膜是聚苯乙烯磺酸膜，但是这种膜有一致命缺陷，即其在实际使用中因电池发生降解而导致性能急剧下降，从而未能继续投入使用。之后，在 20 世纪 60 年代，美国杜邦公司开发了一种全氟磺酸质子交换膜（Nafion 膜），此膜同时具有优良的稳定性和高的质子传导能力，这使得该产品享誉全球，至今仍然被广泛使用。全氟型磺酸膜由碳氟主链和带有磺酸基团的醚支链构成，至今最成功的商业化全氟型磺酸膜仍是杜邦公司的 Nafion 膜。全氟磺酸膜由结构稳定强韧的疏水性氟碳主链形成疏水相，由部分氟碳链与醚支链构成中间相。当质子在膜内传导时，磺酸基团解离出的 H^+ 能与水形成水合质子，水合质子能够迅速进行传递。当 H^+ 离开后，磺酸根会吸引附近的 H^+ 填补空位，继续形成水合质子传递。电位差所造成的离子迁移力促使膜内的 H^+ 只能从阳极向阴极移动。这个机制使得全氟磺酸膜具有良好的质子电导率，但其传导质子必须有水的存在。根据实验证实，相对湿度小于 35%时，膜电导率显著下降。当相对湿度低于 15%时，Nafion 膜几乎成为质子绝缘体。因此为了提高 Nafion 膜的质子电导率，除了可以在其中添加具有质子传导能力的无机酸或盐，如杂多酸、磷酸氢锆、硫酸氢铯等，还可以添加具有吸湿性能的氧化物如 SiO_2 等。除了杜邦公司的 Nafion 膜之外，美国 Dow Chemical 公司的 Dow 膜、日本 Asahi Chemical 公司的 Aciplex-S 膜及 Asahi Glass 公司的 Flemion 膜等，都是以全氟磺酸为主要材料的，它们在结构上与杜邦公司的 Nafion 膜相似。Nafion 膜有很多优点，如化学稳定性好、机械强度高、在高湿度下电导率高、在低温下电流密度大、质子传导电阻小等。但其也有一些缺点，如中高温时的质子传导性能差、对温度和含水量要求高、用于直接甲醇燃料电池时甲醇渗透率过高、全氟聚合物的合成和磺化都非常困难、成膜困难、价格昂贵。

(2) 部分氟化质子交换膜

全氟磺酸质子交换膜价格高昂，是燃料电池广泛应用的障碍之一。为了降低质子交换膜的价格，改变全氟聚合物难合成的现状，研究人员开始对部分氟化及无氟质子交换膜进行研究。部分氟化质子交换膜使用部分取代的氟化物代替全氟磺酸树脂，或者将氟化物与无机物或其他非氟化物进行共混制膜。无氟质子交换膜实质上是碳氢聚合物膜，作为燃料电池隔膜材料，其价格便宜、加工容易、化学稳定性好且具有高吸水率。也有研究指出，磺化聚砜、聚醚砜、聚醚醚酮能用于制作质子交换膜，研究的难点在于如何达到质子传导性与机械强度的平衡以及延长使用寿命。

(3) 复合质子交换膜

由于全氟磺酸膜制备中的氟化过程的危险性以及复杂程度，其成本较高。全氟磺酸质子交换膜在价格、机械强度以及燃料渗透等性能方面的问题，阻碍着质子交换膜燃料电池的商业化进程。研究人员尝试研制非氟或者部分氟化质子交换膜，尽管在某些方面的性能得到显著改善，但其综合性能很难超越全氟磺酸质子交换膜。随着研究的深入，针对全氟磺酸膜存在的缺陷与问题，许多研究者提出通过复合方法制备复合型质子交换膜以改善其性能。目前，制备复合型质子交换膜的方法主要有：用基膜为骨架，以树脂填充或辅以无机纳米材料、杂多酸、有机材料掺杂制备复合膜。这些方法可改善膜的机械强度，调整膜含水量与溶胀率，降低渗透性，提高电池效率，增强膜的性能，同时可以节省材料，降低成本，提高膜的机械强度和尺寸稳定性。复合质子交换膜包括基膜增强拉伸多孔 PTFE 复合增强膜、无机材料增强型质子交换膜、烃类质子交换膜。但这些都存在不同类型的问题，并不能完全替代全氟质子交换膜。

2. 电极内部的反应与传递过程

在燃料电池内部存在电化学反应及传递过程。传递过程包括热量传递、多种物质和电荷的传输、多相流动等，主要过程如下：

① 气体流过流场的通道，在气体扩散层中可产生扩散或对流。

② 气体流过流场的通道，气体在气体扩散层（GDL）中发生扩散和一定程度的对流，以实现反应气体的有效输运。

③ 在三相界面处发生电化学反应。

④ 质子在电场作用下通过质子交换膜迁移至阴极。

⑤ 电子经由催化剂载体、集流体和双极板构成的外电路传导至阴极。

⑥ 水分子通过质子交换膜发生迁移，包括电渗拖曳与反向扩散两种机制。

⑦ 通过多孔催化剂层和气体扩散层实现水传输（水蒸气和液态水）。

⑧ 部分未反应的含水气体在通道中形成气-液两相流动，影响传质与水管理。

⑨ 传热，包括通过电池固体元件的传导以及反应气体和冷却介质的热传递。

3. 气体扩散层

气体扩散层（GDL）是燃料电池系统的重要组成部分，其成本占整个燃料电池系统的 20%～25%。燃料电池的大规模商业化应用需要进一步降低成本，气体扩散层是相对容易降低成本的。据产业预测，当燃料电池汽车产量超过 1 万辆时，碳纸成本有望下降 50%以上；当产量超过 10 万辆时，成本有望降至当前的 10%以下。所以，完善气体扩散层制备工艺，提升气体扩散层整体性能，实现气体扩散层的规模化、国产化制造，对我国燃料电池产业的发展具有不容小觑的推动作用。

气体扩散层位于流场和催化剂层之间，主要作用是为参与反应的气体和生成的水提供传输通道，并支撑催化剂。因此，扩散层基底材料的性能将直接影响燃料电池的性能。高性能的 GDL 必须具备良好的机械强度、合适的孔结构、良好的导电性、高的稳定性。通常气体扩散层由多孔碳纤维基底和微孔层组成。其中，多孔碳纤维基底大多是憎水处理过的多孔碳纸或碳布，厚度为 200～400μm。微孔层也叫水管理层（约 100μm），通常由导电炭黑和憎水剂构成，作用是降低催化剂层和支撑层之间的接触电阻，使反应气体和产物水在流场和催化剂层之间实现均匀再分配，有利于增强导电性，提高电极性能。另外，GDL 起到在电极上分布反应气体并在电极和双极板之间传导电子和热量的作用。更重要的是，GDL在燃料电池水管理中起着举足轻重的作用。由于膜电极中的质子交换膜需要在湿润的条件下传导质子，而过多的水分又会引起电极的水淹现象，因此气体扩散层需要平衡电极表面存在的适量水分。

选择性能优良的气体扩散层基材能直接改善燃料电池的工作性能。性能优异的气体扩散层基材应满足以下要求：

① 具有较高孔隙率，实现反应气体的分布。作为扩散层的多孔材料，基材需要具有较高的孔隙率（通常为60%～80%），以使反应气体从流场/双极板流道通过GDL的孔道，分散到催化剂层，便于进行电化学反应。

② 可排出生成水，特别是对于质子交换膜燃料电池。其在阴极产生水，需要在气体传输的同时进行排水，其孔结构应同时具备宏观疏水通道与微观亲水孔道，以兼顾气体扩散与产物水排出，即扩散层材料需要具备一定的疏水性。

③ 对催化剂层进行机械支撑。为防止催化剂层脱落，基材需要具有一定的刚度。同时其需要与催化层紧密接触，使接触电阻尽可能小，因而也需要具有一定的柔性，以适应组装电池时的形变。

④ 具有良好的导电能力。在燃料电池中，无论是阴极侧还是阳极侧，都需要进行电子的传输，从而形成电的回路，尽可能降低欧姆损耗。因此，要求扩散层材料是电子的良导体。

⑤ 具有导热作用。由于燃料电池的电化学反应的效率小于100%，产生的废热需要排出，因而要求扩散层具有良好的导热特性，在贯穿平面和体相等多维度均为良好的导热体。

⑥ 具有适应质子交换膜燃料电池工作环境的抗腐蚀性。由于PEMFC是在强酸性、高电位和氧化环境下运行，因此要求扩散层材料具有抗腐蚀特性。

碳材料的孔隙度较高、孔径可调，常常被用作制备气体扩散层，主要有碳纸、碳布、无纺布和炭黑纸。此外，也有利用泡沫金属、金属网等来制备。目前，市场上商业化的碳纸或碳布可作为气体扩散层的基材，国外商业化产品供应商包括日本Toray、德国SGL与Freudenberg、加拿大Ballard等。目前国内仍处于中试及工程化验证阶段，研发单位主要有中南大学与江苏天鸟高新技术股份有限公司等。

4. 催化剂层

燃料电池膜电极上发生的电化学反应，在电解质、反应气（氧气/空气与氢气）和催化剂形成的三相界面上进行，是一个多相反应。由于PEMFC采用固体电解质，其磺酸根固定在质子交换膜的树脂上，不会浸入电极内，这样反应三相界面仅局限于反应层与质子交换膜接触的那一部分。只有催化层与质子交换膜的表面才能有效发生质子传导。因此，为确保反应在电极催化层内进行，需要在电极催化层内建立离子通道。PTFE等憎水剂具有憎水性，可以在催化层中起到防止水淹和提供气体通道的作用；而Nafion等质子导体可以为电催化反应过程提供质子通道。美国Los Alamos实验室的Raistrick首先提出扩展电极三相反应区的技术。其将含全氟磺酸电解质的异丙醇溶液浸渍由PTFE黏结催化剂颗粒的电极，从而形成更大的三相界面，扩大了反应区域。在电极催化层立体化过程中，Nafion树脂由于含亲水基团，对Pt/C催化剂具有良好的浸润性，能够与催化剂结合构成亲水的网络和质子传导的通道，增加了催化剂和离子交换树脂间的接触面积，催化剂利用率得到一定程度的提高。

目前已经实现工业化应用的膜电极有两类：气体扩散电极（gas diffusion electrode，GDE，业内常称作厚层憎水催化层电极）以及催化剂覆膜催化层电极（catalyst-coated membrane，CCM）。其中，GDE 型膜电极是将催化剂直接涂覆在气体扩散层表面的，而 CCM 是直接将催化剂涂覆在质子交换膜上的。有序结构的膜电极则是将催化剂定位于有序的载体或树脂结构上，目前仍处于实验室研发阶段。

5. 催化剂材料

PEMFC 通常采用氢气和氧气或空气作为反应气体，其阳极反应为氢的氧化反应，阴极反应为氧的还原反应。为了加快电化学反应的速度，气体扩散电极上都含有一定量的催化剂。电催化剂包括阴极催化剂和阳极催化剂两类。早期 PEMFC 的催化剂采用镍、钯等金属，目前大多采用铂作为电催化剂。为提高铂的利用率并降低成本，通常将 Pt 以纳米颗粒形式均匀分散于导电碳载体表面。目前商用催化剂普遍采用乙炔黑（acetylene black）作为载体。

（1）Pt-M 催化剂

碳材料作为催化剂载体是 PEMFC 中的关键材料。碳材料具有价格低廉、孔结构丰富、比表面积大、电导率和表面性质可调等特性，是作为催化剂载体的理想材料之一。但是商用的碳黑抗电化学腐蚀性差，对 Pt 的利用效率低，影响催化剂的活性和稳定性。因此，需要研究开发能够均匀负载 Pt、高效利用 Pt、抗电化学腐蚀性强且导电性好的碳载体，进而实现 PEMFC 的大规模应用。研究表明，介孔碳、碳纳米管、石墨烯、活性炭、碳气凝胶和杂原子掺杂碳材料等新型碳载体具有独特的结构和优异的性质，可以提高 PEMFC 性能和寿命。

（2）掺杂型无金属碳基催化剂

近十几年来，掺杂型无金属碳基催化剂也得到了广泛研究，其具有比表面积大、导电性好、制备简便、成本低廉等优点，被认为是替代质子交换膜燃料电池（PEMFC）中贵金属 Pt 催化剂的潜在候选。Lv 等所合成的吡啶氮掺杂氢取代石墨烯在碱性介质中具有优于商用铂基催化剂的 ORR 电催化性能，在酸性介质中同样具有相似的活性。Cazetta 等人制备了富含吡啶氮、石墨化氮及噻吩硫结构的多孔碳材料，用作 ORR 的催化剂，并且展示出较好的活性和稳定性。目前国内外实验室已研究出多种杂原子掺杂的碳材料作为无金属催化剂应用于 ORR，部分催化剂表现出优异的电化学性能，为降低 PEMFC 催化剂成本提供了一条可行之路。

（3）单原子催化剂

单原子催化剂电子结构调控较方便、表面自由能大，因此即便采用非贵金属往往也能获得较好的催化活性。单原子催化剂上金属以原子形式存在，粒径大小达到最小极限，原子利用率接近 100%。这种结构一方面可引发明显的表面效应和量子尺寸效应，另一方面可将催化剂中金属的用量降至极低值。但是，目前单原子催化剂还存在热力学不稳定、易发生金属团聚、单原子负载量低、制备条件苛刻等问题，因此大多还停留在实验室测试层面，在膜电极层面上实际应用很少，基于目前的技术，还较难使用单原子催化剂制备出同时满足性能和耐久性要求的膜电极。

（4）非贵金属催化剂

非贵金属催化剂的研究历史更长，近年来其氧还原催化活性也取得了大幅提升，已初步形成了过渡金属氧化物、硫化物和过渡金属负载的氮掺杂碳材料等几种技术路线。过渡金属氧化物（尤其是锰、钴氧化物）被报道在碱性环境下具有良好的ORR催化活性，但由于其导电性较差，在实际燃料电池中的应用表现一般；钙钛矿被发现具有ORR催化活性后，受到了广泛关注。近年来，过渡金属硫化物（M-X，其中M=Co、Ru、Re或Rh；X=S、Se或Te）被作为氧化还原催化剂研究，其一般在酸性条件下具有较高的氧化还原催化活性；金属负载的氮掺杂催化剂的研究始于金属N_4大环类化合物。目前，Fe-N-C催化剂是研究最广泛、最成熟的非贵金属氧化还原催化剂，在实际燃料电池测试中与商业Pt/C催化剂性能最为接近，有可能最早实现对商业Pt/C催化剂的替代。

尽管非贵金属催化剂取得显著进展，当前PEMFC仍依赖高载量Pt催化剂以维持性能。以燃料电池汽车为例，据行业估算，其Pt用量约为每辆车50g(乘用车）至100g(客车)。

对于酸性条件的PEMFC，其阳极的氢氧化反应（HOR）的过电势很小，能在极低的铂载量（$0.05mg/cm^2$）下工作而不造成明显的能量损失。而阴极的氧化还原反应（ORR）交换电流密度低，是燃料电池总反应的控制步骤。阴极ORR的反应过程复杂，中间产物多，且反应速率远低于阳极燃料氧化反应。阴极复杂的ORR过程造成了低温燃料电池电流效率的严重损失，由此造成的电池效率下降占电池总损失效率的比例高达80%。因此，研究具有高活性、高稳定性的ORR电催化剂，对推进燃料电池的大规模商业化进程具有非常重要的意义。

6. 双极板

双极板是质子交换膜燃料电池电堆的关键结构和功能部件之一，可通过串联结构实现相邻单电池的导电连接，并让燃料、氧化剂、冷却剂以及反应产物在特定的流场内进行分配和传输。双极板主要具有以下几项关键作用：隔绝氧化剂及气体燃料，避免氧化剂与气体燃料发生渗透；在氧化剂与燃料进入电池后起着输送作用，确保反应气体均匀进入电极反应区；可以及时排出反应产物以及热量；在各个电池单元之间传导电流；对整个电池组件起着支撑作用，实现电堆的机械支撑与密封固定；可以在酸性条件下长时间工作，并保护其他组件。

因此双极板需要具备以下特点：

① 良好的导电性：双极板是两节相邻单电池的连接部件，起着连接电池组成完整电堆的作用。

② 适宜的亲、憎水特性：双极板与密封件等部件构成反应气传输的孔道，为保证将反应气均匀导入各个单池，并由流场均匀分配到电极的各处，双极板需有适宜的亲、憎水特性。

③ 良好的阻气性：双极板起到分隔氧气、氢气的作用。

④ 抗腐蚀性：由于现阶段质子交换膜多为全氟磺酸膜，必须在PEMFC运行条件下（氧化、还原气氛下）稳定运行几千至几万小时，以满足燃料电堆的寿命要求。

⑤ 燃料和氧化剂的电化学反应是放热反应，双极板材料需要具有良好的导热性，以便实现电堆的热管理。

⑥ 由于燃料电池多采用压滤机式结构组装，电堆核心材料需要承受一定的压紧力，因此双极板需要具有一定的强度。

⑦ 材料应具备良好的加工性与成本优势，以满足规模化生产需求。

美国能源部（United States Department of Energy，DOE）于 2017 年和 2020 年对用于双极板材料的性能提出了要求，如表 7-13 所示。目前较常用的双极板有石墨双极板、复合材料双极板、金属双极板。

表 7-13 美国能源部发布的双极板材料各项性能要求

性能	2017 年	2020 年
质量/(kg/kW)	<0.4	0.4
氢气渗透率/[$cm^3/(cm^2 \cdot s)$]	$<1.3\times10^{-14}$	$<1.3\times10^{-14}$
成本/(美元/kW)	3	3
阴极腐蚀电极密度/($\mu A/cm^2$)	<1	<1
阳极腐蚀电极密度/($\mu A/cm^2$)	<1	<1
电导率/(S/cm^2)	>100	>100
表面接触电阻/(Ω/cm^2)	0.02	0.01
抗弯强度/MPa	>25	>25

（1）石墨双极板

双极板的材料最早选择密度低，且具有极高的耐腐蚀性和导电性的石墨材料，以使燃料电池正常工作。纯石墨板是由碳粉或石墨粉与沥青或可石墨化的树脂制备而成的。根据制备方式的不同可将石墨板分为 2 大类：无孔石墨板和柔性石墨板。无孔石墨板是将碳粉置于高温下发生石墨化制成的双极板。石墨化的过程严格，有着规范化的升温工序，最高温度要达到 2500℃，制备时间长，并且难以在表面加工复杂的流场结构，因此无孔石墨板在设计灵活性方面存在一定限制。柔性石墨板的制备则要简便许多，可膨胀石墨在不同的压力下即可压制成密度与机械性能各不相同的柔性石墨板。这样制成的石墨板不仅具有良好的耐腐蚀性与导电性，并且结构更加稳定，易于后续的流场结构加工。但是石墨的脆性大，硬度低，难以进行机械加工，无法满足支撑电堆的要求，使得燃料电池寿命变短。石墨双极板制作过程中还需要进行多次浸渍处理来减少气体透过率，其生产周期长，大大增加了生产成本。另外石墨的表面结构疏松多孔，无法隔离气体，使 H_2 和 O_2 相互渗透。为了解决这些问题，只能提高石墨双极板的厚度，这导致最终的电池体积太大，无法应用于家用车辆。

（2）复合材料双极板

为解决纯石墨双极板的缺陷，研究人员研发了复合材料双极板。复合材料双极板是指以高分子树脂等为基质，添加石墨等导电填料，通过注塑等方式制成的双极板。导电填料起着连接与传导的作用，占整个双极板体积分数的 50%以上，要求材料具有良好的导电性、导热性、耐腐蚀性以及较低的密度和成本等。常用作导电填料的材料有石墨、碳纤维、石墨箔、炭黑和巴基纸等。高分子树脂主要有热固性树脂和热塑性树脂 2 大类，热固性树脂在目前复合材料双极板的制备中使用较多，这是由于相较于热塑性树脂，热固性树脂的硬度更高，在燃料电池的工作温度下稳定性好、黏度低。常见的热固性树脂有环氧树脂、乙烯基酯树脂和酚醛树脂。热塑性树脂的最高使用温度与其玻璃化转变温度（T_g）有关。聚丙烯是一种常用的制作双极板的热塑性树脂，具有优秀的耐腐蚀性和抗冲击性，但其玻璃化转变温度 T_g 较低，不能应用于高温燃料电池。

复合材料双极板具备石墨双极板的优点，添加高分子树脂之后，提升了双极板的强度，易于加工，降低气体透过率。但是高分子树脂的添加会导致加工工艺复杂，加工成本提高；石墨与树脂材料之间存在的加工间隙，会出现 H_2 与 O_2 的气体交叉渗透；并且聚合物的电阻较大，将导致双极板接触电阻升高。

（3）金属双极板

当今使用最为广泛的双极板是金属双极板，金属双极板具有成本低、机械性能好、易于加工、导电性和导热性好、气体透过率低等优点。常用于制作双极板的金属材料有不锈钢、镍基合金、钛合金和铝合金等。不锈钢的成本较低，具有良好的机械性能，是应用最早也是应用最广的金属双极板材料。表 7-14 是常用的不锈钢材料 SS304、SS316 和 SS446 的主要性能对比。

表 7-14　SS304、SS316 和 SS446 的主要性能对比

材料	腐蚀电流密度/(μA/cm^2)	接触电阻/(Ω/cm^2)	成本
SS304	2.6	140	低
SS316	5.7	123	低
SS446	约为 10.0	190	较高

不锈钢等金属材料在 PEMFC 的酸性工作环境中容易被腐蚀，溶解的金属离子会导致膜电极中毒，降低燃料电池的工作效率。有研究表明，当溶液中的铁含量为 5mg/L 时，燃料电池的性能会下降 34%；并且金属表面钝化之后形成的钝化膜持续增厚会导致双极板的接触电阻升高。

与不锈钢双极板相比，铝制双极板的密度与电阻率更低（约为不锈钢的 25%），且具有更高的导热系数（约为不锈钢的 8.5 倍）和更低的加工制造成本，但铝的腐蚀电流密度约为 SS316L 的 10 倍，在腐蚀环境中生成的钝化膜表面电阻过大，会严重影响燃料电池的性能。铝制双极板在 PEMFC 的工作环境下会发生严重的腐蚀现象，必须进行改性才可能实现商业化应用。

钛合金的密度低，耐腐蚀性好，具有较高的钝化电流密度和更好的钝化层稳定性，但钛合金双极板的成本较高，与铝类似，生成的钝化物会极大程度地增大双极板与气体扩散层之间的接触电阻。

石墨双极板虽然工艺成熟，成本低廉，但因脆性大、硬度低等性能缺陷难以改善，逐步被复合材料双极板和金属双极板所替代；复合材料双极板的性能优异，但生产工艺过于复杂，仍需对生产工艺做进一步的研究与优化以降低成本；金属双极板是目前使用最普遍的双极板，但其耐腐蚀性和导电性还无法完全达标，必须通过表面改性来提升其性能。

7. 流场

一般通过在极板表面加工形成一片具有一定结构的沟槽，即流场，它可用来进行燃料、氧化剂、冷却剂以及产物的传输与分配。流场结构的形式构成了双极板最重要的特征，并直接影响电堆性能，因此，流场的设计至关重要。流场的功能是引导反应气的流动方向，确保反应气均匀分配到电极的各处，经电极扩散层到达催化剂层参与电化学反应，并将反应产物水排出电池。同时，流场材料也需要实现收集电流的作用。因此，对流场材料的要求有：

① 高电导率，且与扩散层材料、双极板材料之间的接触电阻小。

② 高抗腐蚀性。

③ 高化学相容性。

④ 适宜的机械强度。

⑤ 适宜的亲/憎水性。

⑥ 制备的简易性与高性价比。

除了材料的选择外，流道结构的设计也是研究的重点。目前常规的流场包括直流道、蛇形流道、交指流道等。同时，也不断开发新型流场，如仿生流场、螺旋流场和3D流场等。

三、质子交换膜燃料电池的优缺点

1. 优点

① 能量转换效率高，实际达40%～60%。

② 工作温度低，质子交换膜燃料电池可在低温（60～80℃）启动，在汽车交通领域可广泛应用。

③ 启动时间短，可以在数秒内实现启动。

④ 功率密度高、机动性好。

⑤ 无液态腐蚀性电解质。电解质采用固态质子交换膜，系统结构稳定，维护简便。

⑥ 绿色环保，排放物只有水，无其他污染物产生。

⑦ 低噪声：质子交换膜燃料电池仅有固定组件，因此在工作过程中不会有太大声音。

由于质子交换膜燃料电池的工作温度低、体积小，很适于用作电动汽车的动力源，被业内公认为是电动汽车的未来发展方向。

2. 缺点

① 对温度和质子交换膜含水量要求高，温度升高时，膜内的含水量会下降，导致导电性能变差。

② 对氢的纯度要求高，需采用昂贵的铂（Pt）催化剂，且催化剂易中毒。

③ 成本高、工艺复杂，催化剂、碳纸、质子交换膜的制作流程复杂。成本高昂是限制质子交换膜燃料电池广泛应用的巨大阻碍。

四、单电池与电堆

燃料电池的单节电池（简称单电池或单池）是完成电化学反应的基本单元，也是构成电堆的基本单元，单池的串联或并联组合形成燃料电池电堆。

（一）单电池的组装

通常的单电池组装程序为（以从阴极端板开始组装为例）：

① 在水平的平台上，依次定位放置阴极端板、阴极绝缘板、阴极集流板与阴极极板。

② 放置相应的阴极侧密封件。

③ 阴极扩散层定位放置。

④ 膜电极定位放置（膜电极阴极侧面向阴极极板）。

⑤ 阳极扩散层定位放置。

⑥ 放置相应的阳极侧密封件。

⑦ 定位放置阳极极板、阳极集流板、阳极绝缘板与阳极端板。

⑧ 固定螺杆或装配夹具至设计压紧值，完成单电池组装。

燃料电池完成组装后，需要进行外漏与内窜检测，以检验密封效果。氢空燃料电池的测漏可采用如下方法：

向阳极和阴极均通入氮气，向阳极一侧加压至 50kPa（G），同时向阴极一侧加压至 30kPa（G）。关闭阳极和阴极气体的入口阀，将气体密闭于燃料电池内。使电池在这种状态下保持 10min，监测阳极和阴极的气压，气压变化应小于 5kPa（G）。若阳极侧的压力降低，且阴极侧的压力升高，则表明气体穿透膜。如果任一侧的压力下降与另一侧不相关，则发生了一端外漏。若阴极侧与阳极侧气压均降低，则可能发生外漏。在确定燃料电池无外漏与内窜后，才可进行其他特性测试。

（二）电堆

根据 PEMFC 反应的热力学特性，考虑到极化和效率两大因素，单节电池输出电压范围通常在 0.5～1.0V 之间。在实际应用中，需要将一定数量的单体电池（简称单池）通过一定的设计组合成 PEMFC 电堆（简称电堆），来达到一定的功率、电压和电流等，从而用于电气应用。

图 7-16 是车用燃料电池电堆的结构示意图，电堆由多组单电池单元叠片而成，再加上两侧的正、负极集流板，以及最外侧的端板。其中每个单电池单元由膜电极组件（membrane exchange assembly，MEA）、相邻的两个密封件及两个阴阳单极板构成，阴、阳单极板组合可构成一片双极板；电堆叠片结构的稳定性是通过外部的紧固螺栓或者捆扎带所施加的组装力来保持的，组装力施加在端板上，端板作为电堆的结构件需要具有一定的强度和刚度，以保证组装力的稳定及组装力在电池平面上的均匀分配；各节单电池单元以串联的方式连接起来，集流板作为电功率输出端子将电堆功率输出至外部负载。

从国内外的研究成果来看，影响电堆使用寿命的主要因素有电堆关键零部件（特别是膜电极组件以及金属双极板）的耐久性、电堆的机械结构设计（包括电堆的端板结构以及组装的可靠性等）、电堆实际运行过程中的控制策略、阴/阳极气体的加湿、气体流道的设置等。膜电极组件的可靠性是电堆能够长时间稳定运行的根本。如果为了追求性能的提升而使用新型超薄膜电极组件，客观上会一定程度增加膜电极组件失效的风险。为此，研究人员开发了更稳定的质子交换膜，或进一步优化膜电极组件的结构组成等研究工作。

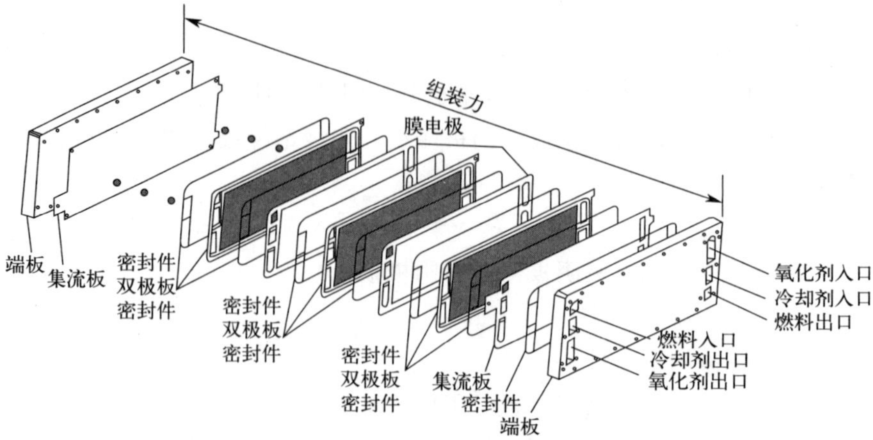

图 7-16 车用 PEMFC 电堆结构示意图

五、质子交换膜燃料电池的应用和发展趋势

目前，PEMFC 技术的应用已广泛涉及多个领域，包括固定式电站、小型备用电源基站、便携式电源、车用动力源以及少数军用领域等。

质子交换膜燃料电池分布式发电设备具有丰富多样的应用场合，可以联合热能应用到家庭，也可以作为应急备用电源为数据中心、重要公共场合提供不间断电源，还可以充分利用工业园区的副产氢资源，作为独立发电站使用。热电联产设备主要在日本和欧洲推广，而我国因民用电/气比较便宜，远远低于商业所用，因此，燃料电池分布式民用产品如热电联产、备用电源、应急电源替换现有的电/气产品在国内没有价格优势。

近年来，美国、欧盟、日本和韩国等都投入了大量的资金和人力资源推动燃料电池汽车的研究。通用、福特、克莱斯勒、丰田、本田、奔驰等公司都相继研发出燃料电池汽车，以 PEMFC 驱动的新能源车辆已经进入商业化的前夜。我国燃料电池汽车产业的发展与国际相比，仍存在一定差距，如我国现阶段车用燃料电池的寿命还停留在 3000～5000h，燃料电池汽车中一些关键的部件如膜、碳纸等，依然大量依靠进口。因此，我国的氢能和燃料电池技术及其产业形成还需要长期努力，不断加强技术提升和创新，加快政策、标准、法规的建设和完善。只有解决这些问题，清洁高效、低碳环保的氢燃料电池才能有更广阔的应用前景。

小　结

氢能热值较高、储量丰富、来源多样、应用广泛以及无污染物，是替代传统能源的理想选择。燃料电池是氢能应用的重要形式。本章介绍了氢燃料电池燃料发展史和其发展方向，以及氢气纯化的必要性和氢气纯化现阶段的研究水平和方法。此外，本章还具体介绍了现有氢燃料电池以及其工作原理、关键材料、分类、特点和应用领域，如表 7-15 所示。

表 7-15 氢燃料电池汇总

参数	碱性燃料电池(AFC)	磷酸燃料电池(PAFC)	熔融碳酸盐燃料电池(MCFC)	固体氧化物燃料电池(SOFC)	质子交换膜燃料电池(PEMFC)
电解质	KOH(NaOH)	H_3PO_4	$NaCO_3$	Y_2O_3-ZrO_2	含氟质子交换膜
阴极催化剂	Ag或Pt/C	Pt/C	Ni(含CR,Al)	Pt/C	金属(Ni,Zr)
阳极催化剂	Ni或Pt/C	Pt/C	NiO	Pt/C、铂黑	掺锶的$LaMnO_4$
操作温度/℃	室温～100	60～210	600～700	1000～1200	80～100
燃料	高纯H_2	轻质油、天然气、甲醇	天然气、甲烷	H_2、甲醇、乙醇等	H_2
操作压力	<0.5MPa	<0.8MPa	<1MPa	<0.5MPa	常压
发电效率	45%～60%	35%～60%	>60%	50%～60%	>60%
特性	需高纯度氢气作燃料;低腐蚀性、低温,较易选择材料	进气中含CO会导致催化剂中毒;废热可利用	电池效率高,对材料的要求高	不受进气CO影响;高温反应,不需要依赖催化剂;废热可利用	功率密度高、体积小、质量轻;低腐蚀性、低温,较易选择材料
优点	启动快;室温常压下工作;可用非贵金属作催化剂	对CO_2不敏感,成本相对较低	减少催化剂中毒概率;可以使用多种燃料	可用空气作氧化剂,天然气或甲烷作燃料	可低温运行;启动迅速;寿命长;可用空气作氧化剂
缺点	对CO_2敏感,需纯氧作氧化剂;成本高	贵金属催化剂对CO敏感,工作温度较高;	存在高温腐蚀,采用昂贵的催化剂	工作温度较高	对CO敏感;需采用贵金属催化剂,成本高
适用领域	主要用于航天领域、特殊地面、潜艇	应用广泛,主要应用于发电、航天等	大型电站	固定式燃料电池电站、家用热电联产	新能源汽车

氢燃料电池具有非常好的发展前景，但我国氢燃料电池核心技术和关键材料的发展与国际水平还有一些差距，有一些技术与材料尚未实现国产化，如催化剂、质子交换膜以及石墨双极板等材料需要进口，且技术和原材料多为国外所垄断，价格较高，燃料电池国产化、普遍化成阻碍；关键组件制备工艺亟需提升，膜电极、双极板、压缩机、氢循环泵等与国外存在较大差距。

但我国随着氢燃料电池及氢能行业的发展，逐渐加大对氢燃料电池体系技术的研发投入，提升我国从关键原材料到氢燃料电池堆到控制系统等方面的可靠性、耐久性，降低成本，缩小与先进国家的技术差距，为攻克目前国内氢燃料电池成本过高、寿命不够长这两大难题，需要燃料电池全产业链的共同努力和进步。

参考文献

[1] 雷永泉. 新能源材料 [M]. 天津：天津大学出版社，2000.

[2] 魏一凡，韩雪冰，卢兰光，等. 面向碳中和的新能源汽车与车网互动技术展望 [J]. 汽车工程，2022，44 (4)：449-464.

[3] 刘建国，李佳. 质子交换膜燃料电池关键材料与技术 [M]. 北京：化学工业出版社，2021.

[4] 衣宝廉，俞红梅，侯中军，等. 氢能利用关键技术系列：氢燃料电池 [M]. 北京：化

学工业出版社，2021.
[5] 黄国勇. 氢能与燃料电池 [M]. 北京：中国石化出版社，2020.
[6] 李秀芬，王震宇，邹华. 环境功能材料 [M]. 北京：化学工业出版社，2021.
[7] 姜义田. 碱性燃料电池铂、钯基催化剂的制备及性能研究 [D]. 哈尔滨：哈尔滨工业大学，2012.
[8] 赵世怀，张翠翠，杨紫博，等. 碱性燃料电池阳极催化剂的研究进展 [J]. 精细化工，2018，35 (8)：1261-1266.
[9] 本特·索伦森. 氢与燃料电池——新兴的技术及其应用 [M]. 北京：机械工业出版社，2019.
[10] 司江菊，卢善富，相艳. 燃料电池用碱性阴离子交换膜链结构调控研究进展 [J]. 科学通报，2019，64 (2)：153-164.
[11] 孔德盟. 磷酸燃料电池与吸收式制冷机复合系统性能优化分析 [D]. 上海：东华大学，2017.
[12] 夏雪，臧庆伟，薛祥，等. 熔融碳酸盐体系于新能源中的应用 [J]. 当代化工，2021，50 (10)：2412-2417.
[13] Frangini S，Masi A. Molten carbonates for advanced and sustainable energy applications：Part Ⅱ. Review of recent literature [J]. International Journal of Hydrogen Energy，2016，41 (42)：18971-18994.
[14] Wang F，Deng S，Zhao J，et al. Performance and economic assessments of integrating geothermal energy into coal-fired power plant with CO_2 capture [J]. Energy，2017，119：278-287.
[15] 衣宝廉. 燃料电池——原理·技术·应用 [M]. 北京：化学工业出版社，2003.
[16] 朱继平，罗派峰，徐晨曦. 新能源材料技术 [M]. 北京：化学工业出版社，2015.
[17] 朱继平. 材料合成与制备技术 [M]. 北京：化学工业出版社，2003.
[18] 孙兴进，朱新坚，曹广益. 熔融碳酸盐燃料电池性能影响因素分析 [J]. 电源技术，2001 (6)：432-435.
[19] 郭仕权，孙亚昕，李从举. 直接甲醇燃料电池 (DMFC) 阳极过渡金属基催化剂的研究进展 [J]. 工程科学学报，2022，44 (4)：625-640.
[20] 张万英. 碱性直接甲醇燃料电池阳极催化剂的制备及性能研究 [D]. 汕头市：汕头大学，2021.
[21] 司云森，杨显万. 电化学极化过程实验数据处理分析的研究 [J]. 昆明理工大学学报 (理工版)，2003 (1)：164-167.
[22] 刁力鹏. 燃料电池标准发展现状分析与建议 [J]. 电器工业，2022 (5)：10-14.
[23] 李星国. 氢与氢能 [M]. 北京：机械工业出版社，2012.
[24] 毛宗强，毛志明. 氢气生产及热化学利用 [M]. 北京：化学工业出版社，2015.
[25] 刘小敏，张邦强，艾斌，等. 质子交换膜燃料电池用氢质量标准的发展历程和现状 [J]. 化工进展，2021，40 (2)：703-708.
[26] 何广利，窦美玲. 氢气中杂质对车用燃料电池性能影响的研究进展 [J]. 化工进展，2021，40 (9)：4815-4822.
[27] 王湛，王志，高学理，等. 膜分离技术基础 [M]. 3版. 北京：化学工业出版社，2019.
[28] 毛宗强，毛志明，余皓，等. 制氢工艺与技术 [M]. 北京：化学工业出版社，2018.

[29] 丁黎明，郦和生，魏昕，等. 氢气分离膜材料的研究现状 [J]. 膜科学与技术，2022，42 (2)：183-189.

[30] 栾永超，熊亚林，何广利，等. 氢气分离膜研究进展 [J]. 中国工程科学，2022，24 (3)：140-152.

[31] Yun S，Oyama S T. Correlations in palladium membranes for hydrogen separation：A review [J] . Journal of Membrane Science，2011，375 (1-2)：28-45.

[32] 魏昕，丁黎明，郦和生，等. 膜法氢气分离技术及其在化工领域的应用进展 [J]. 石油化工，2021，50 (5)：472-478..

[33] 张伟. 变压吸附方法提纯燃料电池用氢的研究 [D]. 大连市：大连海事大学，2020.

[34] 杨中贵，周历科，张勇，等. 变压吸附气体分离技术研究进展 [J]. 化工管理，2022 (3)：76-78.

[35] 罗超. 变压吸附提纯氢气及其影响因素的分析 [J]. 化工设计通讯，2017，43 (6)：163.

[36] 谢娜. 乙烯深冷分离中混合工质制冷系统研究 [D]. 广州：华南理工大学，2014.

[37] 于子冬，孔为，陈代芬. 管式固体氧化物燃料电池的数值分析优化 [M]. 北京：化学工业出版社，2017.

[38] 韩敏芳，吕泽伟. 固体氧化物燃料电池技术进展、产业现状和发展前景 [C] //国际清洁能源论坛（澳门）. 国际氢能产业发展报告（2017）. 北京：2017，世界知识出版社.

[39] 韩敏芳. 固体氧化物燃料电池（SOFC）技术进展和产业前景 [J]. 民主与科学，2017 (5)：25-26.

[40] 宋鹏飞，姚辉超，侯建国，等. 固体氧化物燃料电池在 LNG/天然气产业中的应用研究 [J]. 现代化工，2022，42 (8)：7.

[41] 吕泽伟，韩敏芳，孙再洪，等. 固体氧化物燃料电池运行初期电化学性能演变机制 [J]. 化学学报，2021，79 (6)：763-770.

[42] 林厚飞，顾吉鹏，施亦治，等. 基于卡尔曼滤波算法的固体氧化物燃料电池的状态预估研究 [J]. 热能动力工程，2022，37 (7)：146-154.

[43] 胡亮，杨志宾，熊星宇，等. 我国固体氧化物燃料电池产业发展战略研究 [J]. 中国工程科学，2022，24 (3)：118-126.

[44] 魏甲明，陈宋璇，李晓艳，等. 基于钪资源的固体氧化物燃料电池产业发展现状及建议 [J]. 中国有色冶金，2022，51 (2)：1-9.

[45] 张剑光. 氢能产业发展展望——氢燃料电池系统与氢燃料电池汽车和发电 [J]. 化工设计，2020，30 (1)：6.

[46] 杜柯，宋琛，余敏，等. 固体氧化物燃料电池氧化钇稳定氧化锆电解质的等离子喷涂制备及性能 [J]. 硅酸盐学报，2022，50 (7)：1929-1935.

[47] 周晓亮，钱佳琪，刘立敏，等. 具有复合电解质的低温固体氧化物燃料电池研究进展 [J]. 硅酸盐学报，2022，50 (7)：2015-2023.

[48] 吕秀清. 以甲烷为燃料的中温固体氧化物燃料电池关键材料研究 [D]. 太原市：山西大学，2021.

[49] 黄天纵，陈辉，吴勇，等. 质子交换膜燃料电池双极板的研究进展 [J]. 材料保护，2022，55 (3)：136-145.

[50] 王吉华，居钰生，易正根，等. 燃料电池技术发展及应用现状综述（上）[J]. 现代车用动力，2018 (2)：5.

[51] Khalef M, Soba A, Korsgren J. Study of EGR and turbocharger combinations and their influence on diesel engine's efficiency and emissions[EB/OL] . [2016-04-05] .

[52] 叶东浩，詹志刚. PEM燃料电池双极板流场结构研究进展 [J]. 电池工业，2010，15 (6)：376-380.

[53] 张金庆，房曙光. 质子交换膜燃料电池技术的发展及应用 [J]. 河南化工，2003 (12)：3-5.

[54] 高帷韬，雷一杰，张勋，等. 质子交换膜燃料电池研究进展 [J]. 化工进展，2022，41 (3)：1539-1555.

[55] Ma R G, Lin G X, Zhou Y, et al. A review of oxygen reduction mechanisms for metal-free carbon-based electrocatalysts [J] . Computational Materials, 2019 (1)：15.

[56] Wang Y M, Zou L L, Huang Q H, et al. 3D carbon aerogel-supported PtNi intermetallic nanoparticles with high metal loading as a durable oxygen reduction electrocatalyst [J] . International Journal of Hydrogen Energy, 2017, 42 (43)：26695-26703.

[57] 竹涛，韩一伟，刘帅，等. 单原子位点催化剂及其电催化应用研究进展 [J]. 化工进展，2022，41 (2)：666-618.

[58] Lin Y, Liu P, Velasco E, et al. Fabricating single-atom catalysts from chelating metal in open frameworks [J] . Advanced Materials, 2019, 31 (18)：e1808193.

[59] Zhang Y P, Hu Y Y, Li S Z, et al. Manganese dioxide-coated carbon nanotubes as an improved cathodic catalyst for oxygen reduction in a microbial fuel cell [J] . Journal of Power Sources, 2011, 196 (22)：9284-9289.

[60] Wang H L, Liang Y Y, Li Y G, et al. $Co_{(1-x)}$ S-graphene hybrid: A high-performance metal chalcogenide electrocatalyst for oxygen reduction [J] . Angewandte Chemie International Edition, 2011, 50 (46)：10969-10972.

[61] Liu J, Sun X J, Song P, et al. High-performance oxygen reduction electrocatalysts based on cheap carbon black, nitrogen, and trace iron [J] . Advanced Materials, 2013, 25 (47)：6879-6883.

[62] 黎方菊. 针对PEMFC气体扩散层内传输特性的孔隙网络模拟 [D]. 广州：华南理工大学，2021.

[63] 胡晓波. 质子交换膜燃料电池膜电极制备与性能优化 [D]. 长沙：湖南大学，2021.

[64] 李忠于，黄伟，张楚璠. 燃料电池用高纯氢纯化技术研究进展 [J]. 能源化工，2020，41 (5)：1-7.

[65] 马洋洋，宋宛泽，王鹏宇. 质子交换膜燃料电池建模研究综述 [J]. 电源技术，2021，45 (12)：1660-1664.

[66] 翟俊香，何广利，刘聪敏，等. 质子交换膜燃料电池分布式发电设备应用研究综述 [C]. 第五届能源，环境与自然资源国际会议论文集，2021.

[67] 陈慕欣，柳佳欣，衣秀羽. 质子交换膜燃料电池的研究开发与应用 [J]. 山东化工，2020，49 (16)：95-96.

[68] 刘应都，郭红霞，欧阳晓平. 氢燃料电池技术发展现状及未来展望 [J]. 中国工程科学，2021，23 (4)：162-171.

[69] 王季康，李华，彭宇飞，等. 质子交换膜燃料电池多时间尺度下的动态特性 [J] . 物理学报，2022，71 (15)：337-346.

[70] Lv Q, Si W, He J, et al. Selectively nitrogen-doped carbon materials as superior met-

al-free catalysts for oxygen reduction [J] . Nature Communications , 2018: 3376.

[71] Cazetta A L, Spessato L, Bedin K C, et al. Metal-free ovalbumin-derived NS-CO-doped nanoporous carbon materials as efficient electrocatalysts for oxygen reduction reaction [J] . Applied Surface Science, 2019, 467: 75-83.

[72] Cazetta A L, Zhang T, Silva T L, et al. Bone char-derived metal-free N- and S-co-doped nanoporous carbon and its efficient electrocatalytic activity for hydrazine oxidation [J] . Applied Catalysis B: Environmental, 2018, 225: 30-39.

[73] Cazetta A L, Spessato L, Melo S A R, et al. Sugarcane vinasse-derived nanoporous NS-doped carbon material decorated with Co: A new and efficient multifunctional electrocatalyst [J] . International Journal of Hydrogen Energy, 2020, 45 (16): 9669-9682.

[74] Bedin K C, Cazetta A L, Souza I P A F, et al. N-doped spherical activated carbon from dye adsorption: Bifunctional electrocatalyst for hydrazine oxidation and oxygen reduction [J]. Journal of Environmental Chemical Engineering, 2022, 10 (3): 107458.